CHRISTINE FIGGENER

Meine Reise mit den Meeresschildkröten

CHRISTINE FIGGENER

Meine Reise mit den Meeresschildkröten

Wie ich als Meeresbiologin für unsere Ozeane kämpfe

Mit 51 farbigen Abbildungen und neun Illustrationen

MALIK

Mehr über unsere Autorinnen, Autoren und Bücher:
www.malik.de

Wenn Ihnen dieses Buch gefallen hat, schreiben Sie uns unter Nennung des Titels »Meine Reise mit den Meeresschildkröten« an *empfehlungen@piper.de*, und wir empfehlen Ihnen gerne vergleichbare Bücher.

Inhalte fremder Webseiten, auf die in diesem Buch (etwa durch Links) hingewiesen wird, macht sich der Verlag nicht zu eigen. Eine Haftung dafür übernimmt der Verlag nicht. Wir behalten uns eine Nutzung des Werks für Text und Data Mining im Sinne von § 44b UrhG vor.

FSC www.fsc.org MIX Papier | Fördert gute Waldnutzung FSC® C083411

PRODUZIERT MIT VERANTWORTUNG

Erstmals im Taschenbuch
ISBN 978-3-492-40675-8
März 2025

www.piper.de
erschienen im Verlagsprogramm Malik
Für einen direkten Kontakt und Fragen zum Produkt wenden Sie sich bitte an:
info@piper.de
Redaktion: Fabian Bergmann
Umschlaggestaltung: Birgit Kohlhaas, kohlhaas-buchgestaltung.de
Umschlagabbildungen: Thierry Bois (vorne oben), Pexels / Pixabay (vorne unten), David Troeger / Unsplash (hinten), Tanja Mikolcic (Autorenfoto)
Satz: Uhl + Massopust GmbH, Aalen
Gesetzt aus der Scala und der Gotcha Regular
Litho: Lorenz & Zeller, Inning am Ammersee
Einband: Naturkarton WIBALIN® NSB Fühlkarton®
Druck und Bindung: CPI books GmbH, Leck
Printed in the EU

Für Jairo,
der Meeresschildkröten ebenso liebte wie ich,
und für meine Nichte Charlotte,
die noch ganz am Anfang ihrer Lebensreise steht.

Inhalt

Anatomie einer Meeresschildkröte

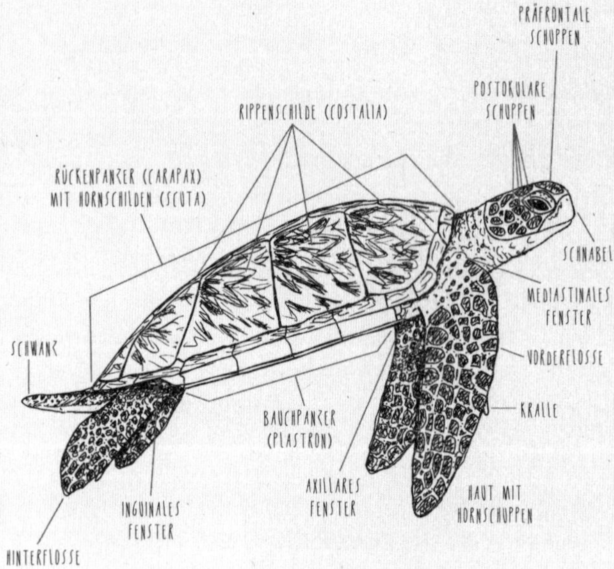

Prolog

Ein paar Stunden bin ich nun schon am menschenleeren nächtlichen Strand unterwegs. Über mir erstreckt sich ein unglaublicher Sternenhimmel. Die Luft fühlt sich schwer in meinen Lungen an, und es riecht nach einer Mischung aus Salz und modrigem Holz, durchweht von süßem Blütenduft. Auf meiner einen Seite ragt die finstere Wand des undurchdringlichen Dschungels auf, während ich auf der anderen den Wellen des Karibischen Meeres ausweichen muss. Es ist noch warm, obwohl es nach Mitternacht ist, und mein langärmeliges, dunkles Sweatshirt klebt unter dem Rucksack mit der Forschungsausrüstung an meinem Rücken. Auch wenn sich meine Augen inzwischen an die Dunkelheit gewöhnt haben, stolpere ich mehr, als dass ich laufe. Der Strand ist ein unübersichtlicher Hindernisparcours: umgestürzte Baumstämme, kleinere Äste und die allgegenwärtigen Senken und Mulden des weichen, feuchten Sandes. Pausenlos suche ich die Wasserlinie mit meinem Blick ab. Hin und wieder durchfährt mich ein Adrenalinschub, wenn ich einen lang gestreckten Schatten erspähe. Aber bisher hat sich jeder dieser Schatten als Baumstamm oder -stumpf entpuppt. Und ich frage mich, ob ich überhaupt erkennen würde, wonach ich Ausschau halte, wenn die Zeit käme …

Hinter mir versucht mein noch unerfahrenerer Begleiter Michael strauchelnd und schwitzend, mit mir Schritt zu halten. Nachdem er ein weiteres Mal beinahe hingefallen wäre, flucht er heftig: »Warum müssen wir im Dunkeln laufen, warum können wir nicht einfach unsere Taschenlampe benutzen?« Ich wende mich halb zu ihm um. »Meeresschildkröten mögen bei ihrer Eiablage die Dunkelheit. Sie orientieren sich bei ihrem Strandgang an den krassen Helligkeitsunterschieden zwischen dem hellsten Teil des Himmels, normalerweise sind das die Sterne und der Mond, die sich im Wasser spiegeln, und der stockdunklen Vegetation«, erkläre ich. »Wenn wir weißes Licht verwenden würden, könnten wir sie verschrecken und davon abhalten, ihre Eier zu legen.« Das scheint ihn zufriedenzustellen, und ich richte meine Aufmerksamkeit wieder in Richtung Meer.

Seit zwei Wochen nehme ich hier in Costa Rica an einem Projekt zum Schutz der Lederschildkröten teil, und obwohl ich Michael gegenüber so tue, als wüsste ich, wovon ich rede, habe ich noch keine einzige zu Gesicht bekommen. Die letzten 14 Tage habe ich in der Station verbracht und dort alles über Biologie, Ökologie und Schutz von Meeresschildkröten gelernt – einschließlich der Datensammlung und der notwendigen Maßnahmen, die nistende Mütter und ihre Eier vor Wilderern schützen sollen. Allerdings war das bisher nur reine Theorie, da wir während unserer Trainingspatrouillen nicht einem nistenden Weibchen begegneten. Und jetzt ist die Zeit fürs Training vorbei. Ich wurde ins kalte Wasser geschmissen und stolpere nun zusammen mit diesem einen Freiwilligen den Strand entlang, um »ein paar Schildkröten zu retten«, wie es die zuständige Biologin spaßig-motivierend formulierte.

Der Schweiß läuft mir langsam vom Po die Beine hinunter, und ich kann die Bartmücken spüren, die es unter meine lange Hose geschafft haben und sich jetzt an einer Blutmahlzeit erfreuen. Vielleicht sollte ich in Zukunft doch lange Socken anziehen, wie es mir empfohlen wurde. Meine Gedanken schweifen ab, zu meinem Bett und meinem sicheren Moskitonetz in der Station. Wie lange geht meine Schicht noch? Ein kurzer Blick auf die Uhr, deren Zifferblatt wegen der hohen Luftfeuchtigkeit von innen beschlagen ist, verrät mir, dass ich noch zwei Stunden vor mir habe. Erst um vier Uhr morgens werde ich endlich todmüde ins Bett kriechen dürfen.

Auf einmal reißt mich mein Unterbewusstsein aus den Gedanken. Hat sich der dunkle Baumstamm dort in den Wellen etwa bewegt? Ich stoppe abrupt und halte den Atem an. Mein Begleiter prallt in mich hinein. »Was ist los?«, will er wissen. »Ich glaube, da ist eine Schildkröte«, flüstere ich. Tatsächlich scheint sich der Stamm etwas weiter den Strand hinaufgeschoben zu haben. Ich gehe ein paar Schritte näher, und jetzt kann ich es ganz deutlich sehen: Dort im seichten Wasser zeichnet sich die schwarze Silhouette einer riesigen Meeresschildkröte ab. Die Wellen waschen über sie hinweg, und der Mond spiegelt sich silbrig auf ihrem glatten Panzer. Sie hebt immer wieder den Kopf, so als müsste sie sich orientieren.

Mein Herz fängt wie wild zu klopfen an, und meine Gedanken rasen. Krampfhaft versuche ich, mich an alles zu erinnern, was wir im Training gelernt haben. Das Wissen wirbelt durch meinen Kopf, aber vor allem ein Detail drängt sich in den Vordergrund: Eine Meeresschildkröte ist besonders in den Anfangsstadien vor dem Eierlegen sehr schreckhaft und kriecht wieder zurück ins Wasser, wenn ihr die

Situation nicht geheuer ist. Also ist für uns erst mal Rückzug angesagt. Ich zupfe Michael am Ärmel, und wir gehen mehrere Meter höher auf den Strand in den Schatten einiger Bäume. Dort erkläre ich ihm, dass wir warten müssen, bis das Weibchen anfängt, das Nest zu graben, bevor wir uns nähern können.

Über das Rauschen der Wellen höre ich, wie die langen Flossen auf den Sand klatschen und das Tier sich mit Ächzen und Stöhnen mühevoll den Strand hinaufzieht. Irgendwann verändern sich die Geräusche, es klingt, als würde Sand durch die Gegend geworfen. Langsam schleiche ich mich im Dunkeln näher. Tatsächlich scheint das Weibchen eine akzeptable Stelle gefunden zu haben und ist nun damit beschäftigt, alles fürs Nisten vorzubereiten. Über die nächste halbe Stunde pirsche ich mich mehrmals von hinten heran, um zu schauen, wie weit es ist. Die Minuten ziehen sich endlos hin, die ganze Zeit beschäftigt mich die Sorge, dass die Schildkröte den Nistvorgang vielleicht doch noch abbrechen könnte.

Allerdings gibt mir das Warten auch die nötige Atempause, um meine Nervosität unter Kontrolle zu bekommen und unsere Forschungsausrüstung vorzubereiten. Ich ziehe ein Datenblatt aus dem Rucksack und beschrifte es mit Datum und Uhrzeit. Dann suche ich mit meinem roten Taschenlampenlicht die Vegetationslinie ab, bis ein weißer Reflektor aufleuchtet. Ich laufe darauf zu und kann darüber die auf einen Baum geschriebene Zahl 25 lesen. Über die letzten zwei Wochen haben wir von Nord nach Süd Zahlen von 1 bis 160 in Abständen von 50 Metern an Bäume gemalt, sie sollen uns bei der Orientierung und Datensammlung helfen. Da der Baum links von uns und der Schildkröte steht, muss sie direkt vor dem Baum mit der Nummer 24 oder zwischen 24 und 25 sein. Auch das notiere ich gewissenhaft, denn all diese Informationen benötigen wir später für unsere Statistiken und um das Nest für die Bestimmung des Schlupferfolges wiederzufinden.

Endlich kommt der riesige Körper der Schildkröte zur Ruhe, und sie fängt an, mit ihren Hinterflossen ein Nest zu graben. Zu zweit schleichen wir uns jetzt vorsichtig von hinten näher heran. Wir dürfen nun zum ersten Mal unseren Taschenlampenstrahl auf die Schildkröte richten – jedoch nur das rote Licht und auch nur auf ihren Rücken und Schwanz. Die sensible Phase ist vor der Eiablage. Sobald die ersten Eier gelegt werden, fällt das Weibchen in eine Art Nisttrance – die meisten Arten lassen sich jetzt kaum noch stören.

Unglaublich, wie riesig die ist, denke ich, während ich mich hinter der Schildkröte auf dem Bauch in den Sand lege und meinen Lichtstrahl ihren Rücken hochgleiten lasse. Sie ist von Kopf bis Schwanz länger, als ich groß bin (1,70 Meter!), und muss so um die 300 bis 600 Kilogramm wiegen. Das ist keine Ausnahme für eine Lederschildkröte, wie ich in den kommenden Jahren lernen werde, aber dieser erste Anblick ist einfach beeindruckend. Faszinierend ist auch, wie grazil sie ihre Hinterflossen trotz ihrer Größe und ihres an Land doch eher unbeholfenen Erscheinungsbildes bewegt – sie benutzt sie wie Hände, um den Sand aus dem halb fertigen Nest zu entfernen. Wahnsinn!

Michael und ich verharren in ehrfürchtigem Schweigen und beobachten die Hinterflossen bei der Arbeit. Abwechselnd gleiten sie langsam in die immer tiefer werdende Eikammer hinein, strecken sich, kratzen mit dem hinteren Ende am entgegengesetzten Rand Sand weg, biegen sich, um den auf ihnen liegenden Sand aus dem Nest zu balancieren und ihn dann gekonnt und mit Schwung draußen zur Seite zu werfen. Ein hypnotisierender Anblick, der mich glatt in den Schlaf wiegen könnte, wenn das Adrenalin nicht wäre.

Nachdem ich ein paar Minuten regungslos zugeschaut habe, bemerke ich etwas Metallisches, das immer wieder aufblitzt, wenn das Weibchen die Flossen wechselt. Bei genauerem Hinsehen erkenne ich zwei Metallanhänger, die an der Basis beider Flossen zum Schwanz hin befestigt sind. Ein kurzes Gefühl der Erleichterung überkommt mich. Diese Schildkröte ist schon identifiziert und markiert worden, und ich muss mein spärliches, bis jetzt nur theoretisches Wissen um das Markieren von Meeresschildkröten heute nicht in die Praxis umsetzen. Ich ziehe mir ein Paar Latexhandschuhe über und gebe das wasserfeste Datenblatt auf dem Klippboard an Michael. Ohne die Schildkröte oder ihren Schwanz zu berühren, reibe ich mit einem Finger vorsichtig den Sand von beiden Metallmarken ab und lese die Nummern und Buchstaben vor: »V1858 und V1357.« Ich lasse Michael die Serien sicherheitshalber wiederholen, die Kombi stimmt, und damit haben wir zwei weitere wichtige Daten gesichert. Bisher läuft es doch ganz gut, das beruhigt mich.

Ich widme meine Aufmerksamkeit nun der Umgebung, denn ich muss die Entscheidung treffen, ob das Nest natürlich belassen werden kann oder ob die Eier verlegt werden müssen. Letzteres hieße, dass ich die Eier entweder in der Nähe an einem sichereren Ort am Strand verstecken oder sie zu unserer ein paar Kilometer entfernten Inkubationsstation bringen müsste. Wir sind mit 30 Metern weit von der Linie der letzten Flut entfernt und etwa drei Meter vor der Baumgrenze. Das Weibchen ist während des Grabens weder auf Baumwurzeln noch auf Wasser gestoßen. Zudem sind wir auf einem Strandabschnitt, auf dem keine menschliche

Behausung steht. Das alles ist vielversprechend, die Eier scheinen hier im natürlichen Nest erst mal sicher zu sein.

Ich ziehe also den Handzähler aus dem Rucksack und instruiere Michael: »Du wirst erkennen, dass sie mit dem Nest fertig ist, wenn sie mit einer Flosse nur noch ein bisschen am Rand kratzt, aber keinen Sand mehr entfernt. Dann wird sie die Flosse aus dem Nest ziehen und damit ihren Schwanz bedecken. Das ist das Zeichen, dass sie mit der Eiablage beginnen wird.« Michael muss dann gut aufpassen, denn er muss jedes Ei zählen, das aus der Öffnung an der Basis des Schwanzes, der Kloake, fällt.

Wir müssen nicht lange warten. Nach ein paar Minuten zieht das Weibchen seine Flosse aus dem Nest und legt sie über den Schwanz. Vorsichtig schiebt Michael seine linke Hand unter die Flosse und hebt sie hoch, damit er freie Sicht auf die Eikammer hat. Ich kann das Weibchen pressen sehen, und dann fallen zwei etwa billardkugelgroße weiße Eier ins Nest.

Während Michael gewissenhaft zählt, ziehe ich das teuerste Forschungsgerät aus meinem Rucksack hervor. Ein PIT-Tag Scanner, mit dem ich die Schildkröte nach integrierten Mikrochips absuche. Zu meiner Freude ertönt auch gleich ein Piepton, als ich den Scanner über ihre Schultern gleiten lasse, und eine Nummer erscheint auf dem Display. Wieder eine Info mehr für unser Datenblatt!

Ich schaue Michael über die Schulter. »Hat sie schon angefangen, ihre falschen Eier zu legen?«, frage ich. Er bejaht, und jetzt sehe auch ich die kleineren Eier, die schon im Nest liegen. Von der Größe eines Tischtennisballs bis hin zu der einer Erbse ist alles dabei. Diese sogenannten falschen Eier sind nur Eiweißkugeln mit Schale (auf Englisch *shelled albumen globes*, kurz SAGs) und dienen vermutlich als

Platzhalter, damit die geschlüpften Babys später besser agieren und kooperieren können. Den falschen Eiern geht wortwörtlich die Luft aus, während die echten Eier inkubieren, und sie kreieren so Extraplatz. Gemeinsam schauen wir zu, wie die letzten ins Nest plumpsen. Als das Weibchen fertig ist, drückt es die Flosse, die auf seinem Schwanz gelegen hat, ins Nest und presst sie auf die Eier. Dann zieht es die Flosse zurück, legt sie neben dem Nest ab und lässt die andere Flosse zusammen mit ein bisschen Sand ins Nest gleiten. Wieder presst es auf die Eier und den Sand. Müsste ich externe Marken anbringen, dann wäre jetzt der perfekte Zeitpunkt dafür. Dieses Spiel wiederholt sich, bis die Eier komplett bedeckt und das Nest bis zum Rand mit Sand gefüllt ist.

Wir müssen die große Dame nun noch vermessen. Es werden generell Länge und Breite des Rückenpanzers, des Carapax, ohne Kopf und Schwanz mit einem Maßband an der Kurve des Rückens entlang gemessen. Dafür braucht man bei Lederschildkröten immer zwei Personen, da Länge und auch Breite die Armspannweite der meisten Menschen übertreffen und es zudem ziemlich unbequem ist, einen halben Spagat über den Rücken einer Lederschildkröte zu machen. Das werde ich bei späteren Tieren am eigenen Leib erfahren. Heute Nacht aber verläuft die Vermessung reibungslos, obwohl das Weibchen schon angefangen hat, sein Nest zu tarnen, und wir vorsichtig sein müssen, um nicht von den riesigen Vorderflossen umgehauen zu werden. Die Schildkröte ist mit 1,62 Metern Panzerlänge definitiv ein stattliches Exemplar und ein bisschen größer als die durchschnittliche Lederschildkröte hier in der Karibik, deren Carapax gewöhnlich 1,55 Meter misst. Nachdem wir auch diese Daten zusammen mit der Anzahl der Eier (96!) notiert haben, ist unsere Arbeit fürs Erste getan. Wir packen unsere

Ausrüstung zusammen und setzen uns ein Stück abseits in den Sand, um der Schildkröte bei ihren letzten Flossengriffen zuzuschauen. Ich merke, wie ich mich langsam entspanne und das Adrenalin endlich Platz für die Endorphine macht. Meine erste Lederschildkröte! Der absolute Oberwahnsinn!

Während das Weibchen grunzend Sand um sich wirft, um das Nest zu tarnen und die Spuren zu verwischen, hänge ich meinen Gedanken nach. Selbst in meinen kühnsten Träumen hatte ich mir nicht vorstellen können, dass ich irgendwann mal nach Zentralamerika auswandern würde, um Meeresschildkröten zu erforschen und zu schützen. Aber jetzt sitze ich hier, am anderen Ende der Welt, unter einem Sternenhimmel, den ich in meinem Leben bisher nur wenige Male so klar gesehen habe. In der Dunkelheit kann ich am Strand immer noch die Umrisse des riesigen Meerestieres ausmachen, das gerade in meinem Beisein Eier gelegt hat. Ich muss mich kneifen. Doch das ist kein Traum. Ich kann die Brise vom Meer auf meiner Haut spüren und nehme den Geruch von Algen und Kloakenflüssigkeit wahr, der von der nistenden Schildkröte zu mir herüberweht.

Rückblickend kann ich sagen, dass mit dieser einen Lederschildkröte mein großes Abenteuer begann.

Wallriffschildkröte

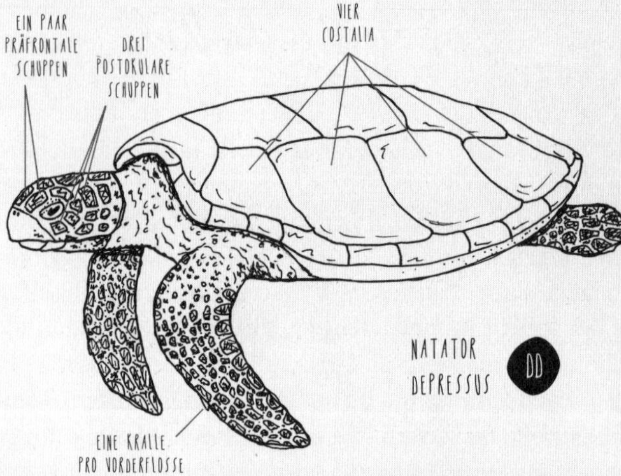

- Gefährdungsstatus (IUCN): unzureichende Datengrundlage (DD – data deficient)
- Panzerlänge: 75–99 cm
- Gewicht: 70–90 kg
- Hauptnahrung: weiche Wirbellose
- Geschlechtsreife: 15–25 Jahre
- Remigrationsintervalle: 2–3 Jahre
- Nistintervalle: 15 Tage
- Anzahl der Gelege pro Saison: 3–4
- Gelegegröße: 55 Eier
- Inkubationszeit der Gelege: 50–55 Tage
- Besonderheiten: Vorkommen auf die Gewässer im Norden Australiens und Süden Papua-Neuguineas beschränkt; große Eier im Verhältnis zur Körpergröße; flacher Panzer, daher der englische Name *flatback turtle*

Vom Nest in die Welt

Trotz der frühen Morgenstunde steht die costa-ricanische Sonne schon hoch am Himmel und brennt mir heiß auf den Kopf, während ich Schaufel um Schaufel schwarzen Sand schippe. Dicke Schweißtropfen laufen mir übers Gesicht und in die Augen. Im Auftrag des Lederschildkrötenschutzprojekts *Baulas y Negras* in Ostional, das ich vor Ort als Biologin leite, heben meine Kollegen und ich eine tiefe Grube aus. Wir haben schon vor ein paar Stunden unsere T-Shirts ausgezogen, um keinen Hitzschlag zu bekommen, und stehen nun schweißüberströmt bis zum Bauchnabel in einem Loch, das sich über eine Fläche von circa 5×7 Metern erstreckt. Meine Rückenmuskeln sind ein einziger Schmerz von der Arbeit der letzten Tage, ich habe Blasen an den Händen, die in der Zwischenzeit aufgeplatzt und blutig sind. Letzte Nacht habe ich nach meiner Strandpatrouille nur drei Stunden geschlafen, und trotzdem fängt mein Tag gerade erst an. Wenn wir endlich mit dem Ausheben der Grube fertig sind, werden wir am Nachmittag kiloweise nassen Sand vom Rand der Wellen in Schubkarren oder, in Säcke gepackt, auf dem Rücken den Strand hochschleppen, um ihn dann, zusätzlich siebend, in das riesige Loch zu schaufeln. Eine Knochenarbeit. Und wofür?

Alle sieben noch existierenden Meeresschildkrötenarten sind vom Aussterben bedroht, jede einzelne steht auf der Roten Liste gefährdeter Arten. Echte Karettschildkröte und Atlantische Bastardschildkröte werden global als »vom Aussterben bedroht« eingestuft, die Grüne Schildkröte als »stark gefährdet«, Lederschildkröte, Oliv-Bastardschildkröte und Unechte Karettschildkröte als »gefährdet«, und zur Wallriffschildkröte gibt es nicht genug Daten, um ihren Status endgültig bestimmen zu können. Der Gefährdungsstatus einzelner Populationen ist sogar noch weitaus besorgniserregender, als die globale Situation vermuten lässt. Viele hatten in den letzten fünf Jahrzehnten einen drastischen Rückgang zu verzeichnen. Für einige Populationen und Arten sieht es in der Tat so brenzlig aus, dass es keine Garantie für ihr zukünftiges Überleben gibt – dazu zählt auch die Ostpazifische Lederschildkröte, die der Hauptfokus unseres Projekts in Ostional ist. Ihre Zahl ist so stark zurückgegangen, dass nach aktuellen Berechnungen jährlich nur noch etwa 300 Weibchen an den Stränden von Mexiko bis nach Kolumbien nisten. Wissenschaftler:innen gehen davon aus, dass wir in zehn Jahren gar keine Lederschildkröten mehr im Ostpazifik finden werden – es sei denn, wir Menschen leisten Hilfestellung.

Und genau das tun meine Kollegen und ich gerade. Zu diesem Zeitpunkt nisten noch neun Weibchen in Ostional, was in den kommenden Jahren jedoch weiter abnehmen wird. Das Hauptziel unseres Projekts ist deshalb, so viele Meeresschildkrötenbabys wie nur möglich zu produzieren und sicherzustellen, dass eine neue Generation von Lederschildkröten entsteht. Im Detail sieht das so aus, dass wir jede Nacht am Strand patrouillieren, damit die Meeresschildkrötenweibchen ungestört ihre Eier in den Sand legen können – beziehungsweise manchmal auch in eine Tüte, die wir unter ihren Schwanz halten. Wenn wir uns für Letzteres entscheiden, werden die Eier danach an einen sicheren Ort verlegt, um dort in Ruhe ausbrüten zu können.

Warum wir das machen? An vielen unserer Niststrände werden die Schildkröteneier von Menschen gestohlen, von Wilddieben oder Nesträubern (*poacher* auf Englisch, *hueveros* auf Spanisch). Daneben gibt es auch viele natürliche Feinde, die sich gerne den Bauch mit den Eiern vollschlagen, wie Waschbären, Nasenbären, Stinktiere, Geier und Krabben. Leider haben deren Zahlen in den letzten Jahren erheblich zugenommen. Durch die Zerstörung der natürlichen Lebensräume verlieren wir vermehrt größere Raubtiere, welche die Populationen von Waschbären und Co unter Kontrolle halten könnten. Ein zusätzliches Problem sind Haushunde, die frei durch die Gegend streifen, die Nester ausbuddeln und sich an den Eiern satt fressen.

Doch damit nicht genug! Die Gezeiten und der Anstieg der Meeresspiegel durch den Klimawandel führen zur kontinuierlichen Erosion von Sand an Stränden, sprich, der Sand wird nach und nach abgetragen. Nester werden mit Wasser überspült, oder die Eier bleiben sogar unter Wasser begraben. Oft werden ganze Strandabschnitte innerhalb weniger Wochen komplett weggewaschen und mit ihnen Nester, die im Sand inkubierten.

Zum Schutz der gelegten Eier setzen deshalb viele Projekte auf bewachte Inkubationsstationen, auf Englisch *hatcheries* und auf Spanisch *viveros*. Sie sollen eine erfolgreiche Inkubation garantieren. Auch wir wollen so möglichst viele Meeresschildkröten bis zum Schlüpfen begleiten. Dementsprechend fängt fast jede unserer Nistsaisons mit einem ähnlichen Szenario an: Wir müssen eine Grube am Strand mit sauberem Sand füllen, Zäune aufstellen und Schatten spendende Unterstände bauen, damit die Nester ungestört ausbrüten können – 24 Stunden am Tag und sieben Tage die Woche von Menschen bewacht.

Idealerweise bauen wir diese Stationen wochenlang in schweißtreibender Arbeit, noch bevor die ersten Weibchen zur Eiablage kommen. Leider ist uns in der letzten Nacht ein Weibchen zuvorgekommen, und jetzt sitzt uns die Zeit im Nacken, denn das Lederschildkrötenweibchen wird, den Nistintervallen seiner Art folgend, in zehn Tagen zur nächsten Eiablage kommen. Bis dahin muss unsere Station fertig sein. Der beschwerlichste und langwierigste Teil des Baus ist das Ausschaufeln der Grube und das Sieben des Sandes, der im Anschluss dort hineingefüllt wird. Ein doppelter Zaun aus Insektenschutznetz, *anti aphid mesh,* wird bis zu 1,20 Meter tief vergraben und schließt zusammen mit einem Maschendraht oberirdisch auf einer Höhe von 1,50 Metern die gesamte Fläche sicher ein. Mindestens die Hälfte der Inkubationsstation wird außerdem von einem Sonnensegel aus Bambusstangen und einer Art Tarnnetz beschattet. Auf der Sandfläche der Station markieren wir Quadrate von 1×1 Meter mit Schnüren, dort werden die Nester später im Schachbrettmuster wieder vergraben, um die Nestdichte künstlich klein zu halten.

Meistens arbeiten wir ein paar Stunden am Morgen vor dem Frühstück, bevor die Sonne zu heiß scheint, und ein paar Stunden am Nachmittag, wenn die größte Mittagshitze vorüber ist. Nachts gehen wir auf Strandpatrouille. Manche der Projekte, die ich über die Jahre geleitet habe, haben nicht nur eine Station, sondern gleich zwei, und die nicht nur auf einer kleinen Fläche wie hier, sondern doppelt oder dreimal so groß. Diese Vorbereitungen gehören definitiv nicht zu meinen Lieblingsaufgaben, sind aber eine Notwendigkeit, um das Überleben der Eier sicherzustellen und so viele Jungtiere wie möglich zu produzieren.

Selbst wenn ein natürliches Nest erfolgreich bis zum Ende inkubieren kann, liegt der Schlupferfolg nicht bei 100, sondern eher bei 50 bis 60 Prozent. Wir können die Anzahl der geschlüpften Jungtiere auf durchschnittlich 70 bis 90 Prozent steigern, indem wir alle gelegten Nester in Inkubationsstationen ausbrüten und zusätzliche Maßnahmen ergreifen. Dazu zählen zum Beispiel zylindrische Körbe aus Kaninchendraht und Insektennetz, die über jedes der Gelege gestülpt werden. Der untere Rand wird 20 bis 30 Zentimeter tief eingegraben und soll Krabben davon abhalten, sich ins Nest zu buddeln und die Eier zu fressen. Das Insektennetz verhindert, dass Fliegen ihre Eier ablegen und sich die Maden dann ins Nest graben, um die Eier und Babys anzufressen.

Durch die Körbe und den Zaun haben die Babys aber logischerweise nicht mehr die Möglichkeit, direkt zum Wasser zu laufen. Deshalb müssen wir die Station tagtäglich bewachen und die einzelnen Nester alle 20 Minuten kontrollieren. Geschlüpfte Babys werden sofort aus den Körben genommen und in eine dunkle Kiste mit feuchtem Sand gelegt. Tagsüber warten wir, bis die Nacht hereinbricht oder es regnet und die Temperaturen dadurch kühler sind, bevor wir die Babys freilassen. Nachts werden sie in einer Gruppe gesammelt und dann gemeinsam freigelassen.

Den Schlupferfolg und damit auch den Erfolg unserer Hilfestellung bestimmen wir, indem wir die geschlüpften Nester aufbuddeln und eine Inventur des Inhalts machen. So können wir sehen, wie viele Babys tatsächlich geschlüpft sind und wie viele nicht. Dann öffnen wir zusätzlich die verbliebenen Eier, um herauszufinden, warum aus ihnen nichts geschlüpft ist. Hat überhaupt ein Embryo angefangen, sich zu entwickeln, oder hat ein Bakterien- oder Pilzbefall das verhindert? Das sind wichtige Daten, um unsere Schutzstrategien zu beurteilen und, wenn notwendig, zu verbessern. Natürlich ist diese Nestinventur, auf Englisch *nest excavation,* alles andere als angenehm. Obwohl dieses Prozedere innerhalb von 24 bis 48 Stunden ausgeführt wird, nachdem die Hauptgruppe der Babys das Nest verlassen hat, sind viele der Eier schon halb verfault. Kein Wunder also, dass ich mit der Inventur einen erbärmlichen Gestank verbinde, der sich trotz Latexhandschuhen an Hände und Kleidung heftet. Während meiner Diplomarbeit habe ich teilweise bis zu 20 Nester pro Tag ausgegraben. Um den Geruch zu neutralisieren, band ich mir oft ein parfümiertes Tuch vor den Mund, was leidlich half und mir den Duft meines Lieblingsparfüms für immer verdorben hat.

An vielen Stränden müssen wir zusätzlich künstlichen Schatten spenden, damit die Nester nicht zu warm werden und die Eier nicht kochen. Temperatur ist ein wichtiger Faktor in der Entwicklung der Meeresschildkrötenbabys, denn zu kalte (unter 24 °C) sind genauso tödlich für heranwachsende Embryonen wie zu heiße (über 36 °C), vor allem über einen längeren Zeitraum. Die Bebauung von Stränden hat vielerorts zum Verlust der schattenspendenden natürlichen Vegetation geführt, und der Klimawandel lässt globale Temperaturen zusätzlich ansteigen, sodass an vielen unserer Niststrände Temperaturen jenseits des letalen Limits herrschen. Mit Sonnensegeln können wir sie aber so weit herunterregulieren, dass die Eier ohne Problem ausbrüten. Auf diese Weise produzieren wir in jeder Saison Tausende kleine Meeresschildkrötenbabys, die wir dann unter Aufsicht ins große, weite Meer entlassen können.

Die Inkubationstemperatur spielt noch eine weitere wichtige Rolle, denn das biologische Geschlecht von Meeresschildkröten entscheidet sich nicht wie beim Menschen und vielen anderen Tieren über Geschlechtschromosomen, sondern über die Sandtemperatur im zweiten Drittel der Inkubation, der thermosensitiven Zeit, in der die vorherrschende Temperatur einen Einfluss auf die Entwicklungsprozesse hat. Ist es wärmer, entwickeln sich mehr Weibchen, ist es kälter, mehr Männchen. Man kann sich diese Regulierung gut mit dem englischen Merksatz *»hot chicks, cool dudes«* (heiße Mädels, coole Jungs) merken. Diese temperaturabhängige Geschlechtsdetermination (TGD, auch TSD von *temperature-dependent sex determination*) kennt man nur von einigen Reptilien- und Fischarten. Es ist noch nicht vollständig geklärt, wie der eigentliche Prozess im Detail abläuft, aber ein verantwortliches Enzym scheint die Aromatase zu sein, deren Aktivität mit steigender Temperatur zunimmt. Sie wandelt das männliche Geschlechtshormon Testosteron in das weibliche Geschlechtshormon Östrogen um. Der Temperaturunterschied zwischen einem Nest mit 100 Prozent Männchen oder Weibchen liegt bei gerade mal 2,5 °C. Aber es gibt eine Schlüsseltemperatur, bei der sich die Embryonen in einem Geschlechterverhältnis von genau 50:50 entwickeln, die sogenannte *pivotal temperature,* die für die meisten Arten bei um die 29 °C liegt.

Der Klimawandel und die daraus resultierende Erderwärmung haben in den letzten Jahrzehnten dazu geführt, dass generell mehr Weibchen als Männchen schlüpfen – zum Teil in krassen Verhältnissen wie 9:1. Diese Entwicklungen machen mir große Sorgen, denn obgleich wir die Auswirkungen vielleicht noch nicht sehen, wird der Mangel an Männchen in den kommenden Jahren zu einer weiteren

Gefährdung für die bereits bedrohten Populationen der Meeresschildkröten werden.

Ein paar Jahre später stehen wir wieder auf dem gleichen Strand. Die Station, die wir dieses Mal errichten, ist aber nicht für unser eigentliches Schutzprojekt bestimmt, sondern für einen *BBC*-Dokumentarfilm, in dem über das Innenleben eines Oliv-Bastardschildkrötennestes berichtet werden soll. Für uns Wissenschaftler:innen sind die Monate der Inkubation eine geheimnisumwobene Zeit, denn wir wissen immer noch nicht alles darüber, was im Nest und in den Eiern geschieht. Wir können die Eier und die darin heranwachsenden Embryonen schließlich nur bedingt beobachten und erforschen. Die Dokumentarfilmer:innen wollen ein paar dieser Geheimnisse lüften und machen sich unser Wissen über den Bau von Inkubationsstationen sowie die große Anzahl an Schildkröten in Ostional zunutze, um über Kameras im Nest noch nie zuvor gewonnene Einblicke in ein brütendes Meeresschildkrötennest zu erhalten.

Unser Strand ist nämlich berühmt für ein Phänomen, das sich *arribada* nennt, Spanisch für Ankunft. Jeden Monat kommen – normalerweise in der Woche vor Neumond – Tausende von Oliv-Bastardschildkrötenweibchen hier an, die ihre Eiablage als Massenanlandung synchronisieren. Über einen Zeitraum von drei bis zehn Nächten können so bis zu einer halben Million Weibchen gleichzeitig nisten. Stellt euch einen ein bis zwei Kilometer langen Strandabschnitt mit schwarzem Sand bei Nacht vor, auf den plötzlich, als hätte jemand einen unhörbaren Pfiff ausgestoßen, Tausende Schildkröten krabbeln, oft neben- und auch übereinander. Ein stetiger Strom von Schildkrötensilhouetten fließt aus dem Wasser heraus und wieder ins Wasser hinein bis sich auf jeder freien Fläche ein Weibchen befindet, das entweder gerade ein Loch buddelt oder schon dabei ist, Eier zu legen. Sand und intakte sowie zerbrochene Eier fliegen durch die Gegend und einem auch immer mal wieder direkt ins Gesicht, wenn man nicht vorsichtig ist. Man kann keinen Meter laufen, ohne fast auf eine Schildkröte zu treten. Es ist keine Seltenheit, dass sich ein Weibchen in den Schulterriemen eines unachtsam abgestellten Rucksacks verheddert und ihn über den Strand zerrt. So haben wir schon mehr als einmal Ausrüstungsgegenstände im Sand oder im Meer verloren. Ringsherum tönt das stampfende Geräusch all dieser Schildkröten, die mit ihrem Bauchpanzer tanzend den Sand über ihren Eiern festklopfen. Tagsüber kommen nur vereinzelt Weibchen zur Eiablage, da die Sonne erbarmungslos herunterbrennt, aber mit ihrem Untergang und der hereinbrechenden Flut beginnt das Spektakel jede Nacht aufs Neue und endet erst wieder mit den ersten Sonnenstrahlen.

Dieses Naturschauspiel, über das noch wenig bekannt ist und das einem schlicht den Atem raubt, ist schon in vielen Dokumentarfilmen und Hochglanzmagazinen porträtiert worden. Wer die zweite Staffel von »Unser blauer Planet« gesehen hat, kennt die beeindruckenden Drohnenbilder, die von einer solchen *arribada* in Ostional aufgenommen wurden. Weltweit kann man dieses Phänomen an nur knapp einem Dutzend Stränden beobachten, die meisten von ihnen in Zentralamerika und zwei in Indien. Ostional ist einer von zwei Stränden, an denen die größten *arribadas* dokumentiert wurden.

Über die nächsten Wochen wollen wir insgesamt fünf Gelege von Oliv-Bastardschildkröten in künstliche Sandnester der Inkubationsstation bringen. Dort können die Eier über eingebaute Plexiglasscheiben gefilmt und die Temperaturen in jedem Nest mit einem raffinierten Thermometer von außen überwacht werden. Zusätzlich nutzen wir Mikrofone, die die Laute aus dem Nest aufzeichnen. Für mich als Wissenschaftlerin und Schildkrötennerd unglaublich spannend! Die *BBC* hat eine Truppe aus verschiedenen Wissenschaftlerinnen (!) zusammengestellt, die unterschiedliche Aspekte der Meeresschildkrötenwiege vor der Kamera erforschen sollen. Begleitet werden wir dabei von zwei weiteren Wissenschaftlern, die das Unterfangen publikumswirksam kommentieren sollen.

Endlich ist es so weit. Die Inkubationsstation ist fertig und das Kamerateam angereist. Ihr Aufenthalt wurde im Voraus so geplant, dass eine hohe Chance besteht, eine *arribada* filmen zu können und während der Massennistung die benötigten fünf Gelege einzusammeln. Aber es kommt wie immer anders als geplant. Nachdem wir mehrere Nächte vergeblich auf eine *arribada* gewartet haben, entscheiden wir, die Eier von einzelnen nistenden Weibchen zu sammeln, von denen es auch genügend in Ostional gibt. So können die Nester in Ruhe ausbrüten, und wir müssen den zweiten angesetzten Drehtermin in 45 Tagen nicht noch weiter nach hinten schieben.

In der nächsten Nacht machen wir uns also auf die Suche nach diesen einzelnen Weibchen. Ich laufe die Wasserlinie des Strandes auf und ab und sehe nach ein paar Stunden endlich einen hochgewölbten, dunklen »Stein« aus den Wellen gleiten. Sogleich schicke ich ein Lichtsignal Richtung Drehteam, das wenige Kilometer entfernt wartet. Damit löse ich bei der verschlafenen Crew leichtes Chaos aus, weil jede:r versucht, sich und sein Equipment so schnell wie möglich zu organisieren. Endlich setzt sich die Karawane in Bewegung und hastet den Strand entlang auf meine rote Lampe zu. Innerhalb einer Viertelstunde sind die Produzentin, die zwei Regisseurinnen, die zwei Kameramänner, der Tonassistent, die zwei wissenschaftlichen Moderatoren und drei unserer lokalen Assistenten ein bisschen außer Atem bei mir und der Schildkröte angekommen und bereiten alles vor, um den Prozess des Eiersammelns zu filmen.

Idealerweise fangen wir die Eier mithilfe einer speziellen Tüte auf, noch während die Schildkrötenmutter sie aus ihrer Kloake presst und bevor sie in den Sand fallen. Dazu legt man sich hinter dem Tier auf den Bauch und hält die Tüte vorsichtig unter die Kloake. Die Tüten müssen äußerst stabil sein und genug Volumen besitzen, da ein einziges Gelege mehrere Kilo wiegen und je nach Art bis zu 200 Eier umfassen kann. Doch wie überstehen die fragil wirkenden Eier den Sturz aus 45 bis 75 Zentimetern Höhe überhaupt unbeschadet? Meeresschildkröteneier haben genau wie die anderer Reptilien eine flexible, pergamentartige Schale, die ihren Aufprall abfedert. Sie ist außerdem für Wasser und Gase durchlässig, sodass der Embryo kontinuierlich mit Sauerstoff versorgt wird, der ungehindert aus dem Sand durch die Schale diffundiert. Die Schale selbst besteht aus einer faserigen inneren organischen Membran und einer äußeren anorganischen oder mineralischen Schicht aus Kalziumkarbonat, das in Kristallform als Aragonit oder Kalzit auf die organische Membran aufgelagert wird. Eine tolle Verpackung, die den Embryonen ein sicheres Zuhause bietet.

Sobald das Weibchen alle Eier gelegt hat, zieht man die Tüte behutsam aus dem Nest. Wenn man es umsichtig genug macht, bekommt die Schildkröte von alledem nichts mit und beginnt, ihr Nest mit Sand zu bedecken, als wären ihre Eier noch dort. Dadurch vermeiden wir unnötigen Stress für das Tier. Wenn man sich hingegen wie ein Elefant im Porzellanladen benimmt, die Kloake berührt oder generell zu viele hektische Bewegungen macht, kann es vorkommen, dass das Weibchen mitten im Legeprozess die Flucht ergreift. Natürlich ist das ein Szenario, das es unter allen Umständen zu vermeiden gilt. Dementsprechend üben wir das Eiersammeln mit neuen Leuten erst im Trockenen und erklären im Detail, worauf sie achten müssen. Auch unser Filmteam samt Moderatoren und Wissenschaftler:innen hat diese Einweisung erhalten.

Nachdem alle Eier im Sack beziehungsweise in der Tüte sind, tragen wir sie aufmerksam und möglichst ohne Schütteln zur Inkubationsstation. Die Entwicklung der Embryonen beginnt nämlich mit dem Fall aus der Kloake und dem ersten Kontakt mit Sauerstoff. Dieser löst eine Fortsetzung der Zellteilung aus, die schon im Leib der Mutter durch die Verschmelzung ihrer Ei- mit den männlichen Samenzellen begonnen hat, aber durch die sauerstoffarme Umgebung im Eileiter zum Stillstand gekommen war. Nach der Eiablage bildet sich aus dem Zellhaufen der kleine Schildkrötenembryo, der vom Eidotter genährt wird. Idealerweise wird das Gelege innerhalb von sechs bis zwölf Stunden nach Eiablage umgelegt, denn danach heftet sich der Embryo im Zuge seiner voranschreitenden Entwicklung von innen oben an die Eierschale. Wenn die Position des Eis nach diesem Anheften verändert wird, zum Beispiel oben und unten vertauscht werden, kann der Embryo ersticken. Zudem ist es wichtig, die Eiertüten beim Transport nicht zu nahe an sich zu pressen, da unsere Körpertemperatur von 36 °C viel zu warm für die sich entwickelnden Embryonen ist. Also halten wir die Tüte mit ausgestreckten Armen seitlich vom Körper weg, um ein zu starkes Schwenken oder einen Sturz auf die Eier zu vermeiden. Man kann sich vielleicht vorstellen, dass das über mehrere Kilometer kein leichtes Unterfangen ist.

Wie schnell sich ein Embryo zu einer vollständigen Babyschildkröte entwickelt, hängt von der Sandtemperatur während der Inkubation ab. Wenn der Sand eher kühle 25 °C hat, weil das Nest zum Beispiel im Schatten liegt oder es längere Zeit regnet, kann die Inkubation 65 bis 75 Tage dauern. Wenn es hingegen in der direkten Sonne liegt und es selten regnet, entwickeln sich die Embryonen dank der höheren Temperaturen von bis zu 35 °C schneller und schlüpfen manchmal schon nach 45 Tagen. Interessanterweise sind Babys, die nach einer kürzeren Inkubationszeit schlüpfen, oft kleiner und schwerfälliger; Babys, die nach einer sehr langen Inkubationszeit schlüpfen, eher größer und schneller. Das hat damit zu tun, dass es eine Weile dauert, die einzelnen Bausteine, die vom Dotter geliefert werden, in eine Schildkröte zu verwandeln: Kürzere Zeiten ermöglichen nur den Bau einer kleinen Schildkröte mit vielen Dottersackreserven, längere Zeiten lassen einen flitzenden Wonneproppen entstehen. Dabei sind zum Beispiel die Fähigkeit, sich selbst von der Rücken- wieder in die Bauchlage zu drehen, und die Schnelligkeit beim Krabbeln und Schwimmen von außerster Wichtigkeit. Sich innerhalb der ersten zwei Stunden nach dem Verlassen des Nestes aufrichten zu können, zu kriechen und dann schnell zu schwimmen erhöht die Wahrscheinlichkeit, dass ein Baby die Transitzeit vom Nest bis zur Wasserlinie überlebt – und dann auch schneller außerhalb der Reichweite von aquatischen Fressfeinden ist.

Oliv-Bastardschildkröten legen zum Glück im Durchschnitt nur um die 100 Pingpongball-große Eier, die zusammen circa drei Kilogramm wiegen. Der Transport zur Inkubationsstation ist also nicht ganz so beschwerlich wie mit einem Lederschildkrötengelege. Generell legen kleinere Arten mehr und kleinere Eier, wodurch auch ihr Nachwuchs kleiner ist als der größerer Arten. Die Ausnahme bildet die Wallriffschildkröte, die bei einer dreimal geringeren Körpergröße fast genauso große Eier legt wie die Lederschildkröte. Die individuelle Größe des Weibchens hat dagegen wenig mit der Größe des Nachwuchses zu tun: Stattlichere Weibchen legen zwar mehr Eier, aber nicht unbedingt größere.

Der Grund dafür ist, dass größere Eier und damit größere Nachkommen auf Kosten von weniger Nachkommen produziert werden. Evolutionstheoretisch wird die Tauglichkeit, fachsprachlich Darwin'sche Fitness, eines vererbbaren Merkmals danach bemessen, wie es sich auf die Anzahl der Nachkommen auswirkt: Eine Anpassung ist besser, wenn sie die Nachkommenzahl generell oder die Überlebenschancen der einzelnen Nachkommen steigert. Ein Individuum mit höherer Fitness hat also, unter exakt gleichen Umweltbedingungen, mehr überlebende Nachkommen als eines mit geringerer Fitness. Allerdings ist eine Anpassung nicht immer grundlegend besser als eine andere – wie auch im Fall der Meeresschildkröten. Mehr Eier bedeuten zwar mehr Nachkommen, aber größere Eier führen zu größeren Nachkommen mit einer höheren Überlebenschance. Der Punkt, an dem eine Balance zwischen diesen beiden wünschenswerten, aber sich ausschließenden Situationen erreicht wird, wird mit der Theorie der optimalen Eigröße erklärt: Die natürliche Selektion hat die Eigröße an dem Punkt optimiert, an dem eine erhöhte Darwin'sche Fitness in Verbindung mit einer erhöhten Eigröße der Verringerung der Fitness durch eine Verringerung der Nachkommenzahl gleichkommt. Oder einfacher gesagt: Das Ziel sind größtmögliche Eier bei möglichst vielen Nachkommen.

Meeresschildkröten setzen in ihrer Fortpflanzungsstrategie generell auf Quantität und nicht auf Qualität. Statt einige wenige Jungtiere zu produzieren, um die sich die Mutter aufopferungsvoll kümmert, legen sie Hunderte von Eiern pro Saison in mehreren Nestern ab, die sie über verschiedene Strandabschnitte oder sogar über verschiedene Strände verstreuen. Eine Strategie, die auch anderen Reptilien zu eigen ist. Doch im Gegensatz zu zum Beispiel Krokodilmüttern, die ihre Nester bewachen und den frisch geschlüpften Jungtieren zum Wasser helfen, machen sich Meeresschildkröten direkt nach jedem Legeprozess aus dem Staub. Das führt natürlich dazu, dass viele Meeresschildkrötengelege es erst gar nicht bis zum Schlupf der Jungtiere schaffen, sondern von menschlichen oder tierischen Nesträubern geplündert oder vom Meer weggespült werden.

Aber dafür sind ja wir da. In der Station angekommen, graben wir ein Nest in der Form und mit den Dimensionen eines natürlichen Oliv-Bastardschildkrötennestes. Es muss ganz frisch sein, weil der Sand sonst austrocknet und trockener Sand schädlich für das Eimilieu und die darin heranwachsenden Embryonen ist. Da viel von der Inkubationstemperatur der Eier abhängt, sind außerdem die korrekte Tiefe des Nestes sowie die Ausmaße der Eikammer maßgeblich. Beides ist bedingt durch die Größe beziehungsweise Flossenlänge der verschiedenen Arten: Größere Arten buddeln tiefere Nester als kleinere. Da Oliv-Bastardschildkröten zu den kleinsten Meeresschildkrötenarten gehören, reichen ihre Nester nur knapp 45 Zentimeter in die Tiefe, wohingegen die riesige Lederschildkröte mit durchschnittlich 75 Zentimetern die tiefsten Nester gräbt. Diese sind auch die einzigen, die in ihrem Umriss an einen Stiefel erinnern, die der anderen Meeresschildkröten haben eher die Form einer umgedrehten Glühbirne. In allen Fällen entsteht unten die sogenannte Eikammer, welche groß genug sein muss, um alle Eier eines Geleges aufzunehmen. Das Weibchen verschließt den Zugang zur Eikammer zwar mit Sand, aber in der Kammer besteht noch genug Bewegungsfreiheit für den Gasaustausch und später für die frisch geschlüpften Babys.

Für das Filmprojekt ist die momentane Herausforderung, die Nester so zu graben, dass man über die Plexiglasscheiben einen direkten Einblick in die jeweiligen Eikammern hat. Aber auch das bekommen wir hin und können die Eier nun endlich eines nach dem anderen vorsichtig und mit behandschuhten Händen in die Eikammer legen. Zwischen die Eier platzieren wir noch einen Temperatursensor, der mit einem Thermometer verbunden ist, und danach schließen wir das Nest mit Sand, ähnlich wie die Schildkrötenmutter es gemacht hätte. In zwei Nächten schaffen wir es, die benötigten fünf Nester zusammenzusammeln und genau wie das erste Nest in die Inkubationsstation zu verlagern. Über die nächsten Wochen werden wir die brütenden Eier durch die Plexiglasscheiben beobachten und filmen sowie die Temperaturen im Nest über unsere Sensoren überwachen.

Währenddessen haben wir die Hoffnung, doch noch eine *arribada* vor die Linse zu bekommen, nicht aufgegeben. Die Drehzeit wird sogar um eine Woche verlängert. Eines Nachts sitzen wir alle am Strand und halten wieder einmal Ausschau nach einer nistenden Schildkröte, damit ich einen Satellitentransmitter auf ihrem Panzer installieren kann. Während wir warten und vor uns hin dösen, entwickelt der Sand unter und um uns herum plötzlich ein Eigenleben. Tausende von Nestern haben sich die heutige Nacht ausgesucht, um zu schlüpfen. Da die meisten Eier in Ostional jeden Monat innerhalb weniger Tage gelegt werden, schlüpfen die kleinen Schildkröten meistens auch zeitgleich innerhalb weniger Tage. Millionen junger Oliv-Bastardschildkröten winden sich fast gleichzeitig aus dem Sand und rennen zum Wasser. In dieser Zeit kann man kaum am Strand entlanglaufen, ohne Angst haben zu müssen, auf ein Baby zu treten. Das Kamerateam bekommt sich vor Aufregung fast nicht mehr ein und filmt, was das Zeug hält. Einer der Moderatoren, ein grauhaariger und sonst eher ehrwürdig wirkender Brite, rutscht in seiner hellen Kakihose auf den Knien über den Sand und stößt immer wieder freudige Laute aus. Seine Nase berührt fast den Boden, damit er in unserem die Dunkelheit nur wenig erhellenden roten Lichtschein die kleinen Schildkröten besser sehen kann. Was für ein Vergnügen für alle, nachdem die Stimmung durch das Ausbleiben der *arribada* in den letzten Tagen alles andere als positiv war.

Leider meinen es die Naturgeister nicht gut mit uns, und der Großteil des Filmteams reist ab, ohne eine *arribada* zu Gesicht bekommen zu haben. Es ist kurz vor Weihnachten, und eine weitere Verlängerung steht außer Frage, da alle zu ihren Familien möchten. Ein Kameramann wird bei uns zurückgelassen, der über die Feiertage die Stellung halten soll. Und tatsächlich fällt ausgerechnet an Heiligabend der unhörbare Startschuss für die synchronisierte Massennistung, und Tausende Oliv-Bastardschildkröten erscheinen am Strand von Ostional. Fünf Tage lang rennt der Kameramann wie ein aufgescheuchtes Huhn durch die Gegend, filmt tagsüber und nachts und schläft wenig bis gar nicht. Dann ist auch dieser Teil im Kasten, und während das Filmteam das erste Material sichtet, können wir uns auf die inkubierenden Nester konzentrieren.

Vierzig Tage nachdem wir die Eier in die Inkubationsstation gebracht haben, reist das Filmteam wieder an. Dieses Mal wollen sie den Schlupfprozess im Nest dokumentieren. Die Temperatur in den Nestern wurde durchgehend aufgezeichnet und ist während der Inkubationszeit kontinuierlich angestiegen. Der Grund dafür sind nicht nur die stetig steigenden Außentemperaturen durch den Beginn der Trockenzeit, sondern auch die Wärme, die durch die zunehmende Stoffwechselaktivität der heranwachsenden Schildkröten erzeugt wird. Generell ein gutes Zeichen, denn es bedeutet, dass sich in den Eiern etwas tut. Durch die Plexiglasscheiben können wir noch keine Aktivität erkennen. Die Eier liegen still und rund in ihrer Wiege aus Sand. Aber wir haben eine Wissenschaftlerin bei uns, die sich auf die Lautäußerungen von Meeresschildkrötenbabys spezialisiert hat. Sie kann durch Löcher im Plexiglas vorsichtig ein omnidirektionales Mikrofon in das Nest hineinschieben und so die Embryonen belauschen.

Die meisten Menschen denken, dass Schildkröten stumm sind und auch nicht sonderlich gut hören, dabei ist in der Wissenschaft schon seit Längerem bekannt, dass Schildkröten den Frequenzbereich zwischen 100 und 1000 Hertz ziemlich gut wahrnehmen können. Der menschliche Sprachbereich liegt zwischen 80 und 12 000 Hertz, männliche Stimmen mit ihrem Grundton im Durchschnitt bei 125 Hertz, weibliche bei 220 Hertz. Schildkröten können unsere Stimmen und vor allem tiefere Töne also sehr wohl hören. Allerdings wird vermutet, dass Meeresschildkröten Töne an Land gedämpfter wahrnehmen, da ihr Gehör an die Dichte von Wasser angepasst ist.

In den letzten Jahren gab es diverse Studien zum Sozialverhalten von aquatischen Schildkröten, den Süßwasser- und Meeresschildkröten. Vor allem der Schlupfvorgang hat vielen Wissenschaftler:innen über Jahrzehnte Rätsel aufgegeben, denn die fertigen Babys im Ei schaffen es irgendwie, das Schlüpfen so zu koordinieren, dass fast alle gleichzeitig ihr Ei verlassen und sich dann als Gruppe ihren Weg an die Strandoberfläche bahnen. Dieser Prozess wird Protokooperation genannt und ist eine Form der ökologischen Interaktion, bei der alle beteiligten Organismen profitieren, ähnlich einer Symbiose. Im Fall der Meeresschildkröten könnte man auch von einer rudimentären Art von Sozialverhalten sprechen. Diese Kooperation bietet den Meeresschildkrötenbabys zum einen den Vorteil, den beschwerlichen Anstieg aus der Eikammer nicht allein machen zu müssen, weil viele Flossenpaare dabei helfen. Zum anderen erhalten sie zusätzlichen Schutz durch die Gruppe. Fressfeinde werden durch die hohe Anzahl an Babys übersättigt und können sich höchstens ein paar wenige schnappen, während der Rest sicher zum Wasser gelangt.

Wie genau diese Kooperation vonstattengeht und das synchrone Schlüpfen koordiniert wird, war bislang unbekannt. Doch 2012 wurde eine Studie veröffentlicht, die zum allerersten Mal die Lautäußerungen von Arrauschildkröten, einer im Amazonas lebenden Süßwasserschildkröte, dokumentierte und vermutete, dass darüber der gemeinsame Schlupf koordiniert wird. Bei einem internationalen Symposium stellte der Co-Autor der Studie seine Erkenntnisse ein paar Jahre später der Meeresschildkrötenforschergemeinschaft vor. Ich saß gebannt im Zuschauerraum und traute meinen Ohren kaum, als ich über die Lautsprecher zwitschernde, klickende, miauende, gackernde und pulsierende Laute vernahm. Ein bunter Strauß von Vokalisierungen einer zuvor stumm geglaubten Schildkrötenart! Spätestens nach diesem Vortrag war klar, dass auch Meeresschildkröten belauscht werden müssen.

Eine dieser lauschenden Wissenschaftler:innen ist meine Kollegin Lindsay McKenna Jackson, die jetzt ihre Mikrofone ins Nest richtet. Anfangs hören wir tagelang nichts, aber dann sind auf einmal ganz deutlich pulsierende Zwitscherlaute zu vernehmen. Es ist das erste Mal, dass ich die Vokalisierungen von Meeresschildkröten höre, und vor lauter Aufregung halte ich den Atem an, um ja nichts zu verpassen. Ein paar Tage später schlüpfen tatsächlich die ersten Babys.

Durch die Plexiglasscheiben können wir den Schlupfvorgang erstmals hautnah miterleben. Ich bin völlig gefesselt von dem Bild, das sich mir bietet. Zuerst sehen wir Bewegungen in den Eiern, bis auf einmal aus einigen kleine, spitze Dreiecke hervorlugen. Das ist der Eizahn der Babys, mit dem sie die Schale aufschneiden, um dann ihren Kopf hinauszustrecken. Über die nächsten Stunden werden immer mehr winzige Schildkrötenköpfe sichtbar, denen nach und nach die Körper folgen, die sich langsam, aber sicher aus den Eiern winden. Bei vielen wird das Loch mit dem Ellbogen der Vorderflosse erweitert und dann die Flosse durch das Loch gesteckt. Von da an wird der restliche Körper Millimeter um Millimeter hindurchgeschoben. Der Prozess ist ermüdend, und die Babys müssen sich zwischendurch immer mal wieder ausruhen. Aber endlich sind doch fast alle komplett geschlüpft und liegen erschöpft über den Schalen.

Die nächsten Stunden werden damit verbracht, den verbliebenen Eidotter im Dottersack in die Bauchhöhle hineinzuziehen und dann das Loch in der Bauchdecke trocknen zu lassen, damit es sich schließt. Der Dotter wird den jungen Schildkröten in den ersten Tagen und Wochen die nötige Nahrung und Energie liefern, um den beschwerlichen Weg vom Nest ins Wasser und von dort über die großen Strömungen ins offene Meer zu machen.

Deshalb ist es auch eine absolut kontraproduktive Praxis in vielen touristischen Gebieten gerade im asiatischen Raum, Babyschildkröten tagelang in Kisten oder gar Pools aufzubewahren, nur damit Touristen für einen Dollar ein Baby am Strand freilassen können. Nicht nur verbrauchen die Tiere auf diese Weise ihre ganze kostbare Energie schon im Vorhinein, ihnen wird auch der Schutz der Gruppe vorenthalten. Solche Attraktionen unter dem Deckmantel des Meeresschildkrötenschutzes sollte man aus diesem und vielen anderen Gründen nicht unterstützen. Etwas anderes ist es, wenn man dabei sein darf, wenn ein ganzes Nest direkt nach dem Schlüpfen in der Nacht, an einem regnerischen Tag oder bei Dämmerung ins Meer entlassen wird.

Mit dem Schlupf allein ist es allerdings nicht getan, denn die Babys müssen sich noch bis zur Oberfläche hocharbeiten. Das dauert je nach Meeresschildkrötenart und Tiefe des Nests zwischen drei und fünf Tagen. Viele stellen sich den Vorgang so vor, dass die Babys sich mühevoll durch den Sand graben müssen. In Wirklichkeit machen sich die jungen Schildkröten die Architektur des Nests und die Tatsache, dass die Eikammer jetzt nur noch knapp zwei Drittel des vorherigen Volumens hat, zunutze. Die Flüssigkeiten der Eier sind beim Schlupfvorgang im Sand versickert, die Schalen liegen am Boden und werden von Hunderten kleiner Flossen platt getreten. Durch den dadurch entstehenden Hohlraum kollabiert der darüberliegende Sand und rieselt langsam in die Eikammer hinein. Sobald die Babys nun ihre Flossen bewegen, fällt noch mehr Sand herunter und sammelt sich in einem Haufen unter ihnen. Und noch mehr und mehr und mehr. So werden die kleinen Schildkröten Stück für Stück näher an die Oberfläche getragen, fast wie in einem Fahrstuhl.

Natürlich wissen sie nicht, zu welcher Tages- oder Nachtzeit sie die Oberfläche erreichen. Doch ein intelligentes System der Natur verhindert, dass sie ihren Weg zum Wasser in den heißesten Stunden des Tages machen und auf dem Sand wortwörtlich gebraten werden. Ihr Körper wird bei zu hohen Temperaturen paralysiert, was dazu führt, dass viele Babys erst kurz nach einem erheblichen Temperaturabfall endgültig aus dem Nest herauskrabbeln, wie zum Beispiel direkt nach Sonnenuntergang oder bei Beginn eines starken Regengusses nach ein paar sonnigen Stunden. Dann tauchen auf einmal Hunderte oder sogar Tausende Babys gleichzeitig aus dem Sand auf und laufen um ihr Leben zum Wasser.

In unseren Nestern sind die Babys immer noch damit beschäftigt, ihren restlichen Dotter zu absorbieren. Während wir sie dabei beobachten, kollabiert der erste Sand von der Oberfläche und blockiert nach und nach die Sicht durch die Plexiglasscheiben. Jetzt sind wir doch wieder blind und müssen darauf warten, dass die Babys die Oberfläche erreichen. Aber erst einmal passiert tagelang nichts. Über unsere Sensoren können wir sehen, dass die Temperatur im Nest stetig ansteigt – in Richtung tödlich. Die Filmleute werden nervös und machen sich Sorgen, meine Kolleg:innen und ich versuchen, sie zu beruhigen, und erklären, dass dieser Temperaturanstieg völlig normal ist. Doch am Ende verlieren sie die Nerven und öffnen eines der Nester. Natürlich ist alles in Ordnung. Die Babys haben es schon fast an die Oberfläche geschafft und sind quietschvergnügt. Nach dieser Erfahrung überlassen wir die anderen vier Nester sich selbst und warten.

Grundsätzlich sollte man die Tiere immer allein schlüpfen lassen und sie auch nicht unnötigerweise anfassen. Die

Anstrengung, vom Nestboden an die Oberfläche zu gelangen, fordert von den Babys, ihre Muskeln zu nutzen und die Lungen komplett zu entfalten. So werden sie trainiert, ähnlich dem ersten Schrei eines Menschenbabys. Zu viele Hilfestellungen könnten sich kontraproduktiv auf das Überleben auswirken, da jede der natürlichen Strapazen im Nest sie auf die gefährliche Welt da draußen vorbereitet. Helfen kann man am besten, indem man den Weg vor dem Nest freiräumt, Treibholz entfernt, größere Kuhlen und Fußstapfen einebnet, Krabbenlöcher zuschüttet und dann einfach anwesend ist, um Vögel zu vertreiben. Anfassen sollte man Babys nur im Notfall und dann auch nur unter Aufsicht und mit Handschuhen, um die Tiere vor den ganzen Bakterien und Chemikalien auf unserer Haut (Cremes, Sonnenschutzmittel, Mückenabwehrsprays, Nikotin von Zigaretten) zu schützen.

Zudem müssen sich die Babys den Strand einprägen, damit die Weibchen unter ihnen später als geschlechtsreife Tiere zurückkehren und ihre Eier hier ablegen können. Wie genau diese Prägung vonstattengeht, wissen wir noch nicht, aber es wird angenommen, dass der Weg zum Wasser dabei ein wichtiges Schlüsselerlebnis ist. Deshalb möchten wir den Tieren keine Orientierungspunkte vorenthalten, die garantieren, dass sie als erwachsene Schildkröten ihren Weg zurückfinden und nicht verloren im Ozean herumschwimmen. Auch das *Kemp Ridley's Headstart Project* in Texas berücksichtigte diesen Aspekt in seiner Arbeit. Dort wurden ab 1978 alle Eier der Atlantischen Bastardschildkröte in Klimakammern ausgebrütet, um diese Art zu erhalten. In der Hoffnung, ihnen einen besseren Start ins Leben zu verschaffen und ihre Überlebenschancen zu erhöhen, wurden die frisch geschlüpften Babys für mehrere Monate in Becken aufgezogen, bis sie so groß waren, dass die meisten Fressfeinde sie nicht mehr schlucken konnten. Erst dann wurden sie weiter draußen im Golf von Mexiko ausgesetzt. Leider war zu Beginn des Projekts noch nichts über die Prägung der Babys auf ihren Geburtsstrand bekannt. Doch als Wissenschaftler:innen zu dieser Erkenntnis kamen, änderte das Projekt sein Protokoll sofort. Man ließ die Babys von da an direkt nach dem Schlüpfen über den Strand ins Wasser laufen, wo Volontär:innen sie mit Keschern wieder einfingen, bevor sie in die Aufzuchtbecken gebracht wurden. So stellte das Projekt sicher, dass die Weibchen und auch Männchen später ein ganz klares Ziel für ihre Paarung und Eiablage hatten.

Auch unsere Babys können aus der Inkubationsstation nicht direkt allein zum Wasser laufen. Nachdem zu guter Letzt alle Nester geschlüpft sind, bringen wir die Tiere also an eine geeignete Stelle am Strand, wo wir sie nahe der Vegetationslinie freilassen. Während sie als Gruppe zum Wasser rennen, stellen wir sicher, dass sie auf ihrem Weg weder von Krabben noch von Vögeln gefressen werden. Nach zwei Monaten in ihrer Wiege aus Sand sind unsere kleinen Meeresschildkröten ganz ohne elterliche Fürsorge, aber zusammen mit ihren Geschwistern endlich am Wasser angelangt und begeben sich nun auf ihre große Lebensreise.

Echte Karettschildkröte

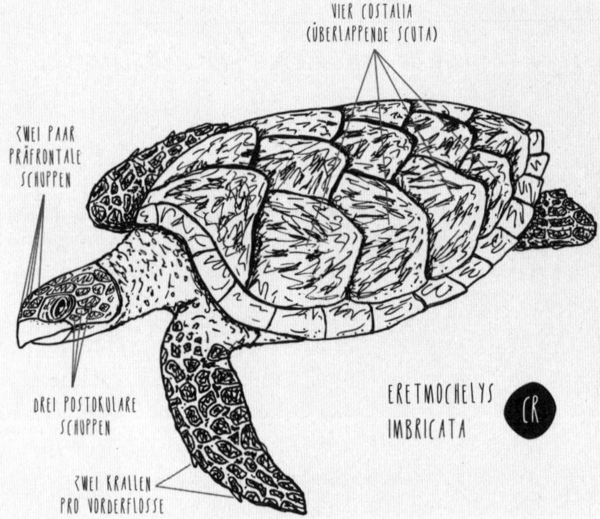

- Gefährdungsstatus (IUCN): vom Aussterben bedroht (CR – critically endangered)
- Panzerlänge: 75–90 cm
- Gewicht: 45–70 kg
- Hauptnahrung: Meeresschwämme und weiche Wirbellose
- Geschlechtsreife: 20–25 Jahre
- Remigrationsintervalle: 2–3 Jahre
- Nistintervalle: 14 Tage
- Anzahl der Gelege pro Saison: 3–4
- Gelegegröße: 150 Eier
- Inkubationszeit der Gelege: 55–65 Tage
- Besonderheiten: Panzer ist als Schildpatt bekannt und begehrt; Schnabel erinnert an einen Habicht, daher der englische Name *hawksbill turtle*

Zu Besuch in den Kinderstuben

Beschwingt laufe ich den langen Holzsteg entlang zum Wasser, das Rote Meer funkelt mir im ersten Sonnenlicht des Tages entgegen. Auf meinem Weg begegne ich keiner Menschenseele, selbst an der Tauchstation, an der sonst immer geschäftiges Treiben herrscht, regt sich noch nichts. Nur der arme Esel, der die Sauerstoffflaschen für die Tauchgäste in einem Karren bis zum Wasser zieht, ist schon wach und wartet auf sein Futter. Am Wasser angekommen, setze ich mich auf den Rand des Stegs, schaue über die fast spiegelglatte Oberfläche und atme tief ein. Die Sonne steigt gerade erst hinter dem Horizont hervor und wärmt die Holzplanken auf. Ich ziehe Schwimmflossen an, streiche mir die Haare aus dem Gesicht und setze meine Tauchermaske auf. Meine Netztasche mit den Forschungsutensilien befestige ich an meinem Bleigürtel. Langsam lasse ich mich vom Steg unter die seichten Wogen gleiten. Das Wasser fühlt sich auf meiner Haut angenehm warm an und vertreibt den letzten Rest Müdigkeit. Ich checke noch kurz den Sitz meiner Tauchermaske und meines Schnorchels und schwimme dann mit ruhigen, kräftigen Flossenstößen an der Kante des Hausriffs entlang.

Die ersten Sonnenstrahlen brechen durch die Wasseroberfläche und hinterlassen ein sich ständig veränderndes

Muster aus sich kräuselnden, leuchtenden Linien auf dem Meeresboden und den Korallen. Um mich herum wuseln Tausende Fische, Garnelen tasten sich vorsichtig mit ihren Antennen aus Spalten und Ritzen hervor, Weihnachtsbaumwürmer recken und strecken sich aus ihren Röhren, und Seesterne schieben sich Millimeter um Millimeter über den Sandboden. Der Tag im Riff hat schon kurz vor Sonnenaufgang begonnen, und alle bereiten sich auf die jeweiligen Tagesgeschäfte vor. Die Putzerlippfische an ihren Putzstationen haben alle Flossen voll zu tun, ihre Kunden schnell genug zu bedienen, denn noch sind auch etliche große Fische im Riff unterwegs, die später in tieferem Wasser nach Futter suchen werden. Ich nehme einen tiefen Atemzug durch meinen Schnorchel und tauche weiter hinab in diese fantastische Welt. Eine Gruppe kleiner bunter Fische, die über einer Koralle schwebt, erregt meine Aufmerksamkeit. Einer unsichtbaren Strömung folgend, schunkelt der Schwarm geschlossen hin und her und scheint tanzend seine Position direkt über der Koralle zu bewahren. Ich tauche auf, atme tief durch, schwimme weiter.

Ich bin als junge Studentin für ein Uniprojekt in Ägypten und beginne jeden Morgen auf diese Weise. Bald komme ich an eine Putzstation, neben der ein weißer Stein mit einer aufgemalten schwarzen Nummer 8 liegt. Ich ziehe eine Unterwasserschreibtafel, Bleistift und ein Maßband aus meiner Netztasche und lege Letzteres vorsichtig neben die Putzstation. Dann gehe ich direkt darüber in Beobachtungsposition. Gleich zwei Putzerlippfische bieten hier gemeinsam ihren Säuberungsservice an. Ich erfasse auf meiner Schreibtafel, wie groß die jeweiligen Kunden sind und wie viel Zeit die Putzerfische mit jedem einzelnen verbringen. Diese Daten zusammen mit denen anderer Stationen, die ich für dieses, mein erstes Uni-Forschungsprojekt sammle, vergleiche ich später mit Putzstationen, an denen jeweils nur ein Putzerlippfisch am Werk ist. Ich habe insgesamt 20 dieser am Hausriff verstreuten Standorte markiert und besuche sie jeden Tag kurz nach Sonnenaufgang und kurz vor Sonnenuntergang, wenn die Fische am Riff am aktivsten sind.

Während ich konzentriert auf mein munteres Putzerpärchen schaue, nehme ich auf einmal aus dem Augenwinkel eine Bewegung wahr. Als ich mich umdrehe, sehe ich über einem hochragenden Korallenblock nahe der Wasseroberfläche direkt neben mir eine Meeresschildkröte schweben. Sie wühlt mit ihrem spitzen Schnabel zwischen den Korallen nach Futter. Ich schwimme vorsichtig näher. Von mir völlig unbeeindruckt, sucht die Schildkröte weiter die Zwischenräume ab und findet schließlich einen Schwamm, den sie fachmännisch hervorzieht und genüsslich verspeist. Ich kann mein Glück kaum fassen. Das ist die erste Meeresschildkröte, die ich in freier Wildbahn sehe. Bisher kannte ich sie nur aus dem Fernsehen, aus Büchern und durch meine Besuche im Aquazoo Düsseldorf. Fasziniert sauge ich jedes Detail dieser Begegnung in mir auf.

Sie hat einen Panzer, genau wie Landschildkröten oder Süßwasserschildkröten. Doch er ist flacher und bei diesem Exemplar an den Rändern gezähnt. Statt Füßen hat sie vier Flossen, und unter dem Panzer schaut die Spitze eines Schwanzes hervor. Ihr Kopf ist eher klein und schlank, und der Mund sieht aus wie ein Habichtsschnabel. Ich kann keine Ohrmuschel erkennen, aber zwei leicht hervorstehende, wache Augen, die aktiv nach Futter suchen. Zwischen den Augen sitzen ihre Nasenlöcher. Ihr Körper, inklusive Panzer, ist von Hornschuppen bedeckt. Diese morphologische Eigentümlichkeit ist charakteristisch für die Gruppe der Reptilien, zu der neben Echsen, Schlangen und Krokodilen auch die Meeresschildkröten gehören. Die Schuppen des Panzers werden Hornschilde oder lateinisch *scuta* genannt – der Plural von *scutum*, der Bezeichnung für den Turmschild der römischen Legionäre. Daher kommt auch der deutsche Name *Schild*kröte.

Die Schuppen auf der Haut sowie die Hornschilde bestehen aus Keratin, einem ähnlichen Material wie unsere Fingernägel und Haare. Allerdings ist unser Alpha-Keratin weicher als das Beta-Keratin der Reptilien und Vögel. An beiden Vorderflossen »meiner« Schildkröte kann ich jeweils zwei Krallen am vorderen Rand erkennen und an den Hinterflossen jeweils eine. Das ist ein wichtiges Merkmal, um die verschiedenen Arten bestimmen zu können. Ich weiß es zu diesem Zeitpunkt zwar noch nicht, aber ich beobachte gerade eine junge Echte Karettschildkröte beim Fressen.

Während ich sie betrachte, überlege ich, wie alt sie wohl sein könnte. Das zu bestimmen ist gar nicht so einfach, denn das Alter einer Meeresschildkröte lässt sich vom äußeren Anblick nur schwer oder sogar überhaupt nicht schätzen. Die Hornschilde des Panzers haben keine sichtbaren Jahresringe, und es ist auch nicht möglich, ins Maul zu schauen und über die Abnutzung der Zähne Rückschlüsse zu ziehen, wie das bei Hunden und Pferden gemacht wird. Schildkröten haben nämlich gar keine Zähne, ihre Kiefer sind mit Hornschneiden überzogen, die einen Schnabel bilden. Der einzige bekannte Weg, das Alter einer Meeresschildkröte mehr oder weniger akkurat zu schätzen, ist über die *skeletochronology*, bei der man sich den Oberarmknochen *(Humerus)* anschaut und ähnlich wie bei einem Baum die Jahresringe im Knochen zählt. Dafür muss die Schildkröte jedoch tot sein – kein gutes System, um das Alter von lebenden Tieren zu berechnen.

Stattdessen teilen wir Wissenschaftler:innen sie anhand ihrer Panzerlänge in Größenklassen ein. So können wir zumindest eine Aussage über das Entwicklungsstadium machen, also darüber, ob wir es hier mit einer frisch geschlüpften, einer kleinen juvenilen, großen juvenilen, subadulten oder erwachsenen Meeresschildkröte zu tun haben. Nicht sehr exakt, aber ein gutes Hilfsmittel. Meine Schildkröte erscheint mir mit ihrer Panzerlänge von circa 50 Zentimetern zwar riesig, doch bis zum erwachsenen Alter wird sie noch auf stattliche 80 Zentimeter heranwachsen. Wahrscheinlich habe ich eine ältere juvenile oder subadulte Echte Karettschildkröte vor mir, ich befinde mich somit in einer der Meeresschildkrötenkinderstuben.

Ich bewundere, wie sie ihren gepanzerten Körper mit den vier Flossen präzise nach rechts und links und vor- und zurückmanövriert, stehen bleibt, wenn sie etwas Interessantes entdeckt, und ihren Schnabel geschickt als Schneidewerkzeug und Pinzette zugleich einsetzt. So fördert sie einen Schwamm nach dem anderen zutage und bewegt sich trotz ihrer Größe elegant und gewandt durchs Wasser.

Das Leben der Meeresschildkröten beginnt zwar an Land, aber die meiste Zeit verbringen sie im Meer bei der Nahrungssuche und sind dementsprechend gut an ihr Leben im Ozean angepasst. Ihr mit Horn bedeckter Knochenpanzer ist stromlinienförmig, und ihre Knochenstruktur ist in Teilen reduziert: Meeresschildkröten haben da, wo andere Schildkrötenarten aus sehr massiven Knochenplatten bestehen, eher eine Art Grundgerüst, um leichter und damit schwimmfähiger zu sein. Die Finger- und Zehenknochen sind verlängert und formen mit den verhornten Schuppen der Haut große, paddelartige Flossen. Die Vorderflossen sind länger als die Hinterflossen und bilden mit den riesigen Brustmuskeln den Hauptantrieb der Meeresschildkröten. Ihre Schwimmtechnik erinnert stark an den Flug von Vögeln: Beide Flossen werden gleichzeitig mit kräftigen Schlägen auf und ab bewegt.

Eine der größten Herausforderungen für die meisten marinen Organismen ist ihr salziger Lebensraum, der ihnen kontinuierlich Wasser aus dem Körper entzieht. Die typische verhornte Reptilienhaut hilft den Meeresschildkröten zwar, die Menge an Wasser zu verringern, die sie über die Haut verlieren, trotzdem entsteht ein Wasserverlust, der ausgeglichen werden muss. Meeresschildkröten haben dafür direkt neben dem Gehirn zwei nierenähnliche Drüsen im Kopf, welche durchgehend überschüssiges Salz aus dem Körper filtern und über modifizierte Tränendrüsen als dickflüssige Lösung ausscheiden. Unter Wasser ist dieser Prozess kaum sichtbar, aber an Land sieht es so aus, als ob die Schildkröten weinen würden, was für viele Mythen rund um die Eiablage gesorgt hat.

Erstaunlicherweise machen sich viele Menschen keine Gedanken darüber, dass Meeresschildkröten genau wie Wale und Delfine Lungen besitzen und regelmäßig zum Atmen an die Oberfläche kommen müssen. Tun sie das nicht, besteht die Möglichkeit, zu ertrinken oder zu ersticken. Im Gegensatz zum automatisierten Atmen von uns Menschen wird die Meeresschildkrötenatmung aber ausschließlich bewusst gesteuert. Das heißt, die Schildkröte kann entscheiden, wann sie zum Atmen auftauchen möchte. Äußerst praktisch, wenn man zum Beispiel auf Nahrungssuche ist und sich dabei nicht stören lassen möchte. Die Schildkröte vor mir scheint zu denken, dass genau jetzt ein guter Zeitpunkt ist, und streckt ihren Kopf aus dem Wasser.

Sie stößt die alte Luft durch ihre Nasenlöcher aus, nimmt einen schnellen Atemzug und zieht ihren Kopf gleich wieder runter. Dann geht ihre Schwammsuche weiter.

Nachdem sie das Areal systematisch abgesucht und keine Schwämme mehr gefunden hat, schwimmt sie mit ruhigen Flossenschlägen in das undurchdringliche Blau jenseits der Riffkante. Wie gebannt schaue ich ihr hinterher, bis sie einen Wimpernschlag später verschwunden ist. Erst jetzt merke ich, dass ich ungewollt die ganze Zeit den Atem angehalten habe. Ich hole mehrmals tief Luft, während ich diese Begegnung Revue passieren lasse, und widme mich dann ein wenig unwillig wieder meiner Putzstation. Den ganzen Morgen kann ich meine erste Schildkröte nicht vergessen und es ausnahmsweise auch kaum bis zum Frühstück abwarten, um meinen mitreisenden Kommiliton:innen davon zu erzählen. Als eine von wenigen Student:innen habe ich die Möglichkeit, noch während meines Grundstudiums an diesem Praxisteil eines Kurses in tropischer mariner Ökologie teilzunehmen und ein eigenes kleines Forschungsprojekt in Ägypten durchzuführen. Die meisten anderen Mitreisenden sind schon in ihrem Hauptstudium und erscheinen mir zu diesem Zeitpunkt so viel weiser und erfahrener als ich. Noch nie zuvor habe ich selbstständig Daten erhoben, geschweige denn ein Forschungsprojekt entwickelt und ausgeführt. Nach dem anfänglichen Gefühl der absoluten Überforderung bin ich mittlerweile voll in meinem Element. Ich bin durch und durch glücklich, stundenlang im Wasser über meinen Stationen zu treiben und den Putzerfischen bei ihrer Arbeit zuzuschauen. Der Trip nach Ägypten ist alles, was ich mir als Kind immer vorgestellt hatte, und so viel mehr.

Ich wuchs in einer kleinen Stadt im Ruhrgebiet auf, die vom Kohleabbau und einem Chemiewerk gezeichnet war, und so lebte ich in meiner Kindheit für die Urlaube, die meine Eltern regelmäßig mit mir und meinen zwei jüngeren Schwestern machten. Wir waren zwar meistens innerhalb Deutschlands unterwegs und dadurch eher an der Nordsee als in der Karibik, aber wenigstens waren wir raus aus dem grauen, kargen Ruhrpott.

Solange ich denken kann, wollte ich zwei Dinge: Meeresforscherin werden und in ein fernes Land auswandern. Dies teilte ich auch ohne Umschweife jedem mit, der mich als Kind zu meinen Zukunftsplänen befragte. Natürlich belächelten mich die meisten Erwachsenen und ließen mich wissen, dass solche Träume selten Realität würden, da meist der Ernst des Lebens dazwischenkomme. Obwohl ich nicht richtig wusste, was sie mir damit sagen wollten, verstand ich schon, dass sie mir meine Träume absprachen – was mich unglaublich wütend und trotzig machte. Ich war bestimmt kein einfaches Kind, da ich zusätzlich eine seltsame Mischung aus vorlaut und schüchtern war und zu allem und jedem eine Meinung hatte. Meine Grundschullehrerin beschrieb das mal als »die Weisheit mit Schaumlöffeln gefressen haben« – womit sie mir aber ja eigentlich unterstellte, dass meine Einwendungen weder Hand noch Fuß hatten. Doch da ich viel las, wusste ich auch viel und brachte meine Bildungsbeauftragten mit meinen Fragen und Kommentaren des Öfteren an den Rand des Wahnsinns und vermutlich auch an die eigenen Wissensgrenzen.

Meine andere Leidenschaft waren Bücher und die Abenteuer, die ich durch sie erleben durfte. Einige sind mir besonders in Erinnerung geblieben, wie zum Beispiel »In unberührte Tiefen« und »Der Hai« des österreichischen Meeresbiologen Hans Hass, die ich meinem Vater aus dem Regal gemopst hatte, und »Wilde Schimpansen« von der englischen Verhaltensforscherin Jane Goodall, welches ich für 50 Pfennig bei einem Bestandsverkauf unserer Jugendbibliothek erstanden hatte. Diese autobiografischen Bücher öffneten mir die Tür in eine andere Welt. Eine reale Welt, denn die Autor:innen erzählten häufig von eigenen Erfahrungen, von ihren aufregenden Leben, die voll mit Reisen, Abenteuern und Tieren waren. Vor meinem inneren Auge sah ich mich schon durch die Urwälder Afrikas turnen und in Korallenriffen im Meer tauchen. Natürlich verschwendete ich nicht viele Gedanken daran, was es heißen würde, als Frau allein unterwegs zu sein, oder daran, dass so etwas auch finanziert werden muss. Mein Vater förderte meine Interessen, war aber gleichzeitig der Meinung, dass ich viel zu hibbelig sei, um Forscherin zu werden. Ich könne ja keine zehn Sekunden still sitzen, geschweige denn mehrere Stunden am Stück, um zum Beispiel ein Tier ausgiebig zu beobachten, sagte er. Ich glaube, er vergaß, dass ich beim vielen Lesen sehr wohl still saß…

Mit den Jahren lernte ich, dass mein Berufswunsch einen Namen hatte, Meeresbiologin, und ich meine Wünsche und Träume durch ein Studium und die damit verbundenen Möglichkeiten tatsächlich zu einer Profession machen könnte. Ich unternahm alles Menschenmögliche, um meine Ziele zu erreichen. Während meine Schulkamerad:innen Artikel und Poster von 'N Sync oder den Backstreet Boys sammelten, durchforstete ich alle Bücher und Zeitschriften unserer Schul-, Stadt- und Jugendbibliothek nach Artikeln über Delfine und Wale, welche zu dem Zeitpunkt noch meine große Liebe waren. Ich kopierte die Artikel und Kapitel und füllte mehrere Stehmappen mit ihnen. Jeder Dokumentarfilm über diese Tiere, der im Fernsehen lief, wurde auf VHS-Kassetten aufgezeichnet und katalogisiert. Deshalb war es wohl auch nicht verwunderlich, dass ich das Delfinarium in Münster für mein Schulpraktikum auswählte. Leider erlaubte mir am Ende meine Schule nicht, mein Praktikum dort zu absolvieren, und so entschied ich mich kurzerhand, ein freiwilliges Praktikum während der Sommerferien zu machen… und dann noch eins in den Herbstferien und in den Winterferien und den nächsten Sommerferien. Ich wurde zur Dauerpraktikantin.

In den ersten Jahren war ich die jüngste Praktikantin des Delfinariums, aber das ließ mich niemand merken. Ich arbeitete genauso hart wie alle anderen und hatte die gleichen Aufgaben sowie Privilegien. Wie auch immer man der Haltung von Delfinen inzwischen gegenübersteht, war das meine erste hautnahe Begegnung mit diesen faszinierenden Tieren und für mein 13-jähriges Ich eine ungemein interessante und motivierende Erfahrung. Die zoologische Versorgung der Seelöwen und Delfine ging Hand in Hand mit einem regen wissenschaftlichen Austausch und mit dem Naturschutz von wasserlebenden Säugetieren in Südamerika. Es gab zum einen eine Gruppe von Student:innen der Tierphysiologie und Verhaltensbiologie der Universität Münster, die im Delfinarium für ihre Diplom- und Doktorarbeiten forschten, und zum anderen die Naturschutzorganisation *Yaqu Pacha e. V.*, die von zwei Biologen der Delfinarien in Münster und Nürnberg gegründet wurde. Ich sog alles auf wie ein Schwamm, konnte allen Leuten Löcher in den Bauch fragen, und niemand schien sich daran zu stören: Was muss ich tun, um Meeresbiologie studieren zu können? Wie alt können Seelöwen werden? Wie genau funktioniert Echoortung? Können zwei unterschiedliche Delfinarten miteinander kommunizieren? Der Strom von Fragen riss nie ab, und mein junges Gehirn schäumte vor neuem Wissen fast über. Es war eine der glücklichsten Zeiten für mich in Deutschland.

In den darauffolgenden Jahren traf ich auch andere Entscheidungen, die mir hoffentlich im Studium helfen würden. So wählte ich Latein als zweite Fremdsprache und ging für ein Highschool-Jahr in die USA, um mein Englisch zu verbessern, denn Englisch ist die offizielle Sprache der Wissenschaft. Ich muss allerdings gestehen, dass ich zwar eine gute, aber keine besonders motivierte Schülerin war, ich hatte einfach keine Freude am Unterricht. Jeden Morgen schleppte ich mich unwillig in die Schule und verbrachte dort die meiste Zeit mit Tagträumen. Wenn ich nach Hause kam, wurde der Ranzen in die Ecke geschmissen und erst wieder aufgemacht, wenn ich zurück im Klassenzimmer war. Ich machte nur sehr sporadisch bis überhaupt keine Hausaufgaben und gab mich notentechnisch meistens mit einer Zwei zufrieden, statt zu lernen, um eine Eins zu bekommen. Meine Eltern und Lehrer:innen trieb ich damit zur Weißglut. Mir wurde vorgeworfen, nicht nur stinkend faul, sondern gar verwesend faul zu sein – dabei bin ich eigentlich ganz und gar nicht faul! Aber kaum etwas von dem, was mir in der Schule angeboten wurde, weckte mein Interesse. Trotzdem hatte ich zum Ende meiner Schulzeit einen Notendurchschnitt, der gut genug war, um mir ein Biologiestudium an einer meiner Wunschuniversitäten zu ermöglichen.

Während all dieser Jahre, die ich in meinem Zimmer saß und mir ausmalte, wie meine Zukunft aussehen sollte, schien die Möglichkeit, wirklich irgendwann mal ein Leben fernab von den tief hängenden Wolken und baum- und tierlosen Straßen des Ruhrgebiets zu führen, in weiter Ferne. Aber ich hatte einen Plan, und so nahm ich nach meinem

Abitur ein Biologiestudium an der Universität Tübingen auf, mit dem Vorsatz, für mein Hauptstudium später nach Hamburg zu wechseln und mich dort auf Meeresbiologie zu spezialisieren.

Auf diesem Trip nach Ägypten bin ich bereits am Ende meines Grundstudiums angekommen und habe meine Zeit in Tübingen alles andere als genossen. Die vorgeschriebenen Fächer, die von Chemie über Mikrobiologie bis Botanik reichen, machten mir mit einigen wenigen Ausnahmen überhaupt keinen Spaß, da sie meistens nur stumpfes Auswendiglernen beinhalten. Ich hatte ernsthafte Zweifel an meiner Entscheidung, Biologin zu werden. Hinzu kam, dass ich durch mein mangelndes Interesse an den meisten Thematiken nicht gerade glänzende Klausuren schrieb, mein Vordiplom schaffte ich nur mit Ach und Krach. Ich überlegte, mein Studium aufzugeben, und mein Kindheitstraum schien sich in Luft aufzulösen.

Da bekam ich aus heiterem Himmel die Chance, mit nach Ägypten zu fahren und an den dazugehörigen Kursen teilzunehmen. Hier zu sein ist eine 180-Grad-Wendung meiner bisherigen Situation, in der ich mir so viel unnützes Wissen in den Kopf hämmern musste. Die Themen sind spannend, und es geht darum, das Gelernte anzuwenden, zu üben, wie man ein Forschungsprojekt entwirft und ausführt, wie man unvoreingenommen Daten sammelt und dann auswertet.

Zu allem Überfluss bewege ich mich dabei auch noch durch die tollste Kulisse, die man sich vorstellen kann, das Rote Meer. Während ich durch die bunten Korallen dieses tropischen Ozeans tauche, sehe ich vor meinem inneren Auge meine Kindheitsheld:innen neben mir im Wasser schwimmen. Lotte und Hans Hass und Jacques Cousteau, die mir ihre Welt plötzlich hautnah zeigen. Meine eigene Welt scheint fürs Erste wieder in Ordnung, und ich bleibe doch bei meiner Entscheidung, Meeresbiologin zu werden. Die restlichen Tage in Ägypten sind ein einziger Traum, und ich nutze die Zeit, um Pläne für meine Zukunft in Hamburg zu schmieden.

Ich stehe gerade mal am Anfang meines Lebens, und doch empfinde ich es bereits als eine Achterbahnfahrt, die manchmal wie im Bummelzug so langsam stattfindet, dass ich das Gefühl habe, nicht vom Fleck zu kommen. Dann auf einmal verwandeln sich die Waggons in einen ICE, der sich mit halsbrecherischer Geschwindigkeit durch Täler und Kluften windet, kurz auf einem Gipfel anhält, nur um sich dann erneut in die Tiefe zu stürzen. Leben erscheint mir schon jetzt als ebenso mühsam wie abenteuerlich und schön zugleich.

Eine ähnlich beschwerliche Reise müssen auch Meeresschildkröten im Laufe ihres Lebens unternehmen. Nachdem die winzigen Babyschildkröten aus ihrem Ei geschlüpft und ins Wasser gelaufen sind, schwimmen sie hinaus in die großen Strömungen, von denen sie sich aufs offene Meer tragen lassen. Bis vor Kurzem wussten wir erschreckend wenig über diese ersten Jahre der Meeresschildkröten, weshalb sie auch als »die verlorenen Jahre« galten. Wegen ihrer Größe sind die kleinen Schildkröten leichte Beute für Fressfeinde, und viele überleben nicht einmal die ersten Stunden nach dem Schlüpfen. Ich selbst habe schon mehr als 45 Babys im Magen einer einzigen Goldmakrele gefunden! Eine etwas obskure Statistik besagt, dass nur ungefähr ein Baby von tausend erwachsen wird. Deprimierende Aussichten.

Deshalb ist ein großes Ziel für viele von uns Wissenschaftler:innen, mehr über die frühen Kinderstuben der

Meeresschildkröten zu erfahren: Wo genau liegen sie, und wie lange halten sich die kleinen Schildkröten dort auf? Nur dann können wir sie besser schützen. Doch das ist kein einfaches Unterfangen, denn im Gegensatz zu den Erwachsenen kann man den gerade mal 10 bis 40 Gramm schweren Babys (das ist ungefähr das Gewicht von einer Scheibe Knäckebrot bis zu einer Scheibe Graubrot) nicht so einfach einen Satellitentracker auf den Panzer kleben, der Daten über den jeweiligen Aufenthaltsort liefert. Zwar sind die meisten Tracker relativ leicht, doch sie wiegen trotzdem zu viel für eine Babyschildkröte. Eine zusätzliche Schwierigkeit entsteht dadurch, dass die Tracker durch das extrem schnelle Wachstum der Kleinen meistens nicht sehr lange auf dem Panzer haften bleiben. Der Gebrauch von stärkeren Klebstoffen ist auch keine Lösung, da sie das Wachstum des Panzers zu stark einschränken und zu Deformationen führen können.

Trotzdem haben einige Wissenschaftler:innen, allen voran Dr. Kate Mansfield, die Herausforderung angenommen und solarbetriebene Miniaturtracker für Vögel umfunktioniert, die mit einem speziell ausgearbeiteten System befestigt werden. Dafür trägt man zuerst eine Basis aus Acryllack aus dem Nagelstudio auf den Panzer auf, in einem zweiten Schritt wird der Tracker selbst mit einer Klebemischung aus Neopren und Silikon darauf befestigt. So bleiben die Tracker zwar länger auf den jungen Schildkröten, behindern ihr Wachstum aber nicht. Die daraus resultierenden neuen Daten haben gezeigt, dass den Babys Ansammlungen von Sargassum (Braunalgen, die frei schwimmend in den großen Strömungen der Meere treiben) als Versteck dienen. Und nicht nur das: Das Sargassum bietet auch eine wunderbare Isolation gegen die im offenen Meer recht kühlen Temperaturen.

Meeresschildkrötenbabys sind natürlich nicht die einzigen Tiere, die dort Schutz suchen. Im Gegensatz zum ansonsten kargen offenen Meer wimmeln die oft kilometergroßen Algenansammlungen von Leben. Kleine Fische und Krebse nennen die Teppiche ihr Zuhause und bieten ein reichhaltiges Buffet für die jungen, hungrigen Meeresschildkröten. So wachsen sie schnell und relativ sicher heran, wobei sie zuerst in die Breite und erst dann in die Länge gehen. Der Grund dafür ist vermutlich ein gewiefter Mechanismus der Natur, der dafür sorgen soll, dass die Kleinen möglichst schnell zu breit für die Mäuler der meisten Fressfeinde sind. Man nennt das morphologische Abwehr.

Wie schnell die kleinen Schildkröten in diesen ersten Jahren wirklich wachsen und wie viele Jahre sie insgesamt im offenen Meer leben, wissen wir allerdings immer noch nicht. Die Schätzungen reichen von einem bis zu zehn Jahren und sind von Art zu Art unterschiedlich – Lederschildkröten und Oliv-Bastardschildkröten verbringen sogar ihr ganzes restliches Leben, sowohl im juvenilen Stadium als auch als Erwachsene, im offenen Meer. Die jungen Jungstadien aller anderen Meeresschildkrötenarten siedeln ab ungefähr Tellergröße in küstennahe Nahrungsgebiete über. Mit einer Panzerlänge von 20 bis 30 Zentimetern haben sie dann eine Größe erreicht, dank der sie schwerer zu erbeuten sind und weniger Gefahr laufen, von allem und jedem verschlungen zu werden – sie haben ein sogenanntes *size refuge* erreicht.

In ihren neuen Nahrungsgebieten nutzen sie die reichhaltigeren Ressourcen, um noch schneller zu wachsen. Die meisten Arten legen im Durchschnitt um die drei bis fünf Zentimeter pro Jahr zu, aber gerade zu Beginn ihres küstennahen Aufenthalts und in besonders nahrungsreichen Gewässern können es auch bis zu 20 Zentimeter pro Jahr sein. Die Überlebenschancen steigen mit jedem gewonnenen Zentimeter, und so ist Wachstum das Allerwichtigste für junge Schildkröten. Studien haben gezeigt, dass sie häufig mehrere Jahre in besonders ertragreichen Nahrungsgebieten verweilen, bevor sie weiterziehen.

Oft befinden sich die küstennahen Kinderstuben in gemäßigteren Zonen als die tropischen Niststrände. Dort finden die kleinen Schildkröten zwar ausreichend Nahrung, doch müssen sie sich auch ganz anderen Problemen stellen. Meeresschildkröten sind »kaltblütige« oder, wissenschaftlich korrekter, wechselwarme Tiere. Das bedeutet, dass ihre Körpertemperatur vollständig von der Umgebungstemperatur abhängig ist und nicht über den Stoffwechsel reguliert werden kann. Deshalb sind Meeresschildkröten vor allem in tropischen und subtropischen Klimazonen zu Hause, die eine beständige Wassertemperatur über 20 °C haben. Bei Temperaturen unter 10 °C haben die Tiere Schwierigkeiten, sich warm zu halten, und können durch einen rapiden Temperaturabfall sogar durch die Kälte betäubt, *cold-stunned*, werden und an Unterkühlung sterben. Sie werden dann erst katatonisch, können nicht mehr schwimmen und treiben schließlich hilflos an der Wasseroberfläche.

In den seichten Lagunen an der Küste Texas, einer Kinderstube für Grüne Schildkröten, haben unerwartete Kälteeinbrüche in den letzten Jahren immer häufiger zum *cold-stunning* von Hunderten bis Tausenden junger Schildkröten geführt. 2021 wurden in einem einzigen Massenereignis über 12 000 (!) Tiere von der Kälte überrascht und mussten in verschiedenen Zentren langsam aufgewärmt und medizinisch versorgt werden. Nicht alle Schildkröten haben das überlebt. Viele Texaner:innen hatten vorher keine Ahnung, dass sich überhaupt Meeresschildkröten an ihrer Küste aufhalten, geschweige denn dass sie sich dort in dieser Anzahl tummeln. Infolge des globalen Klimawandels müssen wir in Zukunft mit immer häufigeren extremen Wetterereignissen rechnen, die dann auch vermehrt zu solchen Episoden führen können.

Die Temperatur des Wassers hat noch einen weiteren Einfluss, und zwar auf die Nahrung der Schildkröten. Denn gerade bei Arten wie der Grünen Schildkröte, die als Erwachsene hauptsächlich Pflanzen wie zum Beispiel Seegras fressen, bedarf es der Mithilfe von Bakterien im Darm, um das Pflanzenmaterial zu zersetzen. Doch diese Bakterien müssen erst einmal graduell von der Umwelt erworben werden – und es scheint so, als würden sie wärmere Temperaturen bevorzugen. Eine neue Studie, die Daten zur Nahrung von Grünen Schildkröten weltweit verglichen hat, konnte selbst bei erwachsenen Tieren einen klaren Zusammenhang zwischen kälteren Wassertemperaturen und einem vermehrten Auftreten von tierischen Anteilen in der Nahrung herstellen. Deshalb fressen auch die in erster Linie vegetarisch lebenden Arten als Jungtiere im offenen Meer und dann zu Anfang, wenn sie in die gemäßigteren Kinderstuben übersiedeln, vermehrt tierisches Eiweiß, was ihr Wachstum zusätzlich beschleunigt. Diese unterschiedlichen Nahrungsansprüche während der Entwicklungsjahre sind vermutlich der Grund, warum junge Schildkröten immer mal wieder ihre Nahrungsgebiete wechseln, bis sie geschlechtsreif sind.

Interessanterweise hören Meeresschildkröten übrigens nie auf zu wachsen. Ihre Wachstumsrate nimmt zwar nach der Geschlechtsreife drastisch ab, aber je nach Art und Population haben erwachsene Tiere trotz allem im Durchschnitt einen Längenzuwachs von ein paar Millimetern bis hin zu einigen wenigen Zentimetern pro Jahr. Wenn sie die

Geschlechtsreife erlangt haben, bleiben die erwachsenen Schildkröten für den Rest ihres Lebens meistens einem Nahrungsgebiet treu und kehren immer wieder dorthin zurück, nachdem sie sich gepaart und Eier gelegt haben.

Nach einmalig schönen Wochen in Ägypten, meiner ersten Begegnung mit einer frei lebenden Meeresschildkröte und dem neu gewonnenen Mut, meinen Kindheitstraum doch wahr zu machen, stoße ich in Deutschland gleich wieder auf ein Hindernis. Bei meiner Rückkehr muss ich feststellen, dass die Universität Hamburg keine Diplomand:innen mehr als Wechsler annimmt. Ich studiere zu einer Zeit, in der alle deutschen Universitäten nach und nach auf das anglistische Bachelor-Master-System umstellen und die letzten Diplomand:innen nirgends mehr so richtig hingehören. Nach einem kurzen Nervenzusammenbruch und Rücksprache mit einigen Bekannten und Mentor:innen aus meiner Delfinariumszeit beschließe ich, mir eine Universität zu suchen, die einen Fokus auf Verhaltensbiologie und Tierökologie setzt. Letztendlich sollte es doch mir überlassen sein, wo genau ich die gelernten Grundsätze später anwenden werde – und warum nicht im Bereich der marinen Biologie? So ziehe ich ein paar Monate später nach Würzburg. Eine Entscheidung, die, zusammen mit einem glücklichen Zufall, den Rest meines Lebens definieren wird.

An meinem ersten Tag an der neuen Uni warte ich für einen Termin vor dem Büro eines Professors darauf, dass er vom Mittagessen zurückkommt. Dabei bemerke ich ein großes Schwarzes Brett, das unter dem Gewicht Tausender Zettel fast von der Wand zu fallen scheint. Um mir die Zeit zu vertreiben, fange ich an, die einzelnen Aushänge zu lesen. Da werden Mitbewohner:innen gesucht und Bücher verkauft, aber es werden auch Jobs und Volontariate angeboten. Ganz unten am Rand fällt mir ein grünes Logo mit einem tropischen Baum ins Auge, ich lese die Worte »Costa Rica« und »Lederschildkröte«. Was zum Teufel ist denn eine Lederschildkröte? Neugierig schaue ich mir den Aushang genauer an: Die deutsche Organisation *Tropica Verde e. V.* sucht wissenschaftliche Assistent:innen für das Meeresschildkrötenprojekt ihrer Partnerorganisation *ANAI* in Costa Rica, die sich um den Schutz der vom Aussterben bedrohten Lederschildkröte kümmert. Kost und Logis würden übernommen, aber man müsse sich für knapp vier Monate verpflichten, lese ich weiter.

Es kribbelt in meinem Bauch. Das hört sich ja megaspannend an, genau so etwas habe ich gesucht. Dann fällt mir das Datum ins Auge. Der Aushang ist vom letzten Jahr, und der Beginn war im Februar, jetzt haben wir April. Ein Gefühl tiefster Enttäuschung durchströmt mich. Trotzdem schreibe ich mir die E-Mail-Adresse auf und schicke noch am gleichen Abend eine Nachricht mit der Frage, ob auch im nächsten Jahr wieder wissenschaftliche Assistent:innen gesucht werden würden. Ein paar Tage später kommt die Antwort: »Ja, es werden jede Nistsaison Mitarbeiter:innen benötigt.« Die Schmetterlinge in meinem Bauch flattern wieder wie verrückt, als ich der costa-ricanischen Organisation kurz darauf meine Bewerbungsunterlagen schicke. Ein paar Monate später ist klar: Ich werde für vier Monate nach Costa Rica reisen, um Meeresschildkröten zu erforschen.

Lederschildkröte

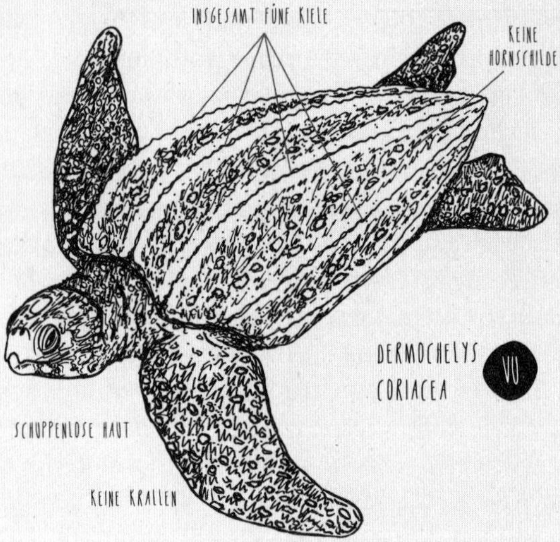

- Gefährdungsstatus (IUCN): gefährdet (VU – vulnerable)
- Panzerlänge: 120–175 cm
- Gewicht: 300–600 kg
- Hauptnahrung: Quallen
- Geschlechtsreife: 15–25 Jahre
- Remigrationsintervalle: 2–3 Jahre
- Nistintervalle: 10 Tage
- Anzahl der Gelege pro Saison: 6–9
- Gelegegröße: 80 Eier (60 im Ostpazifik)
- Inkubationszeit der Gelege: 55–65
- Besonderheiten: einzige Art mit einem weichen Panzer und keinen Schuppen auf der Haut; tiefste Tauchgänge; Verbreitung bis hoch in den Norden und Süden in kalten Gewässern

Erwachsen werden

Wegen seiner reichen Artenvielfalt ist Costa Rica ein wahres Mekka für Naturfreund:innen und Biolog:innen, einschließlich Meeresbiolog:innen. Auf gerade mal 51 060 Quadratkilometern befinden sich hier nach dem *Holdridge-Lebenszonen-Klassifizierungsschema* 16 (!) Klimazonen, die von heiß und feucht bis kalt und frostig variieren und insgesamt fünf Prozent der globalen Biodiversität beherbergen. Die tropischen Landschaften sind von heißen Vulkanen und kühlen Nebelwäldern gekennzeichnet, von dichtem Regenwald und kargen, tropischen Trockenwäldern, von mit Kokosnusspalmen gesäumten schwarzen Sandstränden und smaragdgrünen Meereswogen bis hin zu abgelegenen Wasserfällen und Flüssen. Costa Rica ist ein wahres Naturparadies mit zwei Küsten: Die Karibik begrenzt das Land im Osten, und die Wellen des Pazifiks rollen im Westen an den Strand. Zu beiden Seiten tummelt sich eine unglaubliche Vielzahl von großen und kleinen Meerestieren. Buckelwale kommen zur Paarung und zum Kalben in diese Gewässer, große Fische wie Mahi-Mahis und Haie schwimmen auf der Suche nach fetter Beute vorbei. Viele Küstenorte widmen sich noch der traditionellen Fischerei und leben mehr schlecht als recht vom stetig schwindenden Reichtum der lokalen marinen Ökosysteme.

Neben dem Export von Bananen, Ananas, Zucker, Kaffee, biomedizinischen Instrumenten und Computerchips ist der Tourismus eine der Haupteinkommensquellen des Landes. Costa Rica wird weltweit als Beispiel für nachhaltigen Tourismus gefeiert und als Vorbild für Naturschutz gesehen. Obwohl es in einigen Gegenden riesige Resort-Hotels gibt, die den Großteil der fast drei Millionen Touristen pro Jahr aufnehmen, kann man im Rest des Landes immer noch ungestört umherziehen und Tiere und Pflanzen ganz in Ruhe beobachten. Man gewöhnt sich recht schnell an matschige Dschungelpfade und menschenleere Strände, genießt das immerwährende Konzert der Brüllaffen, Tukane, Frösche und Heerscharen von Insekten und erzählt noch Jahre später von den abenteuerlichen Begegnungen mit verschiedenen Tieren, die selbst vorm Bett nicht haltmachen.

Fünf der sieben noch existierenden Meeresschildkrötenarten nutzen für ihre Nahrungssuche, Paarung und Eiablage die Gewässer und Strände Costa Ricas, wo es schon seit 1963 ein offizielles Dekret gibt, das den Fang von Grünen Schildkrötenweibchen am Strand verbietet. Inzwischen ist Costa Rica auch Mitglied des Washingtoner Artenschutzabkommens, und das Dekret wurde 2002 von einem Gesetz speziell zum Schutz aller Meeresschildkrötenarten abgelöst, welches die Tötung, die Nutzung und den Verzehr von Meeresschildkrötenprodukten – seien es Eier, Fleisch oder andere Körperteile – unter Gefängnisstrafen von einem bis drei Jahren stellt. Leider werden diese Gesetze bis heute nur sehr sporadisch angewandt, und die Wilderei von Meeresschildkröten und ihren Eiern ist in vielen Teilen des Landes immer noch gängige Praxis. Das ist besonders bedenklich, weil alle sieben Meeresschildkrötenarten auf der Roten Liste gefährdeter Arten stehen. Dementsprechend viele Projekte sind in den letzten zwei Jahrzehnten rund um den Schutz und die Erforschung dieser charismatischen Tiere entstanden, die von Tausenden Volontär:innen aus aller Welt unterstützt werden.

Genau so ein Projekt leitet die costa-ricanische Organisation *ANAI*, zu der ich gerade unterwegs bin. Es liegt an der Karibikküste, in dem winzig kleinen Ort Gandoca. Für mich ist es erst das zweite Mal, dass ich mehr oder weniger allein in einem so weit entfernten, fremden Land bin, und das erste Mal so ganz ohne Beistand und soziales Auffangnetz. Bei meinem einjährigen Auslandsaufenthalt in den USA hatte ich noch eine Organisation, die mir zur Seite stand, und natürlich die Gastfamilie, bei der ich wohnte. Hier in Costa Rica bin ich komplett auf mich allein gestellt, denn ich kenne weder die Trägerorganisation des Projekts noch die Leute vor Ort. Es ist eine Fahrt ins Ungewisse, und die ganze Reise hat etwas von einem Initiationsritus ins Erwachsensein.

Nach einem 14-stündigen Flug und einer schlaflosen und viel zu kurzen Nacht sitze ich bei geöffneten Fenstern übermüdet und doch auch überdreht in einem costaricanischen Überlandbus. Ich wurde am frühen Morgen von einem Taxi am Hostel abgeholt und zum Busbahnhof gefahren. Dort traf ich meine englische Kollegin Rachel und einen der costa-ricanischen Mitarbeiter der Trägerorganisation, José. Und nun fahre ich durch Landschaften, die direkt aus »Jurassic Park« stammen könnten. Die Blätter riesiger Farne ragen bis auf die Straße, kleine Wasserfälle durchbrechen das dichte Grün, und mit Moos und Aufsitzerpflanzen bewachsene Bäume bilden ein Spalier, durch das der Bus in einem Affenzahn rast. Nach anfänglicher Todesangst tue ich es meinen entspannt wirkenden Mitreisenden nach und genieße von meinem Fensterplatz aus einfach nur die Aussicht. Ich kann meine Aufregung kaum im Zaum halten, und mein französischer Sitznachbar muss meine Begeisterung unfreiwillig über sich ergehen lassen, denn immer wieder zeige ich ihm, was ich draußen entdeckt habe. Er ist aber so nett und spielt mit.

Wir winden uns höher und höher in die Berge und durchbrechen schließlich die Wolkendecke. Es ist mit einem Mal nebelig, bedeutend kühler, und von den Bäumen tropft es stetig. Der Bus wird trotz der steilen Steigung und Serpentinen nicht langsamer. Das hypnotische Grün vor meinem Fenster entfaltet allmählich seine Wirkung, und meine Erschöpfung holt mich ein. Keine wirklich gute Idee, in einem öffentlichen Bus in einem fremden Land mit all meinen Wertsachen im Rucksack und am Leib einzuschlafen, denke ich noch, bevor mir die Augen zufallen.

Glücklicherweise habe ich einen ehrlichen Sitznachbarn und der Bus auch keinen der vielen professionellen Rucksackdiebe an Bord. So wache ich mehrere Stunden später verschwitzt, aber im Vollbesitz meiner Habseligkeiten auf, als Unruhe im Bus ausbricht. Wir halten gerade im Ort Cahuita, und die Hälfte der Fahrgäste steigt aus. Das Klima hat sich komplett verändert, es ist heiß und schwül. Ich drehe mich fragend zu José um, der mit Rachel im hinteren Teil des Busses sitzt und mir zu verstehen gibt, dass wir eine noch etwa zweistündige Fahrt vor uns haben.

Eine halbe Stunde später halten wir in dem äußerst touristischen Ort Puerto Viejo, und ein Großteil der verbliebenen Passagiere verlässt den Bus, bevor es weiter Richtung der Grenzstadt Sixaola geht. Die vorher notdürftig asphaltierte Straße mit riesigen Schlaglöchern verwandelt sich in eine Schotterpiste. Der Bus fährt zwar mit einer etwas verminderten Geschwindigkeit, aber dafür in einem hektischen Slalom um riesige Pfützen, von denen roter Schlamm aufspritzt und unserem Gefährt einen neuen Anstrich verpasst.

Der Blick aus meinem Fenster zeigt immer noch ein undurchdringliches Grün zu beiden Seiten der Straße, seit den Bergen hat sich die Vegetation aber doch sichtbar verändert. Die Bäume sind noch größer und vielfältiger, ihre Stämme verzweigen sich in ausladenden Schachbrettwurzeln, und ein Geflecht von Lianen und anderen Aufsitzerpflanzen hängt teils bis zum Boden hinunter. Parallel zur Straße sehe ich Strom- und Telefonkabel über sehr morsch wirkende Holzpfosten gespannt. Im Vorbeirauschen meine ich, ein Tier an einem der Kabel hängen zu sehen. War das ein Faultier? Leider ist mein Sitznachbar in Puerto Viejo ausgestiegen, und außer meinen Begleiter:innen, die dem Anschein nach fest schlafen, sitzt nur noch eine Frau mit ihrer kleinen Tochter ganz vorne im 56-sitzigen Bus – niemand da, den ich zu meiner Vermutung befragen könnte. Also starre ich wieder aus dem Fenster.

Wir fahren um eine Kurve in ein Tal, und die üppige tropische Vegetation weicht auf einmal einem Meer von Bananenstauden, das sich schier endlos bis zum Horizont zu erstrecken scheint. Bei genauerem Hinsehen erkenne ich zumindest eine Begrenzung zur rechten Seite hin, einen riesigen Fluss, der sich am westlichen Rand der Plantage entlangschlängelt. Dahinter ragt in der Ferne die Gebirgskette von Talamanca auf. Doch für die nächste Stunde sehe ich nichts anderes als die monotonen Bananenkulturen und immer mal wieder einige Holzhäuser auf Stelzen.

Nach einer halben Ewigkeit zeichnet sich links eine Baumreihe ab, die im rechten Winkel zur Hauptstraße steht.

Ein Schild informiert uns mit einem Pfeil, dass Gandoca zehn Kilometer in dieser Richtung liegt. José stößt einen lauten Pfiff aus, und der Bus stoppt abrupt mitten auf der Straße. Das ist anscheinend unsere Endstation. Ich ziehe meinen kleinen Rucksack unter dem Sitz hervor, klettere aus dem Bus auf die Straße und schaue mich um. Außer Bananenpflanzen und einer etwas verwahrlost wirkenden Halle ist weit und breit nichts zu sehen. Wir ziehen unsere großen Rucksäcke aus dem Gepäckabteil und haben sie kaum aufgesetzt, als der Bus auch schon wieder davonbraust und den Blick auf die gegenüberliegende Straßenseite freigibt. Dort steht ein Kleinbus, der irgendwann vermutlich mal schwarz gewesen ist, aber so viele riesige Macken und Dellen hat, die notdürftig übermalt wurden, dass er jetzt eher einem kränklichen grau-schwarzen Zebra ähnelt. Neben dem Bus steht eine Costa Ricanerin mit kinnlangen, lockigen Haaren, die ein Schild mit dem Namen der Organisation, *ANAI*, schwenkt und sich dabei scheckiglacht. Ganz offensichtlich weiß José, wer sie ist, und das Schild ist überflüssig.

Nachdem all unsere Sachen eingeladen sind, starten wir den letzten Teil meiner 24-stündigen Reise in das entlegene Dorf Gandoca. Die Schotterpiste durch die Bananenplantagen wird noch fragwürdiger und hat mehr Schlaglöcher als befahrbaren Boden. Carmen, unsere Fahrerin, lacht schallend, als sie unsere Gesichter bemerkt, und ruft über das Geklapper des Kleinbusses in gebrochenem Englisch: »Eine costa-ricanische Massage!« Rachel und ich lachen gequält mit, ganz wohl ist uns nicht zumute. Vor allem als wir den ersten von drei Flüssen ansteuern und sehen, dass die »Brücke« lediglich aus zwei Holzplanken besteht. Reflexartig schließe ich die Augen und mache sie erst wieder auf, als wir auf der anderen Seite sind.

Nach ein paar Kilometern löst erneut dichter Regenwaldbewuchs die triste Monotonie der Bananenplantagen ab, und nach weiteren 30 Minuten Fahrt haben wir es endlich geschafft. Rechts und links vom Weg tauchen aus Holzbrettern gezimmerte Wohnhäuser auf. Die meisten stehen auf Stelzen oder haben zumindest ein erhöhtes Fundament – wegen der häufigen Überflutungen, wird uns erklärt. Viele Häuser gibt es nicht, auch keinerlei Einkaufsmöglichkeiten oder Restaurants, nur zwei Bars werden uns über große Schilder mit der costa-ricanischen Biermarke Imperial angepriesen. Wir fahren bis ganz zum Ende der Straße direkt ans Meer. Dort halten wir an und werden samt Gepäck ausgeladen, denn den Rest des Weges können wir nur zu Fuß bewältigen. Der Strand ist von Regenwald begrenzt, und wir folgen einem schmalen Weg parallel zum Meer, bis wir nach ein paar Hundert Metern ein dunkelbraunes Schild sehen, das uns in gelber Schrift das Schildkrötenprojekt von *ANAI* ankündigt. Daneben biegt ein zweiter Pfad links in den Wald. Wir sind fast da.

Endlich treten wir auf eine Lichtung mit zwei Holzgebäuden. Das eine ist zweistöckig und blassgrün angestrichen, das andere steht auf mannshohen Stelzen und war irgendwann mal gelb. Von beiden blättert die Farbe ab, und die Termiten haben die Holzbretter löchrig gefressen. Die kleinen Fenster haben kein Glas, sondern nur Moskitonetze, und mehrere Türen weisen auf ungefähr sieben Zimmer hin, in denen ich Stockbetten erkennen kann. Hinter den Gebäuden sehe ich drei kleinere Konstrukte, die sich später als jeweils ein Toiletten-, ein Dusch- und ein Küchenhaus mit umnetztem und überdachtem Vorbau entpuppen.

Das ist ja richtig feudal, denke ich, da ich mich gedanklich schon auf zeltlagerähnliche Zustände inklusive Plumpsklo eingestellt hatte. Richtige Betten mit so etwas wie Matratzen, fließendes Wasser und ein festes Dach über dem Kopf erscheinen mir wie der pure Luxus. Erfreut drehe ich mich zu Rachel um. Die ist kreidebleich und stammelt: »Hier halte ich es keinen Tag aus.« So unterschiedlich können Erwartungen sein.

Im Küchenvorbau sitzen bereits etliche Menschen und begrüßen uns freundlich. Die kompletten Teams für zwei verschiedene Projekte sind jetzt vollständig versammelt, insgesamt fünf internationale und fünf lokale Assistent:innen, eine Handvoll Volontär:innen, zwei Biolog:innen und eine Studentin, die während der diesjährigen Nistsaison Daten für ihre Masterarbeit sammeln wird. Außerdem sind noch drei Repräsentant:innen der Trägerorganisation *ANAI* anwesend, die in den nächsten Tagen unser Training leiten werden. Zwei meiner neuen Kolleginnen begleiten mich in unser Zimmer und damit Zuhause für die nächsten Monate, Julia aus Kanada und Marie aus Irland. Wir verstehen uns auf Anhieb. Ich lade meine Rucksäcke in einer Ecke ab und mache mich daran, mein Moskitonetz aufzuhängen. Die Ränder stecke ich sorgfältig unter die Matratze, so wie es mir mein Reiseführer empfohlen hat. Das soll ungeladene Gäste wie Skorpione und anderes Getier davon abhalten, in mein Bett zu krabbeln. Nach dem Abendessen gehen alle zeitig schlafen, da wir am nächsten Morgen früh rausmüssen.

In der Nacht komme ich nicht zur Ruhe. Ich liege oben im Stockbett und versuche krampfhaft einzuschlafen, da ich körperlich und auch geistig todmüde bin, aber meine Gedanken fahren Karussell. Zu viele Eindrücke über die letzten Tage und zu wenig Schlaf haben mein Gehirn in Overdrive-Modus versetzt, und ich fühle mich, als hätte ich zu viel getrunken. Ich hatte mir die Erfüllung meines Traums, in ferne Länder zu reisen und exotische Tiere zu erforschen, eigentlich von ein bisschen euphorischeren Gefühlen begleitet vorgestellt, doch die bleiben aus. Alles fühlt sich so fremd an. Der moderige Geruch des Holzes um mich herum, die dünne Schaumstoffmatratze unter meinem Rücken, das nächtliche Konzert des Regenwalds, das sanfte Atmen meiner Zimmergenossinnen. Zum ersten Mal in meinem Leben überkommt mich so etwas wie Heimweh. Ich wälze mich hin und her. Bei jeder Umdrehung bringe ich das Hochbett bedenklich zum Schaukeln, und das morsche Holz knatscht und ächzt.

Auf einmal wird die Tür aufgerissen, und eine dunkle Gestalt tritt ins Zimmer. Ich fahre hoch und kann gerade noch einen Schrei unterdrücken, als ich erkenne, dass es Luis ist, einer der lokalen Assistenten, die ich heute flüchtig kennengelernt habe. Er hat einen Hammer in der Hand, packt wortlos einen der Bettpfosten und nagelt ihn an der Wand fest, geht zum zweiten Bettpfosten und nagelt auch diesen an die Wand. Dann verschwindet er ebenso grußlos, wie er gekommen ist, und lässt mich verdattert zurück. Anscheinend hat mein Herumwälzen ihn nebenan am Schlafen gehindert. Ich kann seine Frustration verstehen. Seine Lösung ist äußerst effektiv, und das Bett steht wie eine Eins. Schlafen kann ich trotzdem nicht. Aber auch diese Nacht geht irgendwann zu Ende.

Mit den ersten Sonnenstrahlen um 5:20 Uhr regen sich die Brüllaffen im Wasserapfelbaum direkt unter unserem Fenster. Hätte ich sie nicht am Vortag schon gehört, hätte mir ihr unheimlich klingendes Geschrei, das man bis zu 16 Kilometer weit hören kann, vermutlich das Blut in den Adern gefrieren lassen. So aber sind sie ein willkommener costa-ricanischer Weckruf nach einer unruhigen Nacht. Wir stehen auf und machen uns fertig für unseren ersten Orientierungsgang am Strand.

Dabei begehe ich meinen ersten groben Fehler. Es ist Februar, und ich komme direkt aus dem kalten, winterlichen Deutschland. Obwohl ich generell sehr schnell braun werde, bin ich zurzeit für meine Verhältnisse käsig. Da es aber so früh am Morgen ist, kommt mir gar nicht in den Sinn, Sonnencreme aufzutragen – und das werde ich noch Tage später bitter bereuen. Es bedarf flaschenweise Aloe vera und Kakaobutter, bis ich die zahlreichen Verbrennungen auf meiner entblößten Haut endlich in den Griff bekomme. So lerne ich gleich zu Anfang die Stärke der Sonnenstrahlen in Äquatornähe gebührend zu respektieren. Sonnencreme und eine Flasche Wasser gehören bis heute zu meiner Standardausrüstung, egal, ob ich eine mehrstündige Wanderung vor mir habe oder nur fünf Minuten zum nächsten Tante-Emma-Laden spaziere, denn man weiß nie, was der Tag bringt – die zweite wichtige Regel. Doch an diesem ersten Morgen denke ich während des Aufbruchs zum Strand nur an die bevorstehende Erkundung und freue mich, endlich mehr von meiner Umgebung zu sehen.

Am Eingang zum Strand versammeln sich alle, teilweise noch sehr verschlafen aussehend, und wir ziehen gemeinsam los. Der Sand ist schwarz, und das Meer schlägt hohe Wellen. Die Karibik hatte ich mir immer mit türkisblauem Wasser, weißem Sand und Kokospalmen vorgestellt. Letztere gibt es auch hier, und obwohl mein restliches karibisches Kopfkino nichts mit der Realität zu tun hat, bin ich beeindruckt von der wilden Schönheit um mich herum. Wir laufen Richtung Norden, und die Biologin Carolina erklärt, dass der Strand knapp zehn Kilometer lang sei und alle 50 Meter einen Marker mit einer Nummer aufweise, was die Datenerhebung erleichtern solle. Die Nummerierung fängt im Norden an und läuft bis zum Marker 160 im Süden. An diesem ersten Morgen laufen wir die Nummern von der Station bei Marker 57 in absteigender Reihenfolge ab. Diese Übung dient zum einen dazu, dass wir Neulinge den Strand mal bei Tageslicht kennenlernen, bevor wir ihn im Stockfinsteren nach Schildkröten absuchen müssen, und zum anderen zur Überprüfung, ob alle Marker der vorherigen Saison noch vorhanden sind. Wir haben ein 60 Meter langes Maßband dabei, einen Eimer mit schwarzer und einen mit weißer Farbe sowie Reflektorband, um die fehlenden Marker direkt abmessen und ersetzen zu können. Allerdings sind wir mehr Leute, als für die Arbeit benötigt werden, und mit der Zeit bilden sich kleine Grüppchen am Rand, die sich angeregt unterhalten und näher kennenlernen, während wir uns im Schneckentempo den Strand entlangbewegen.

Unser Training geht über die nächsten Tage weiter. Es ist ziemlich anspruchsvoll, da es viele Informationen auf Spanisch vermittelt, einer Sprache, der ich eigentlich nicht mächtig bin. Mit Übersetzungen ins Englische und den Grafiken in den PowerPoint-Präsentationen reime ich mir das Gröbste zusammen. Wir werden mit nistenden Lederschildkrötenweibchen und in kleinerer Zahl Grünen und Echten Karettschildkrötenweibchen arbeiten, die im Schutz der Dunkelheit zur Eiablage hier an den Strand kommen, und dabei unser Bestes tun, die Weibchen und Eier vor Wilderern zu schützen. Zusätzlich werden wir noch Daten über die Populationsgröße, die Anzahl der gelegten Eier und den generellen Erfolg unserer Schutzmaßnahmen sammeln.

Ich weiß es zu diesem Zeitpunkt noch nicht, aber nistende Weibchen sind das am häufigsten erforschte Lebensstadium der Meeresschildkröten. Man kann schon fast sagen, dass sie im Vergleich zu ihren männlichen Gegenstücken und allen anderen Lebensstadien überforscht sind. Der Grund dafür ist natürlich, dass Meeresschildkröten den größten Teil ihres Lebens im Meer verbringen und somit einige Herausforderungen an uns Forscher:innen stellen. Es ist mit hohen Kosten und viel Aufwand verbunden, Männchen und zum Beispiel juvenile Schildkröten zu beobachten und Daten und Proben von ihnen zu sammeln, da man ihnen in einem Boot in ihre weit von der Küste entfernten Säuglingssäle, ihre küstennahen und doch schwer erreichbaren Kinderstuben und Fressgebiete folgen muss. Dort angekommen, müssen die Tiere entweder mit Netzen oder anderen Fangtechniken aus dem Wasser geholt werden, oder wir Forscher:innen müssen uns ins Wasser begeben, um ihnen auf Augenhöhe begegnen und sie studieren zu können. Das alles ist nur mit spezialisiertem Zubehör möglich, doch Boote, Treibstoff und Ausrüstung sind extrem kostspielig. Niststrände hingegen sind für uns leicht zugänglich, und wir können unsere Forschungsobjekte ohne größere Mühen per pedes hautnah erleben. Das hat in den letzten 60 Jahren zu einer Fülle an Daten über Weibchen, ihre Nistvorlieben, Nester, Eier und Babys geführt, aber eben auch zu einem echten Mangel an Daten über sowohl juvenile und subadulte Tiere generell als auch Männchen, die das Wasser nach dem Schlüpfen nie wieder verlassen. Die große Ausnahme bilden die Hawaiianischen Grünen Schildkröten, auch *Honu* genannt, die als einzige bekannte Population auf Sandbänke krabbeln, um sich zu sonnen.

Da ich aber noch nie in meinem Leben eine nistende Meeresschildkröte gesehen habe, geschweige denn eine Lederschildkröte, gibt es für mich viel zu lernen. Die Vorträge zur Biologie und Ökologie von Meeresschildkröten und die

Grundlagen und Gründe für Schutzmaßnahmen werden immer wieder durch Praxiseinheiten unterbrochen. Mithilfe eines Pappkartons und einer Wassermelone lernen wir, wie man Meeresschildkröten mit äußeren Metallanhängern und einem Mikrochip markiert – in Wirklichkeit werden wir die externen Marker je nach Art an den Vorder- oder Hinterflossen befestigen und den reiskorngroßen Mikrochip in die Schulter injizieren. An Schildkrötenskulpturen aus Sand üben wir das Vermessen.

Auch das korrekte Verhalten in Anwesenheit einer Meeresschildkröte zu üben ist wichtig. Wir lernen, dass man nie direkt vor ihr herumtanzen, sondern immer hinter ihr in ihrem toten Winkel bleiben sollte. Laut offizieller Leitlinien dürfen wir im Beisein einer Schildkröte nur rotes Licht verwenden, weil dieses sie am wenigsten stört. Viele Meerestiere sehen Rot überhaupt nicht oder nur sehr schlecht, denn die langen Wellen des roten Sonnenlichtspektrums werden im Wasser als Erstes absorbiert und dringen gerade mal bis zu zehn Meter in die Tiefe. Die Welt darunter kennt die Farbe Rot nicht, abgesehen von ein paar wenigen Ausnahmen. Auch für uns ist es bedeutend angenehmer, zwischen rotem Licht und Dunkelheit hin- und herzuwechseln, als die Augen immer wieder an weißes Licht gewöhnen zu müssen und anschließend blind herumzustolpern.

Ein weiterer für den Erfolg unserer Schutzmaßnahmen ausschlaggebender Faktor ist die Form und Herstellung künstlicher Nester, in die gerettete Eier verlegt werden können. Verschiedene Meeresschildkrötenarten graben verschieden geformte und verschieden tiefe Nester. Sie müssen groß genug sein, um alle Eier eines Geleges unterbringen zu können. Deshalb üben wir am Strand, Nester für die verschiedenen Arten zu buddeln. Eine sandige Aufgabe mit dem psychologischen Druck dahinter, es perfekt hinzubekommen, denn wenn das Nest zu klein oder zu groß, zu tief oder zu flach ist, sterben die Eier. Jeder von uns muss drei akzeptable Nester für die jeweils drei Meeresschildkrötenarten vorzeigen, die zur Eiablage nach Gandoca kommen.

Die Grünen und Echten Karettschildkrötennester bekomme ich problemlos hin, aber meine Lederschildkrötennester kollabieren immer wieder, wenn ich den Raum für die Eier vergrößern will. Der bis jetzt sehr zurückhaltende Andrey schaut mir eine Weile zu und kommt mir schließlich zu Hilfe. Er tastet mein Nest von innen ab und fällt auf Englisch ein vernichtendes Urteil: »Du hast es schon falsch angefangen!« Dann zeigt er mir, wie er das Nest beginnt, damit es von Anfang an stabil ist, und wie er den Sand durch vorsichtiges Schaben aus dem Inneren entfernt, ohne dass das gesamte Konstrukt einstürzt. Ich schaue seinen geschickten Händen beeindruckt zu. Er lässt es so mühelos aussehen. Als ich wieder an der Reihe bin, grabe ich, seinen Instruktionen folgend, endlich mein erstes passables Lederschildkrötennest.

Unser Training beinhaltet außerdem unsere ersten nächtlichen Patrouillen, die anfangs noch unter der Anleitung der erfahreneren lokalen Assistent:innen stattfinden. In meiner allerersten Nacht sehe ich kaum die Hand vor Augen und stolpere blind hinter Luis her – beziehungsweise den zwei weißen Streifen der kleinen costa-ricanischen Flagge, die auf seinen linken Ärmel gedruckt ist. Ständig renne ich in Baumstämme hinein. Wie zum Teufel soll ich in dieser Finsternis eine Meeresschildkröte finden? In mir steigt langsam Panik auf. Doch als wir internationalen Assistent:innen uns am nächsten Tag austauschen, wird zu meiner Erleichterung schnell klar, dass nicht nur ich Probleme mit der Nachtblindheit habe. Unsere Biologin Carolina versucht, uns zu beruhigen: »Eure Augen und euer Gehirn werden sich in ein paar Tagen an die Dunkelheit gewöhnen, wartet nur ab, bald werdet ihr nachts besser sehen können.« Sie soll recht behalten.

Schon auf meiner zweiten Patrouille bilde ich mir ein, dass die Dunkelheit nicht mehr ganz so undurchdringlich ist und ich mehr und mehr von meiner Umgebung erkennen kann – eine große Erleichterung. Doch in meiner dritten Nacht informiert mich der stille Andrey zu Beginn in seiner kurzen, knappen Art: »Du führst die Patrouille heute an.« Wie bitte? Ich bin doch noch gar nicht so weit! Er lässt aber keine Entschuldigung gelten, und so trottet unsere Gruppe von vier Leuten im Gänsemarsch hinter mir los. Bei jedem dunklen, großen Gegenstand am Strand oder im Wasser halte ich an und versuche auszumachen, was ich da vor mir habe. Jedes Mal ruft Andrey amüsiert von hinten: »Das ist keine Schildkröte!« Was ein Spaßvogel. Bei unserer zweiten Pause fragt er mich: »Warum gehst du so langsam? Alle fünf Meter hältst du an.« Ich zucke mit den Schultern und gestehe: »Ich habe eine Höllenangst, eine Schildkröte zu verpassen.« Er lacht laut los. Irritiert schaue ich ihn an. Was ist denn daran so lustig? Erst nachdem Andrey sich die Lachtränen aus den Augen gewischt hat, antwortet er ernst: »Du müsstest blind sein, um eine Lederschildkröte zu übersehen.« Das muss ich ihm fürs Erste wohl glauben, aber meine Sorgen verschwinden trotzdem nicht ganz.

Im Nachhinein kann ich Andreys Aussagen nur voll und ganz bestätigen: Es ist wirklich äußerst schwierig, eine Lederschildkröte zu übersehen. Auch wenn man das Tier selbst nicht entdeckt, so sollte man seine riesigen Spuren sogar in der Dunkelheit schon aus der Ferne erkennen oder sie spätestens mit den Füßen spüren können, wenn man darüberläuft. Mir fehlt es in diesen Tagen aber noch an Erfahrung, und ich habe Angst, etwas falsch zu machen, was potenziell verheerende Folgen haben könnte. Glücklicherweise ändert sich das in den folgenden Monaten.

Ein paar Wochen nachdem wir unsere Schulung erfolgreich abgeschlossen haben, laufe ich selbstständig Patrouille. Inzwischen habe ich mehrere Lederschildkrötenweibchen nisten sehen und unter Anleitung am Tier selbst üben können, wie man die externen Metallanhänger an den Hinterflossen anbringt und den Mikrochip injiziert. Sechs Nächte in der Woche laufe ich für fünf Stunden am Strand entlang, um nistende Weibchen zu finden und ihre Eier sicherzustellen. Tagsüber bin ich damit beschäftigt, Materialien für die zwei Brutstationen am Strand zu organisieren, neue Volontär:innen anzulernen und nachmittags mit dem ganzen Team den Strand in Abschnitten von Plastik und Treibholz zu befreien. Einen Tag und eine Nacht pro Woche habe ich frei. Langsam stellt sich Routine ein, und die Tage beginnen ineinanderzufließen. Ich empfinde es als äußerst entspannend, einfach mit dem Flow des Projekts zu gehen, ohne viel darüber nachdenken zu müssen. Täglich werden drei Mahlzeiten gestellt, und es fehlt uns an nichts, außer Schokolade. Die nächtlichen Wanderungen unter dem funkelnden Sternenhimmel und mit der rauschenden Brandung im Ohr sind wie Meditation für mich. Ich habe schon lange nicht mehr so viel Zeit für mich und meine Gedanken gehabt und denke über Gott und die Welt nach.

Ein Thema, das mich in diesen ersten vier Monaten in Costa Rica besonders beschäftigt, ist der offensichtliche Unterschied in der Behandlung und auch im Benehmen von Jungen und Mädchen beziehungsweise Männern und Frauen. Obwohl ich eigentlich für die Schildkröten hier bin, komme ich an dieser Thematik nicht vorbei, sie ist allgegenwärtig und betrifft auch mich und meine Arbeit. In Gandoca herrschen wie in den meisten ländlichen Gebieten Costa Ricas noch sehr klassische Rollenverteilungen. Die Frau bleibt zu Hause bei den Kindern, kocht und putzt und hält die Familie zusammen, während der Mann die Brötchen, sprich den Reis und die Bohnen, verdient. So oder so ähnlich stelle ich mir auch die Kindheit meiner Eltern im Deutschland der 50er-Jahre vor. Diese veralteten Einstellungen werden auch im Projekt reflektiert, das auf lokaler Seite von der Chefetage bis hin zu den Assistenten von Männern dominiert wird. Es gibt eine costa-ricanische Assistentin, und die Biologin Carolina ist Chilenin mit hiesigem Pass, ansonsten sind bis auf die Köchin und die Reinigungskraft der Station keine Costa Ricanerinnen anwesend.

Es wird zwar auch in ländlichen Gebieten immer üblicher, Abitur zu machen, trotzdem fangen die wenigsten jungen Leute ein Studium an, sondern suchen sich früh Arbeit, hier in der Karibik zum Beispiel in den Bananenplantagen. Bei den Frauen ist die Quote der Studierenden noch geringer, denn ihre Bildung wird oft als nicht wichtig erachtet. Dabei können die meisten von ihnen die Schule dank eines ausgeklügelten Stipendiensystems der Regierung beenden, das alle Eltern von Schulkindern mit einer monatlichen Geldsumme unterstützt. Dennoch habe ich zu oft Kommentare dieser Art überhören müssen: »Du brauchst nicht schlau sein, sondern nur hübsch, damit du einen guten Mann findest, der für dich sorgt.« Keine guten Voraussetzungen für ein selbstständiges und finanziell unabhängiges Leben, in dem man eigene Entscheidungen trifft und sich aussuchen kann, mit wem und wie man es gestalten möchte. Zudem nutzen die jungen Männer das Bedürfnis nach Liebe und Geborgenheit und die den Mädchen anerzogene Hörigkeit gegenüber dem männlichen Geschlecht oft aus, um Druck auf sie auszuüben, schon viel zu früh Sex zu haben, wodurch es natürlich zu Schwangerschaften im Teenageralter kommt. All das führt zu einem fatalen Teufelskreis für die jungen Frauen, die mit Kind und ohne Ausbildung dann finanziell vollständig von ihrem Partner abhängig sind, egal, ob er sie gut oder schlecht behandelt.

Das steht in krassem Gegensatz zu meinem Erwachsenwerden und den Werten, die mir von meinen Eltern, der deutschen Gesellschaft und gerade von meinen zwei emanzipierten Tanten vermittelt wurden. Natürlich gibt es auch in Deutschland Sexismus. Nur sind frauenverachtende Haltungen und Handlungen dort oft subtiler, und das Bewusstsein darum wird vor allem in der jüngeren Generation größer und größer. Als Kind dachte ich immer, dass mir Erwachsene nicht richtig zuhörten, weil ich eben noch ein Kind war. Als ich älter wurde, dachte ich, dass es etwas mit mir persönlich zu tun haben müsste. Vielleicht drückte ich mich einfach nicht klar genug aus. Es war vermutlich eine der schmerzlichsten Erkenntnisse meines Erwachsenwerdens, dass manche Reaktionen auf mich wahrscheinlich nur mit meinem Geschlecht zu tun haben.

Wie gesagt war ich ein eher wildes Kind, das auf Bäume kletterte und sich die Hosen zerriss. Ich war sportlich und mutig, sprang vom Drei- und Fünfmeterbrett und von Klippen ins Wasser. Ich war stolz darauf, im Sportunterricht als eine der Ersten in Mannschaften gewählt zu werden, und auch darauf, dass ich schneller rennen konnte als viele der Jungen. Irgendwann während der Pubertät aber schlug das Ganze um. Die Jungen wollten nicht mehr mit mir spielen, und den Mädchen war ich nicht mädchenhaft genug – das

Wort »burschikos« fiel mehr als einmal im Zusammenhang mit mir. Diese Veränderungen waren verwirrend und lösten einige Unsicherheiten in mir aus. Aus einem mir unverständlichen Grund gehörte ich weder zur einen noch zur anderen Seite und wurde von der Gesellschaft wie ein Mädchen behandelt, das nicht der Norm entsprach.

Einen Aha-Moment in der Erkenntnis, dass das nichts mit mir als Person zu tun hatte, verdanke ich einer meiner Lehrerinnen: Wenn ein Mädchen aufzeigte und die richtige Antwort gab, wurde dies meist nur mit einem Nicken zur Kenntnis genommen. Wenn danach ein Junge aufzeigte und genau die gleiche Antwort gab, wurde ihm dafür ordentlich auf die Schulter geklopft. Diese Ungerechtigkeit brachte mich zur Weißglut. Gleichzeitig fragte ich mich, was das über den Wert meiner Meinungen als Mädchen in der Gesellschaft aussagte. Diese Erkenntnis führte zu tiefen Zweifeln darüber, wie ich das Leben als Mädchen führen sollte und was das für meine Träume bedeutete.

Was auch nicht half, war, dass mein Vater liebend gerne Blondinenwitze erzählte, wie es zu der Zeit üblich war. Ich dachte deshalb schon früh, dass die Leute beziehungsweise Männer glaubten, blonde Frauen seien dumm. Ich kann gar nicht in Worte fassen, wie sehr das mein Denken und Handeln auch noch im Erwachsenenalter bestimmte. Meine größte Sorge im Studium war immer, als dummes Blondchen abgestempelt und nicht ernst genommen zu werden. Das beeinflusste viele meiner Entscheidungen bis hin zur Wahl meiner Kleidung. Bei meiner Diplomprüfung erschien ich zum Beispiel im Rollkragenpulli und setzte meine verhasste Brille auf, und bei jedem Seminar und jedem Vortrag stellte ich sicher, dass ich extragut vorbereitet war und auf wirklich alle Fragen eine Antwort parat hatte.

In Costa Rica wurden meine Erfahrungen mit Sexismus und dem kulturellen *machismo* dann noch etwas extremer. Gleich in der ersten Woche musste ich mir anhören, dass ich nicht für diese Art von Arbeit gemacht sei. Anscheinend hatten einige meiner costa-ricanischen Kollegen Wetten abgeschlossen, wann ich meine Sachen packen und abreisen würde. Auch meine männlichen Chefs gaben mir über die Jahre immer wieder mal mehr, mal weniger direkt zu verstehen, dass ich mein Auftreten und meine Anweisungen etwas abschwächen sollte, weil Männer sich von Frauen nur ungern was sagen lassen würden. Ich solle sie lieber davon überzeugen, dass es sowieso von Anfang an ihre Idee gewesen sei. In den ersten Jahren versuchte ich deshalb, mich zu verbiegen und meine Persönlichkeit im Zaum zu halten. Das ging aber nicht lange gut, am Ende wurde ich krank und verlor mich in Selbstzweifeln. Das war der Moment, in dem ich beschloss, mein eigener Boss zu werden und nicht mehr auf vor allem männliche Chefs angewiesen zu sein.

Manchmal frage ich mich, ob das Erwachsenwerden von Meeresschildkröten emotional auch so turbulent ist wie das von uns Menschen. Vermutlich nicht. Vielleicht schon deshalb nicht, weil sie bis zur Geschlechtsreife generell viel mehr Zeit haben als wir. Abhängig von der Art erreichen sie diese nämlich erst mit 15 bis 45 Jahren. Aber um dorthin zu kommen, müssen auch sie einen langen und beschwerlichen Weg hinter sich bringen, auf dem so einiges schiefgehen kann.

Nach vielen Reisen und Wachstumsschüben stellen sich ab einer bestimmten Größe wie bei der menschlichen Pubertät einige körperliche Veränderungen ein. Allerdings sind die äußerlichen Vorboten für die bevorstehende Geschlechtsreife, abgesehen von der Panzerlänge, eigentlich nur bei den

Männchen sichtbar. Ihr Schwanz verlängert sich beträchtlich, die Nägel an den Flossen werden länger und stärker, und der Bauchpanzer, der Plastron, fängt an, sich leicht nach innen zu wölben. Ansonsten gibt es nicht viele äußere Unterschiede zwischen Männchen und Weibchen: Sie sind ungefähr gleich groß, und keines der beiden Geschlechter ist in irgendeiner Weise bunter oder sonst wie auffälliger.

Deshalb kann man Männchen und Weibchen vor der Pubertät tatsächlich von außen nicht unterscheiden. Wenn man mit hundertprozentiger Sicherheit feststellen möchte, ob ein Baby oder eine juvenile Schildkröte männlich oder weiblich ist, muss man im wahrsten Sinne des Wortes in sie hineinschauen. Entweder tötet man die Schildkröte dafür und nimmt eine Sezierung vor, oder man macht eine Laparoskopie, bei der zwei Kameras in die Bauchhöhle eingeführt werden, mit denen man sich die inneren Geschlechtsorgane näher anschauen kann. So kann man sehen, ob es sich um Hoden oder Ovarien handelt. Da diese Arten von Geschlechtsbestimmung grausam beziehungsweise äußerst invasiv sind, wird seit mehreren Jahren an Analyseverfahren geforscht, die auf der Konzentration von Hormonen wie Testosteron und Anti-Müller-Hormon im Blut beruhen. Die Ergebnisse sind vielversprechend, was darauf hoffen lässt, dass diese Form der Analyse bald Standard sein wird.

Wenn auch äußerlich nur erahnbar, passiert innerlich so einiges in den pubertierenden Schildkröten. Bei den Männchen beginnen die Hoden höhere Mengen des Steroidhormons Testosteron auszuschütten, welches die Bildung der sekundären Geschlechtsmerkmale (wie die Schwanzverlängerung und Erweichung des Plastrons) und auch die Reifung der Hodenkanälchen stimuliert, des Orts im Hoden, an dem die Spermien gebildet werden (Spermatogenese).

Bei den Weibchen erhöhen hormonelle Veränderungen die Größe und Struktur sowohl des Eierstocks als auch des Eileiters. Im Vergleich zu unreifen oder pubertierenden Weibchen besitzen die zwei Eierstöcke bei reifen Weibchen typischerweise ein erweitertes Stroma – das das Organ stützende Bindegewebe – und einen gewundenen Eileiter von mindestens 1,5 Zentimetern Durchmesser, der angrenzend an den Eierstock in der Körperhöhle hängt. Die Eileiter erwachsener Tiere sind sehr lang und messen vier bis sechs Meter. Weitere Merkmale sind das Vorhandensein von Eizellen und der Beginn der Heranreifung gelber, dotterreicher Eibläschen.

Der Größenunterschied zwischen einer Babyschildkröte und einer ausgewachsenen Schildkröte ist enorm: Sie wächst zum Zehnfachen ihrer Größe und ihres Gewichts heran. Das ist auch ausschlaggebend dafür, dass Wissenschaftler:innen ihre Überlebenschancen bis zum Erwachsenwerden als nicht gerade rosig, als ausgewachsene Tiere aber als relativ gut einschätzen. Denn dann hätten sie eigentlich nur noch wenige natürliche Feinde, hauptsächlich Haie und Jaguare, wenn nur wir Menschen nicht wären. Mit unserer Lebensweise bringen wir jährlich Hunderttausende Meeresschildkröten um, auch und gerade erwachsene Tiere, deren Wert unermesslich ist, da sie dieses Alter allen Gefahren zum Trotz erreicht haben. Darum ist der Verlust jedes einzelnen erwachsenen Individuums eine Tragödie für die gesamte Art.

Die Weibchen, die wir hier am Strand zu beschützen versuchen, gehören zu den wenigen, die es bis zur Geschlechtsreife geschafft haben. Trotz aller Unwägbarkeiten spulen sie Nacht für Nacht ihr Eiablageprogramm ab, und ich darf sie dabei beobachten und immer mehr dazulernen. Als ich gegen Ende meines ersten Aufenthalts in Costa Rica eines Nachts mit zwei Volontären am Strand unterwegs bin, entdecken wir gleich drei Lederschildkröten auf einmal, die fast übereinanderklettern und Kopf an Kopf ihrem Legebusiness nachgehen. Was für eine Aufregung! Ich platziere meine Volontäre zum Eierabfangen hinter jeweils ein Weibchen, denn zwei der Nester muss ich definitiv verlegen. Die Datenaufnahme, das Markieren, die Verlegung der Eier und die laufenden Instruktionen und Erklärungen für die Freiwilligen halten mich auf Trab. Die nächsten Stunden vergehen wie im Flug, und ich bin schweißgebadet und schwer euphorisch, als wir den Strand nach Mitternacht und Schichtwechsel verlassen. Auf dem Weg nach Hause sehe ich, dass die Bar im Dorf noch geöffnet hat. Weil mein Magen laut knurrt, bestelle ich mir ein Bier und das einzig Essbare, einen Snickers. Beides wird in den nächsten Jahren zu meiner Standardzelebrierung einer erfolgreichen Nacht.

Grüne Schildkröte

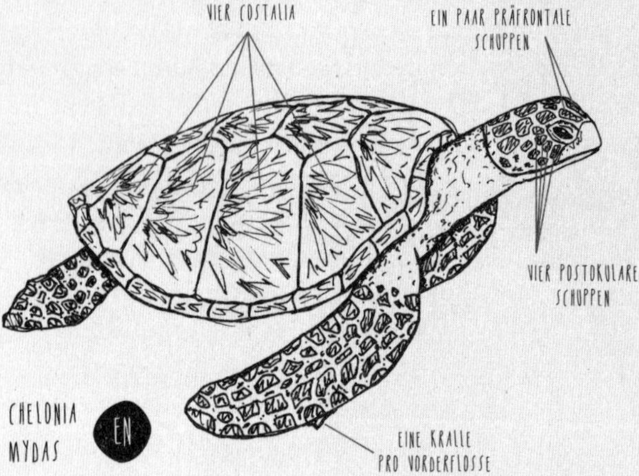

- Gefährdungsstatus (IUCN): stark gefährdet (EN – endangered)
- Panzerlänge: 80–120 cm
- Gewicht: 120–220 kg
- Hauptnahrung: Seegras und Algen (Erwachsene)
- Geschlechtsreife: 25–45 Jahre
- Remigrationsintervalle: 2–5 Jahre
- Nistintervalle: 12 Tage
- Anzahl der Gelege pro Saison: 3–5
- Gelegegröße: 110 Eier
- Inkubationszeit der Gelege: 50-60 Tage
- Besonderheiten: veralteter Name Suppenschildkröte; als Erwachsene fast ausschließlich Pflanzenfresser; Fett ist grünlich, daher der Artenname

Du bist, was du isst

Wer schon einmal das Glück hatte, einer Meeresschildkröte Auge in Auge zu begegnen, kann sich vermutlich an das Gefühl erinnern, in das verrunzelte, aber weise Gesicht einer steinalten, zahnlosen Frau zu schauen. Dass Meeresschildkröten mit Weisheit assoziiert werden, liegt wohl vornehmlich daran, dass sie so alt aussehen und auch sehr alt werden können. Ich führe ihre Weisheit jedoch darauf zurück, dass sie evolutionsgeschichtlich wirklich alt sind.

Taxonomisch gehören Meeresschildkröten als eine Überfamilie zu der Ordnung der Schildkröten *(Testudines)* und zusammen mit den Schlangen, Echsen und Krokodilen zu der veralteten Gruppe der *Reptilia* – veraltet deshalb, weil seit einigen Jahren durch molekulare Analysen klar ist, dass die Reptilien keine geschlossene Abstammungsgemeinschaft, kein Monophylum, bilden. Zum Beispiel sind Krokodile entwicklungsgeschichtlich den Vögeln näher als den übrigen Reptilien. Diese neuen Erkenntnisse haben dazu geführt, dass Reptilien zusammen mit Vögeln und Dinosauriern als *Sauropsida* zusammengefasst werden. Allerdings wird im normalen und selbst wissenschaftlichen Sprachgebrauch noch oft synonym von *Reptilia* gesprochen, wenn eigentlich *Sauropsida* gemeint sind.

Generell wird die Überfamilie der Meeresschildkröten *(Chelonioidea)* in die zwei Familien der hartschaligen *Cheloniidae* und der weichschaligen *Dermochelyidae* eingeteilt. Zu Letzterer gehört nur noch eine existierende Art, die Lederschildkröte, *Dermochelys coriacea,* alle anderen sind Teil der ersten Familie. Über die Jahre habe ich das Glück, drei ihrer Angehörigen in Costa Rica kennenzulernen: die Grüne Schildkröte oder Suppenschildkröte, *Chelonia mydas,* die Echte Karettschildkröte, *Eretmochelys imbricata,* und die Oliv-Bastardschildkröte, *Lepidochelys olivacea.* Der Unechten Karettschildkröte, *Caretta caretta,* begegne ich erst Jahre später in den USA zum ersten Mal. Obwohl sie jedes Jahr eine Handvoll Nester an den nördlichsten Stränden Costa Ricas legt, ist sie eher in den gemäßigten Breitengraden zu finden.

Bleiben noch zwei Meeresschildkrötenarten, die beide endemisch sind, das heißt, ihre Verbreitung ist begrenzt auf ein bestimmtes Gebiet. Die Atlantische Bastardschildkröte, *Lepidochelys kempii,* ist hauptsächlich im Golf von Mexiko zu Hause und nistet in Mexiko und Texas, wo ich sie schließlich auch selbst zu Gesicht bekomme. Sie ist die »Schwesternart« der Oliv-Bastardschildkröte. Die Wallriffschildkröte, *Natator depressus,* ist nur im Norden von Australien zu finden und die einzige Art, die ich noch nie live erlebt habe.

Die Evolution der Meeresschildkröten reicht bis in die Kreidezeit zurück. Ihre ersten Vertreter spalteten sich vor mehr als 120 Millionen Jahren von den Urschildkröten ab – nur zum Vergleich: Die meisten Dinosaurier starben vor 66 Millionen Jahren während des Kreide-Paläogen-Massensterbens aus. Fossilien der ältesten bekannten Meeresschildkrötenart wurden erst 2015 gefunden und stammen von *Desmatochelys padillai,* einem über zwei Meter langen Tier, das bis zu seinem Aussterben in den Tiefen des Urzeitmeeres schwamm. Einer der ersten und größten bekannten Knochenfunde einer urzeitlichen Meeresschildkröte stammt von *Archelon*, einem Riesen, der über 4,60 Meter lang war und über zwei Tonnen gewogen haben muss. Lange dachte man, dass *Archelon* ein direkter Vorfahre der modernen Lederschildkröte sei, was inzwischen jedoch widerlegt wurde.

Es gab vermutlich mal über 30 verschiedene Meeresschildkrötenarten, von denen heute eben nur noch sieben existieren. Die älteste und größte ist »meine« Lederschildkröte. Sie war die erste, die ich beim Eierlegen beobachten durfte, und sie steht seit mehreren Jahren im Fokus vieler meiner Projekte. Sowohl ihr deutscher als auch ihr wissenschaftlicher Name (*derm*, Griechisch für Haut; *chelon*, Griechisch für Schildkröte) deuten an, dass sie keinen harten Knochenpanzer besitzt, sondern einen weichen aus Knorpeln, der von einer ledrigen Haut überzogen ist. Sie scheint also von einer anderen Vorfahrenlinie abzustammen als die anderen modernen Meeresschildkrötenarten. Wissenschaftler:innen schätzen, dass die Lederschildkröte seit ungefähr 90 Millionen Jahren in ihrer jetzigen Form existiert. Die Urururururgroßmütter der heutigen Tiere haben also vermutlich ein paar Dinosaurier gekannt. Die Gruppe der *Cheloniidae* spaltete sich vor etwa 60 bis 30 Millionen Jahren von gemeinsamen Vorfahren ab und evolvierte zu den restlichen sechs modernen Arten. Auch heute noch bin ich starr vor Ehrfurcht, wenn ich Meeresschildkröten bei der Eiablage beobachte und daran denke, dass ich mir den Strand gerade mit einem Urzeittier teilen darf.

Einer der Gründe, warum gerade die heutigen sieben Arten die letzten Millionen Jahre überlebt haben, ist vermutlich ihre Ernährung beziehungsweise ihre Anpassungsfähigkeit in Sachen Nahrung. Die ausgestorbenen Arten entwickelten äußerst spezialisierte Fressgewohnheiten, die in einer sich verändernden Welt bald zum Problem wurden. Im Gegensatz dazu waren die modernen Meeresschildkröten weitaus flexibler und konnten ihre Nahrungsquellen wechseln, wenn dies nötig schien. So vermieden sie Nahrungsknappheit und -konkurrenz. Die Ausnahme ist vermutlich die Lederschildkröte, die mit ihrer Spezialisierung auf Quallen vermutlich nie viel Konkurrenz hatte.

Doch weshalb hat nicht eine der sieben Arten die anderen verdrängt? Generell ist die Ökologie der verschiedenen Meeresschildkrötenarten ja sehr ähnlich: Sie leben hauptsächlich in subtropischen und tropischen Gewässern und ernähren sich meistens in Küstennähe. Es ist auch nicht ungewöhnlich, dass mehrere Arten denselben Strand zur Eiablage nutzen. Sie müssten also eigentlich in direktem Konkurrenzkampf um Nist- und Nahrungsgebiete stehen. Doch leichte Abwandlungen in der räumlichen Nutzung ihres marinen Lebensraums und Spezialisierungen in der Ernährung über die Jahrmillionen ihrer Existenz haben zu einer erfolgreichen Koexistenz und zur Ausbildung spezifischer ökologischer Nischen geführt. Nahrung ist ein Teil der Identität der verschiedenen Arten und die Diversifikation ihr Erfolgsrezept.

So ist zum Beispiel die Lederschildkröte die einzige Meeresschildkrötenart, die auch nach der Geschlechtsreife die meiste Zeit im offenen Meer verweilt, da die nahrungsreichen Strömungen einen guten Nährboden für ihre Hauptnahrung, Quallen, bieten. Als eine von wenigen Tierarten hält sie Quallenpopulationen in Schach, die sich durch die Überdüngung der Meere immer häufiger exponentiell vermehren und zu einer echten Plage für Touristengebiete und die Fischerei werden. Die Nahrungsvorlieben der Lederschildkröten halten Quallen also auf natürlichem Wege in Schach.

Sie ist außerdem als einzige Meeresschildkrötenart in der Lage, über 1000 Meter in die Tiefe zu tauchen, um Nahrung zu suchen und Fressfeinde zu meiden. Alle Meeresschildkröten sind logischerweise ziemlich gute Taucher. Um im Wasser zu schweben und nicht zu sinken, füllen sie ihre Lungen mit Luft und können sie je nach Art 45 Minuten bis zu zwei Stunden anhalten, wenn sie am Meeresgrund zwischen Felsen oder Korallen ausruhen. Bei Routineaktivitäten, die etwas mehr Sauerstoff bedürfen, tauchen sie für kürzere Intervalle von vier bis zehn Minuten ab und kommen zwischendurch für einige Sekunden zum Atmen an die Oberfläche. Eine gestresste Schildkröte hingegen, die sich beispielsweise in einem verlassen im Meer treibenden Fischernetz, einem sogenannten Geisternetz, verfängt, verbraucht den im Körper gespeicherten Sauerstoff schnell und kann ertrinken. Wegen ihres harten Panzers, der dem Druck im tiefen Wasser nicht standhalten würde, sind die *Cheloniidae* im Allgemeinen keine tiefen Taucher. Sie halten sich meist in den obersten 100 Metern auf. Nur der weiche Panzer der Lederschildkröte kann sich ohne Probleme an den zunehmenden Wasserdruck anpassen. Ihre tiefsten dokumentierten Tauchgänge maßen mehr als 1200 Meter und wurden interessanterweise vor Niststränden und nicht in den Nahrungsgebieten beobachtet. Wissenschaftler:innen vermuten, dass es sich dabei um eine Haiabwehrstrategie handelt, da die Schildkröten dieses Verhalten hauptsächlich in Regionen zeigen, die für ihre vielen Tigerhaie bekannt sind.

Die bevorzugten Nahrungsgebiete der Lederschildkröte liegen in den kalten Teilen des Ozeans im hohen Norden und tiefen Süden, wo Plankton und Quallen gedeihen. Das ist eine weitere Besonderheit, weil Meeresschildkröten als wechselwarme Tiere normalerweise in Gewässern zu finden sind, die ihrer idealen Körpertemperatur von um die 25 °C nahekommen. Sie sind regelrechte Sonnenanbeter, die stundenlang an der Oberfläche dümpeln und sich die Sonne auf den Panzer scheinen lassen. Das Wasser, in denen Lederschildkröten auf Beutefang gehen, liegt aber mehrere Grad unter der Idealtemperatur, die sie für einen funktionierenden Stoffwechsel benötigen.

Zum Glück sind Lederschildkröten Meisterinnen der Thermoregulation und haben im Laufe ihrer Evolution Möglichkeiten entwickelt, ihre Körpertemperatur trotz kalten Wassers von unter 10 °C stabil bei circa 25 °C zu halten. Sie haben eine dicke Fettschicht ähnlich dem Blubber der Wale und Delfine, die wie eine Winterjacke funktioniert und ihren Körper von der Kälte abschirmt. Selbst ihre Speiseröhre ist von dieser Speckschicht ummantelt und verhindert, dass die aufgenommene Nahrung den Körper von innen auskühlt. Allerdings ist dieser Winterspeckmantel nicht sonderlich praktisch, wenn die Schildkröten zur Paarung und Eiablage in tropische Gebiete wandern. Zwar verzehrt die Reise viel von den angefressenen Fettreserven, aber es ist immer noch eine beeindruckende Speckschicht vorhanden, wenn die Weibchen mit der Eiablage beginnen.

Hier kommt ihnen eine weitere schlaue Anpassung zugute: Lederschildkröten können nämlich ihre Blutgefäße zwischen Speckschicht und Haut selektiv öffnen und schließen. In kalten Gebieten sind diese Gefäße meistens geschlossen, damit das zirkulierende warme Blut im Körperinneren bleibt und nicht vom Wasser ausgekühlt wird. In wärmeren Gewässern werden die Blutgefäße hingegen geöffnet, sodass Wärme an die Außenwelt abgegeben werden kann und die Schildkröten keinen Hitzschlag bekommen. Einzige Ausnahme: die Flossen. Obwohl sie durch teils eiskalte Fluten schneiden müssen, sind sie von keiner Fettschicht umkleidet und können und dürfen auch ihre Gefäße nicht verschließen – das Blut muss zirkulieren, damit die Fortbewegung gewährleistet ist und die Gliedmaßen nicht absterben.

Dass die Wärme im Körperkern trotzdem stabil beibehalten wird, verdankt die Lederschildkröte dem Gegenstromprinzip. Das dient in der Natur allgemein dem Austausch von Wärme oder Stoffen zwischen zwei Flüssigkeiten oder Gasen und verhindert in diesem speziellen Fall den Verlust von Wärme und spart so Energie. Es funktioniert folgendermaßen: Auf dem Weg in die Flossen wird das wärmere arterielle Blut infolge des Temperaturgefälles der in den Körper zurückführenden Venen abgekühlt und erreicht die Flossen schon weitgehend auf Außentemperaturniveau. Für den Rücktransport nimmt das venöse Blut wiederum die Wärme der entgegenkommenden Arterien auf, sodass es angewärmt zurück ins Körperinnere gelangt. So muss kaum Energie aufgewandt werden, um das Blut auf Körpertemperatur zu bringen. Das bedeutet aber auch, dass Lederschildkröten immer eisige Hände beziehungsweise Flossen haben.

Um die Wärme im Körper zu halten, ist ihre enorme Größe von Vorteil, denn ihr Körpervolumen ist im Verhältnis größer als ihre Körperoberfläche. Das heißt, dass die Schildkröte zwar riesig ist, aber relativ wenige Berührungspunkte mit der Umgebung hat, wodurch sie insgesamt weniger Wärme abgibt. Das Phänomen, auch *Gigantothermy* genannt, besagt, dass große, sperrige wechselwarme Tiere aufgrund ihrer verhältnismäßig kleineren Oberfläche leichter in der Lage sind, eine konstante, relativ hohe Körpertemperatur aufrechtzuerhalten.

Eine weitere bahnbrechende Erkenntnis der letzten Jahre hat außerdem gezeigt, dass Lederschildkröten sehr wohl in der Lage sind, selbst ein bisschen Wärme zu erzeugen – und zwar über ihre Verdauung. Das ist äußerst ungewöhnlich für eine wechselwarme Art, die zudem fast ausschließlich Quallen frisst, die wiederum fast nur aus Wasser bestehen. Doch wie sie ihre stattlichen Körper mit solch wässriger Nahrung erhalten können, bleibt vorerst noch ihr Geheimnis.

Im Gegensatz zur Lederschildkröte verbringen die hartschaligen Meeresschildkröten der *Cheloniidae*-Familie den größten Teil ihres Erwachsenenlebens in tropischen und subtropischen Gewässern in Küstennähe über dem Schelf. Die Oliv-Bastardschildkröte ist in einigen Populationen zwar auch als Erwachsene eher in tieferen Gewässern anzutreffen, sie steht aber im Gegensatz zur Lederschildkröte am anderen Ende des Spektrums der Nahrungsspezialisierung und ist eine wahre Allesfresserin. Von Algen bis hin zu Fischen vertilgt sie alles, was ihr über den Weg schwimmt, ohne dass eine bestimmte Quelle wichtiger wäre als die anderen. Ihre »Schwesternart«, die Atlantische Bastardschildkröte, bevorzugt die Nähe zur Küste und frisst als Erwachsene fast ausschließlich Blaukrabben – es gibt aber vereinzelte Berichte darüber, dass sie hin und wieder zusätzlich Quallen und Manteltiere, quallenartige Wirbellose, verspeist.

Die Grüne Schildkröte ist nur während ihrer Jugendjahre eine Allesfresserin, als ausgewachsene Schildkröte wird sie zur einzigen pflanzenfressenden Art. Nur ein paar wenige Populationen nehmen auch als Erwachsene noch hauptsächlich tierisches Eiweiß zu sich. Der Großteil ihrer Nahrung besteht aus Seegräsern und Algen. Gelegentlich frisst sie Quallen und andere wirbellose Tiere mit weichem Körper, aber diese machen einen relativ kleinen Teil ihrer Ernährung aus. Wegen all der pflanzlichen Nahrung ist ihr Körperfett leicht grünlich, was ihr ihren Namen gegeben hat.

Als Vegetarierinnen spielen Grüne Schildkröten eine wichtige Rolle für Seegraswiesen, denn sie grasen sehr selektiv und fungieren ähnlich wie Sturmwellen als natürliche Störung. So fördern sie ein stetiges Nachwachsen des Seegrases und verhindern zusätzlich eine Überdominanz bestimmter schneller wachsender Arten. Biochemisch gesehen, sind jüngere Seegrashalme leichter verdaulich und enthalten mehr Stickstoff, der für Pflanzenfresser besonders wichtig für die Proteinsynthese ist. Ältere Halme sind dagegen aufgrund ihrer Strukturmaterialien oft schwerer verdaulich. Durch selektive Beweidung erhalten die Meeresschildkröten also Seegrasflächen voller junger Blätter, die mehr ihrer verfügbaren Energie in Stickstoff und Stärke als in Strukturkomponenten investieren. Dies kommt nicht nur den Grünen Schildkröten zugute, sondern auch einer Vielzahl anderer Makro- und Mikropflanzenfresser. In Gebieten, in denen die Populationen Grüner Schildkröten zurückgegangen sind und das Seegraswachstum nicht durch Abweidung kontrolliert wird, sieht man ältere und größere Seegrashalme und im Laufe der Zeit zudem eine große Ansammlung abgestorbener Blätter.

Andersherum stellen einige Veränderungen von Seegraswiesen ein Problem für die Schildkröten dar. Durch den Schiffsverkehr wurde das Seegras *Halophila stipulacea* von seinen Ursprungsorten im Indischen Ozean und Roten Meer in die Karibik verschleppt. Dort erobert es seit mehreren Jahren als invasive Art die Seegrasbetten und verdrängt die heimischen Arten. *Halophila* ist für Grüne Schildkröten essbar, hat aber einen schlechteren Nährwert. Bis jetzt fressen nur wenige Meeresschildkröten das unbekannte Gras, Studien zeigen aber, dass es vermutlich leichter verdaulich wäre und somit seinen schlechteren Nährwert durch den geringeren Energieverbrauch bei der Verdauung ausgleichen könnte. Momentan sieht es so aus, als könnte *Halophila* die vorherrschende Art in der Karibik werden, sollten wir Menschen seiner Verbreitung nicht aktiv Einhalt gebieten. Nur wenn die Grünen Schildkröten sich ohne gesundheitliche Einbuße auf diese neue Art umstellen können, wird deren Übermacht vielleicht nicht zu Problemen für die Tiere führen. Aber das wird allein die Zeit zeigen.

Die Echte Karettschildkröte hat die gegensätzliche Taktik gewählt und ist eine Fleischfresserin, die sich auf den Verzehr von Schwämmen spezialisiert hat. In einigen Gebieten wie der Karibik können Schwämme bis zu 95 Prozent ihrer gesamten Nahrung ausmachen, in anderen ist es zwar weniger, aber immer noch das wichtigste Nahrungsmittel. Schwämme können für riffbildende Korallen gefährlich werden, da sie dazu neigen, die Korallen zu überwuchern und so zu verdrängen. Durch ihre Nahrungsvorliebe tragen Echte Karettschildkröten dazu bei, Korallenriffe zu erhalten, die für das Überleben vieler anderer Organismen von entscheidender Bedeutung sind.

Die Unechte Karettschildkröte ist ebenfalls eine Fleischfresserin, allerdings frisst sie eine breite Auswahl an Beutetieren und ist nicht auf eine Tiergruppe spezialisiert. Ihr englischer und ihr spanischer Name (*loggerhead* und *cabezona*) beschreiben treffend ihren riesigen Kopf und ihre ultrastarken Kiefer, die beide Hinweise auf ihre Vorliebe geben: wirbellose Tiere mit harten Schalen, die sie problemlos aufknacken kann. Als Erwachsene besteht der größte Teil ihrer Nahrung aus Krabben und einer Vielzahl anderer Tiere wie Muscheln, Salpen und Meeresschnecken. Und auch für Meeresschildkrötenforscher:innen kann ihr Kiefer mit einer Beißkraft von über 2100 Newton (das entspricht 214 Kilogramm!) gefährlich werden. Einige meiner Kolleg:innen haben bereits Fingerteile an Unechte Karettschildkröten verloren, wenn sie ihrem Schnabel in einem Moment der Unaufmerksamkeit zu nahe kamen.

Über die Nahrungsvorlieben von Wallriffschildkröten gibt es nur wenige Informationen. Sie sind insofern einzigartig unter den Meeresschildkröten, als dass ihre Jungtiere nicht ins offene Meer schwimmen, sondern ihr gesamtes Leben über dem australischen Schelf und in der Nähe der südlichen Inseln Indonesiens und Papua-Neuguineas verbringen. Trotzdem deuten die wenigen verfügbaren Informationen darauf hin, dass sie sich wie die juvenilen Stadien anderer Arten hauptsächlich von Zooplankton im oberen Teil der Wassersäule ernähren. Als Erwachsene wechseln sie zur Nahrungssuche am Meeresboden und erbeuten dort langsame Wirbellose mit weichem Körper wie Weichkorallen, Seefedern, Seegurken und Quallen.

Dieses Wissen über die Essgewohnheiten von Meeresschildkröten zu gewinnen war in der Vergangenheit eine oft sehr ekelige Angelegenheit. Um fundierte Aussagen über die Art der Nahrung und die Menge gewisser Beutetiere machen zu können, musste man sich Einsicht in den Mageninhalt verschaffen. Wissenschaftler:innen im letzten Jahrhundert, die sich diesen Forschungsschwerpunkt ausgesucht hatten, waren somit Expert:innen für Magenspülungen und Nekropsien – feinere Ausdrücke für das absichtlich herbeigeführte Erbrechen mit anschließendem Herumstochern im Ergebnis sowie für das Aufschneiden von toten Tieren. Nichts für sensible Mägen *(no pun intended!)*. Diese Studien waren dennoch äußerst aufschlussreich und haben uns in unseren Erkenntnissen über die Ökologie von Meeresschildkröten einen großen Schritt weitergebracht.

Trotzdem bin ich froh, dass es heutzutage elegantere und weniger Übelkeit erregende Methoden gibt. Zum Beispiel habe ich für meine Doktorarbeit stabile Isotopen in Hautproben untersucht, um Aussagen über die Fressgewohnheiten von Meeresschildkröten zu machen. Diese Analysen sind ortsunabhängig und ermöglichen dank einer kleinen Gewebeprobe eine Art Zeitreise in die Vergangenheit eines Individuums. Je nachdem, ob ich Blut, Haut oder Keratin vom Panzer entnehme, kann ich mithilfe der ins Gewebe integrierten Isotope von Kohlenstoff, Stickstoff, Sauerstoff und anderen chemischen Elementen mehrere Wochen oder gar Jahre in die nahrungsspezifische Vergangenheit einzelner Schildkröten zurückblicken und so Rückschlüsse auf ihre Nahrungsvorlieben, aber auch Nahrungsgebiete ziehen. Zum Beispiel sagt mir das Verhältnis der zwei Kohlenstoffisotope C^{12}:C^{13} in einem Gewebe, wie nahe an der Küste oder wie weit im Norden oder Süden des Äquators die Meeresschildkröte gefressen hat. Das Verhältnis der Stickstoffisotope N^{14}:N^{15} gibt Aufschluss darüber, wo genau in der Nahrungskette das Individuum steht, ob es also zum Beispiel ein Pflanzen- oder Fleischfresser ist. Mit solchen Untersuchungen werden auch die Limitationen von Mageninhaltsstudien, bei denen man die Tiere normalerweise in ihren Nahrungsgebieten antreffen muss, umgangen.

Wie genau Meeresschildkröten ihre Nahrung unter Wasser aufspüren und fressen, ist ein anderes spannendes Thema. Auf kurze Distanz und bei guter Sicht wird potenzielles Futter mit den Augen erspäht. In trübem Wasser und auf längere Entfernung hilft ein scharfer Geruchssinn, Beute zu wittern und ihrer Geruchsspur zu folgen. Wenn man das Gehirn einer Meeresschildkröte betrachtet, fällt zum einen auf, dass es für die Größe des Tiers ziemlich klein ist, und zum anderen, dass der Bereich, der olfaktorische Reize, also Gerüche, verarbeitet, im Vergleich zu allen anderen Bereichen verhältnismäßig groß ist. Sonderlich intelligent und lernfähig scheinen Meeresschildkröten ihrem Gehirn nach also nicht zu sein, dafür besitzen sie eine empfindliche Nase.

Selbst die Schwierigkeit, unter Wasser zu fressen, ohne dabei literweise Meerwasser zu schlucken, haben Meeresschildkröten über Jahrmillionen der Evolution erfolgreich gemeistert: Die Speiseröhren aller Arten sind mit verhornten Stacheln ausgekleidet, die zum Magen hin ausgerichtet sind. Damit kann die Schildkröte das aufgenommene Meerwasser wieder ausspucken (meistens durch die Nase), während die Beute an den Stacheln hängen bleibt und danach in den Magen geschluckt wird. Eine geniale Anpassung, die den Meeresschildkröten in den letzten Jahrzehnten leider zum Verhängnis wurde. Denn was das effektive Fressen unter Wasser überhaupt erst möglich gemacht hat, wird in unserem Zeitalter zur Falle, in der sich Plastik verfängt und nicht wieder herausgewürgt werden kann. Plastik in den Mägen von Meeresschildkröten gehört schon seit mehreren Jahren zum traurigen Alltag der Tiere und von uns Forscher:innen. Schon in den 1970er- und 1980er-Jahren wurden Plastiktüten in den Mägen von Lederschildkröten gefunden.

Der Mensch hatte schon immer großen Einfluss auf das Leben der Meeresschildkröten, und unsere Beziehung kann im besten Falle als ambivalent beschrieben werden. Auf der einen Seite spielt die Meeresschildkröte in vielen unserer Sagen und Legenden eine wichtige Rolle. So wird zum Beispiel in der hinduistischen Mythologie die Erde von vier Elefanten getragen, die auf dem Rücken einer Schildkröte stehen, die manchmal als Meeresschildkröte, manchmal aber auch als Landschildkröte dargestellt ist. In China schneidet die Schöpfergöttin Nüwa einer Meeresschildkröte die Flossen ab und benutzt sie, um den Himmel zu stützen, was von der alten chinesischen Vorstellung abgeleitet ist, dass der abgeflachte Bauchpanzer und der gewölbte Rückenpanzer einer Schildkröte einer flachen Erde und einem gewölbten Himmel entsprechen. In der polynesischen Kultur symbolisiert die Meeresschildkröte oder *Honu* Gesundheit, Fruchtbarkeit, Langlebigkeit, Fundament, Frieden und Ruhe. Eine hawaiianische Legende erzählt von Kauila, einer riesigen Meeresschildkrötengöttin, die sich in ein menschliches Mädchen verwandelt, um mit den *Keiki*, den Kindern, zu spielen und sie zu beschützen. Bei den nordamerikanischen Lenape und Irokesen wiederum trägt eine gewaltige Meeresschildkröte, die Weltschildkröte, die Erde auf ihrem Rücken. Da viele Meeresschildkrötenarten 13 größere *scuta* auf ihrem Panzer haben, bestimmt die Schildkröte in diesen Traditionen auch den Mondkalender, wobei die *scuta* die 13 Vollmonde während eines Jahres versinnbildlichen. Selbst in die heutige Literatur haben Meeresschildkröten als Symbole ihren Weg gefunden. In seinen populären Romanen greift der englische Schriftsteller Terry Pratchett das Bild der durch den Weltraum schwimmenden Meeresschildkröte aus der hinduistischen Mythologie wieder auf und lässt die fiktive Scheibenwelt auf vier Elefanten (Berilia, Tubul, Groß-T'Phon und Jerakeen) ruhen, die wiederum auf dem Rücken der Sternenschildkröte Groß-A'Tuin stehen.

Auf der anderen Seite hat der Mensch, trotz dieser vermeintlichen Verehrung und obwohl er viele Millionen Jahre nach den Schildkröten auf dem Spielplan des Lebens erschien, in sehr kurzer Zeit sehr großen Schaden angerichtet und die Populationen weltweit bis an den Rand des Aussterbens gedrängt. Die ersten realen Interaktionen zwischen

Meeresschildkröten und Menschen sind gut in archäologischen Funden, kulturellen Artefakten und historischen Dokumenten belegt und erzählen von einer gemeinsamen Geschichte, die bis in die Steinzeit ins Jahr 5000 v. Chr. zurückreicht. Meeresschildkröten wurden zum Verzehr gefangen, und aus ihren Knochen und Panzern wurden Werkzeuge, religiöse Paraphernalien und Schmuckstücke hergestellt. Zum Beispiel fand man bei Ausgrabungen von menschlichen Grabstätten im Mittelmeerraum, um die Arabische Halbinsel und in Nordamerika Überreste von Meeresschildkröten. Auch im alten Ägypten wurden die *scuta* der Echten Karettschildkröte, die heute als Schildpatt bekannt sind, für Ringe, Armbänder, Schalen, Messergriffe, Amulette und Kämme verwendet.

Doch erst zur Kolonialzeit wurde das Schicksal der Meeresschildkröten zu einer Tragödie und unsere Nahrungsvorliebe zu einer Gefahr für ihre Existenz. Die seefahrenden Nationen eroberten mit den tropischen und subtropischen Ländern auch die Lebensräume der meisten Meeresschildkrötenarten. Wie viele andere exotische Speisen und Bräuche fand das neu erlangte Wissen um die Zubereitung und den Verzehr von Meeresschildkrötenfleisch, vor allem das der Grünen Schildkröte, durch die Kolonialherren seinen Weg nach Europa. Der darauf folgende Hype über einen Zeitraum von fast 300 Jahren führte zu einer massiven Überfischung und zur fast vollständigen Ausrottung einiger Arten.

Obwohl der Genuss von Meeresschildkröten in Europa zunächst der High Society vorbehalten war, waren die ersten Europäer, die Meeresschildkröten aßen, alles andere als hochwohlgeboren. Seeleute nahmen lebende Schildkröten als Proviant mit an Bord, um auf langen Reisen frisches Fleisch zu haben. Ihr Wissen um die Essbarkeit von Meeresschildkröten stammte von den Ureinwohner:innen der karibischen Inseln, wo auch die ersten Kolonien die großen Schildkröten als billige Fleischquelle für die Sklav:innen nutzten. Die westindische Elite der Sklavenhalter:innen kam allerdings schnell selbst auf den Geschmack und importierte Schildkröten als dekadente Speise nach Europa.

In England war bereits 1753 ein Markt für Schildkrötenfleisch und -suppe etabliert, *The Gentleman's Magazine* berichtete über große Meeresschildkröten, die in Londoner Gasthäusern für den Verzehr zubereitet wurden. Die Nachfrage nach Meeresschildkrötenfleisch stieg über die Jahre so stark an, dass Schiffe auf der Route zu den *Westindies* Holzbecken bauten, in denen lebende Schildkröten transportiert werden konnten. Ziemlich schnell entwickelte sich die Schildkrötensuppe zu einer Speise der europäischen Elite, die sich von den Früchten des Kolonialismus ernährte. Im 18. und 19. Jahrhundert galt sie als äußerst edles Lebensmittel und war fester Bestandteil der Menüs der exklusivsten Restaurants. Die Suppe selbst besteht seit Jahrhunderten aus einer klaren Brühe und dem Fleisch der Grünen Schildkröte, die deshalb in Deutschland lange Zeit »Suppenschildkröte« hieß.

Ihre spätere Popularität hing mit der zunehmenden Bedeutung des gehobenen Bürgertums im ausgehenden 19. Jahrhunderts zusammen. Die goldenen Zeiten der Aristokratie neigten sich dem Ende zu, und das neureiche Bürgertum brachte seine Macht und seinen Reichtum durch edelste Materialien und feinste Speisen zum Ausdruck – und plötzlich war Schildkrötensuppe auf den Speisekarten vom Hotel Ritz bis zur *Titanic* zu finden. Da sie ab dem 18. Jahrhundert in Europa und Nordamerika derart beliebt war, machte auch die Industrialisierung vor ihr nicht halt. Ab Ende des 19. Jahrhunderts war Meeresschildkrötensuppe in Dosen als

»Clear Green Turtle Soup« erst in den Regalen von Delikatessengeschäften zu finden und damit in den Vorratskammern der Reichen, in späteren Jahrzehnten für mittelständische Haushalte auch in regulären Einkaufsmärkten. Eine der erfolgreichsten Schildkrötenkonservenfabriken war in Key West, Florida, und gehörte dem Franzosen Armand Granday. In Deutschland war die 1921 vom früheren Schiffskoch Eugen Lacroix gegründete und nach ihm benannte Firma der Hauptlieferant für die »Echte Schildkrötensuppe« aus der Dose. Nach dem Zweiten Weltkrieg stillte sie die Sehnsüchte nach exotischen Speisen und erschwinglichem Luxus und profitierte vom deutschen Wirtschaftswunder. Allein 1959 wurden in Frankfurt rund 250 Tonnen tiefgefrorene Grüne Schildkröten von Lacroix zu Suppe verarbeitet.

Schildkrötensuppe und andere Meeresschildkrötenteile waren jedoch nicht nur eine Delikatesse für Feinschmecker, sondern besaßen angeblich auch heilende Eigenschaften. Christoph Kolumbus berichtete 1498 von den Azoren, dass Aussätzige sich in Schildkrötenblut wuschen, um ihre Beschwerden zu mindern. Seefahrer glaubten lange, dass Meeresschildkrötenfleisch gegen die weitverbreitete Krankheit Skorbut helfe, die durch das Fehlen von Vitamin C verursacht wird. Schildkrötensuppe war auch die Hausspezialität des spaähnlichen Restaurants und Gesundheitsresorts *Julien's Restorator* in Boston, das 1793 gegründet wurde und in dem die »Gebrechlichen und Kränklichen« eine erholsame Umgebung und angemessene Ernährung fanden.

Die hohe Nachfrage nach Meeresschildkröten führte schon im frühen 18. Jahrhundert zur schnellen Dezimierung von Populationen in einigen karibischen Kolonien, weshalb versucht wurde, den Fang einzuschränken. Daraufhin weiteten die Europäer ihre Suche im 19. Jahrhundert über den Westatlantik nach Florida, die Kaimaninseln und anderswo aus. *Turtlers,* kleine auf Schildkrötenfang spezialisierte Schiffe, wurden zu einem wichtigen Bestandteil der maritimen Wirtschaft des Westatlantiks. Sie waren entscheidend für die Entwicklung des Meeresschildkrötenhandels, für den die Tiere gefangen und an nordamerikanische und europäische Verbraucher verschifft wurden. Die folgende massive Überausbeute führte dazu, dass Konservenfabriken für Schildkrötensuppe ihre Produktion einschränken mussten und es schließlich zu einer strengeren Regulierung der »Schildkrötenernte« kam. Mit der Verabschiedung des *Endangered Species Act* im Jahr 1973 wurde das Töten von Meeresschildkröten in den Gewässern der Vereinigten Staaten verboten, und viele Schildkrötenkonservenfabriken gingen pleite.

Schildkrötensuppe ist ein Lebensmittel, das in der Zwischenzeit aus unserem kollektiven Gedächtnis so gut wie verschwunden ist. Dabei konnten Tourist:innen in Florida vor gerade mal knapp 50 Jahren noch Schildkrötensuppe, Schildkrötensteaks und sogar Schildkrötenburger bestellen, und das Rezept für Schildkrötensuppe war bis in die 90er-Jahre hinein in einem der beliebtesten Kochbücher der USA zu finden. In Deutschland gab es zwar keine Gesetze, die den Verzehr von Meeresschildkröten verboten, trotzdem sank der Absatz von Schildkrötensuppe mit dem aufkommenden ökologischen Bewusstsein der Bevölkerung in den 70er-Jahren, und Stimmen wurden lauter, die das Fangen und Schlachten von Meeresschildkröten verurteilten. Trotzdem nahm Tengelmann als eine der ersten Supermarktketten Schildkrötensuppe erst 1984 aus dem Sortiment.

Der Verzehr von Meeresschildkröten ist in Europa und Nordamerika also noch gar nicht so lange ein Tabu, weshalb es auch nicht verwunderlich ist, dass Meeresschildkröten in vielen anderen Teilen der Welt nach wie vor verspeist werden. Eine neue Studie schätzt, dass in den letzten 30 Jahren mehr als 1,1 Millionen Schildkröten für den Verzehr getötet wurden. Mit unserem heutigen Wissen um die Bedrohung der Tiere ist es einfach, über Menschen zu urteilen, die Meeresschildkrötenfleisch essen. Allerdings ist das eine sehr privilegierte Anschauungsweise. Viele Tierschützer:innen nehmen Anstoß an der grausamen und blutigen Art, wie Meeresschildkröten zu Verzehrzwecken getötet werden, vor allem weil es sich dabei um vom Aussterben bedrohte Tiere handelt. Aber für viele Einheimische in Afrika, Asien, Südamerika und auf bestimmten Inselgruppen ist das Schlachten von Meeresschildkröten nichts anderes als das von Kühen, Schweinen und anderen Nutztieren, die in Europa und Nordamerika bedenkenlos getötet und gegessen werden.

In meinen ersten Jahren in Costa Rica musste ich mich mit dieser Thematik gezwungenermaßen intensiv auseinandersetzen. In meiner damals noch sehr schwarz-weißen Welt gab es keinen Raum dafür, dass der Verzehr von Meeresschildkrötenfleisch nicht unbedingt ein Indiz für Bösartigkeit ist, sondern zum Alltag gehören kann. Ich lernte Menschen kennen, die ich mochte und respektierte und die nachts im Verborgenen Jagd auf Schildkröten und ihre Eier machten. Ich musste mir mit der Zeit eingestehen, dass meine Ansichten sehr europäisch geprägt waren, dass mein Blick eingefärbt ist von dem, was wir in der westlichen Welt für richtig und falsch halten. Mittlerweile weiß ich, dass ein Tabu, etwas Bestimmtes zu essen oder nicht zu essen, letztlich eine Meinung oder eine religiöse Vorgabe widerspiegelt. Es sagt nicht unbedingt etwas über den Menschen aus, sondern zunächst nur darüber, in welcher Kultur er aufgewachsen ist. Trotzdem haben sich meine ersten Einblicke in die

Jagd auf Meeresschildkröten tief in meine Erinnerung und meine Seele gebrannt, und wenn ich daran zurückdenke, bin ich sofort wieder in dem Moment.

Meine erste direkte Erfahrung damit mache ich in meinen ersten Jahren in Costa Rica. Während einer nächtlichen Patrouille entdecke ich die Spur einer Grünen Schildkröte im Sand, die hoch zur Vegetationslinie führt. Da ich keine zweite Spur Richtung Wasser sehe, folge ich der ersten voll freudiger Erwartung, das Weibchen beim Nestbau oder bei der Eiablage anzutreffen. Am Ende angekommen, finde ich aber weit und breit keine Schildkröte. Ich suche ringsherum im roten Schein meiner Stirnlampe, stecke meinen Kopf in die dichte Vegetation, horche in den Wald nach Kriechgeräuschen oder Flossenschlägen. Doch da ist nichts außer dem nächtlichen Konzert der Grillen und Frösche. Als ob dem Weibchen Flügel gewachsen und es davongeflogen wäre.

Ich bin mehr als nur verwirrt und morse über Sprechfunk einen Kollegen an, der einen anderen Strandabschnitt abläuft. In gebrochenem *Spanglish* versucht er, mir zu erklären, dass es eine rationale Erklärung für das Verschwinden des Weibchens gibt: Wilderer haben es sich vermutlich geschnappt. Ich schalte das weiße Licht meiner Taschenlampe an und leuchte noch einmal die Umgebung ab. Dieses Mal kann ich am Ende der Flossenspuren ganz klar menschliche Fußabdrücke erkennen, die Richtung Dschungel führen. Etwas weiter am Waldrand beginnt eine breite Schleifspur, die in den Wald hineinführt. Die Wilderer müssen das Weibchen erst ein paar Meter weitergetragen haben, um seine Spuren zu verwischen, und dann auf den Rücken gedreht und seine kraftvollen Vorderflossen am Panzer festgebunden haben, sodass es nicht mehr um sich schlagen konnte. Ich folge der Spur ein paar Hundert Meter in den

Wald bis zu einer dunklen Pfütze, die schon fast im Waldboden versickert ist. An einer Stelle wirkt der Boden aufgewühlt. Fußabdrücke führen weiter in den Wald hinein, ich aber bleibe an der Stelle stehen, wo sich ganz offensichtlich jemand zu schaffen gemacht hat. Einer Eingebung folgend, knie ich mich hin und fange mit bloßen Händen an zu graben. Es dauert nicht lange, bis meine Fingerspitzen gegen etwas Hartes und trotzdem Nachgiebiges stoßen, das komplett mit Sand verkrustet ist. Ich vergrößere das Loch und ziehe den Gegenstand mit beiden Händen aus der Erde. Er ist rund und glitschig und gleitet mir immer wieder aus den Fingern. Endlich bekomme ich ihn besser zu fassen. Der metallische Geruch von Blut füllt meine Nase und meinen Mund. Als ich den Strahl meiner Kopflampe direkt auf meine Hände richte, blicke ich in die dunkel glänzenden Augen einer toten Grünen Schildkröte. Die Wilderer haben dem Weibchen den Kopf abgetrennt und ihn hier zurückgelassen. Mich überkommen tiefe Bestürzung und Ungläubigkeit, ein Gefühl des Grauens, als ich in die leeren Augen dieses wunderschönen Tieres schaue.

Ein paar Jahre später werde ich von den lokalen Rangern gebeten, bei der Bestimmung von beschlagnahmten Meeresschildkrötenprodukten zu helfen. Das kommt immer mal wieder vor. Meistens handelt es sich dabei um Schildkröteneier auf einem der Wochenmärkte, die von einem Touristen oder einer aufmerksamen Einheimischen entdeckt werden. Wir werden dann hinzugezogen, um zu bestimmen, von welcher Meeresschildkrötenart sie stammen.

Dieses Mal fahren wir im offiziellen Dienstwagen aber nicht zu einem Markt, sondern zu einem Privathaus in einem ärmeren Stadtgebiet. Beim Öffnen der Autotür umhüllt uns die feuchte karibische Mittagshitze. Vor einem für die Gegend ungewöhnlich feudal wirkenden Haus stehen mehrere Polizeiwagen mit Blaulicht, und schwarz gekleidete Beamte mit kugelsicheren Westen, Sonnenbrillen und Maschinengewehren sichern die Umgebung. Anscheinend sind die Polizisten bei einer Großrazzia neben kiloweise Drogen auch auf Meeresschildkrötenteile gestoßen und benötigen nun unsere Expertise, um alles katalogisieren zu können.

Der Einsatzleiter führt uns in die Garage und warnt uns noch, dass es kein schöner Anblick sei, als uns auch schon der Geruch von geronnenem Blut entgegenschlägt. Die Garage ist nicht ausgeleuchtet, und meine Augen brauchen ein paar Sekunden, um sich an das dämmrige Licht zu gewöhnen. An der Wand entdecke ich einige weiße Säcke, die bis oben hin mit Schildkröteneiern gefüllt sind. Dann öffnet sich eine Tür an der Seite der Garage, ein wenig mehr Tageslicht fällt herein, und vor mir tut sich ein wahres Bild der Hölle auf. Eine riesige, stinkende Blutlache bedeckt fast den gesamten Boden der Garage, Hunderte Fliegen stieben, von uns aufgeschreckt, auf und surren durch die Luft. Mittendrin liegt der verstümmelte Körper einer Grünen Schildkröte. Die vier Flossen wurden abgehackt und ihr Panzer an der Bauchseite entlang des äußeren Panzerrandes aufgeschnitten. Die Schlachter müssen bei der Arbeit gestört worden sein, die riesigen Brustmuskeln sind schon freigelegt, und auf einem langen Tisch liegen, bereits in Fleischrationen portioniert, mindestens vier weitere Grüne Schildkröten.

Während die Szene langsam in mein Bewusstsein sickert, schmecke ich auf einmal Salz. Mir laufen unkontrolliert die Tränen übers Gesicht. Tränen der Trauer um diese wundervollen Tiere, die es allen Gefahren zum Trotz ins Erwachsenenalter geschafft hatten, nur um dann so zu enden. Aber auch Tränen des Zorns über die qualvolle Weise, wie diese Schildkröten sterben mussten.

Plötzlich hören wir einen stoßartigen Atemzug. Einer der beiden Ranger schaltet seine Stablampe ein, und wir schauen uns um. In der hintersten Ecke der Garage finden wir fünf weitere regungslose Grüne Schildkröten, auf dem Rücken liegend und mit festgebundenen Flossen. Dem Atemzug nach zu urteilen, lebt mindestens eine von ihnen noch. Wir eilen hin und untersuchen jede einzelne auf Lebenszeichen. Meeresschildkröten können für längere Zeit den Atem anhalten, weshalb es manchmal schwierig ist, festzustellen, ob sie tot oder lebendig sind. Ich berühre vorsichtig die Augen und Augenlider der Tiere, denn selbst die schwächste Schildkröte reagiert darauf immer noch mit einem Zucken. Und tatsächlich: Alle fünf Schildkröten leben noch!

Doch sie haben Löcher im Panzer, wo Harpunenpfeile eingedrungen sind. Der Panzer einer Schildkröte kann ähnlich wie ein gebrochener Armknochen wieder heilen. Allerdings bedarf es der Behandlung und der Aufsicht spezialisierter Tierärzt:innen und einer genügend großen und entsprechend ausgestatteten Einrichtung, um die Schildkröten während des Heilungsprozesses zu versorgen. Die größte Gefahr bei Löchern im Panzer ist, dass Bakterien in den Körper eindringen und dort zu Infektionen führen.

Meine zwei Begleiter telefonieren fieberhaft abwechselnd mit ihren Vorgesetzten und mit verschiedenen Wildtierauffangstationen und Tierärzt:innen. Aber leider gibt es in Costa Rica zu diesem Zeitpunkt weder ein Rehabilitationszentrum, das in der Lage wäre, gleich fünf ausgewachsene Tiere aufzunehmen, noch Tierärzt:innen, die auf Meeresschildkröten spezialisiert sind. Unsere Möglichkeiten sind also begrenzt. Wir könnten versuchen, die Tiere durch Tötung von ihrem Leid zu erlösen. Das ist bei Meeresschildkröten aber nicht einfach, weil das Gehirn von Reptilien lange ohne Sauerstoff auskommen kann. Vor einigen Jahren brachten wir eine Schildkröte, die von Hunden angegriffen worden war, zu einem normalen Wald-und-Wiesen- beziehungsweise Hunde-und-Katzen-Tierarzt. Der hatte keine Ahnung, wie man eine Meeresschildkröte einschläfert. Wir mussten die Antwort im Internet suchen, aber für die empfohlene auf einer Überdosis eines Anästhetikums basierende Methode hatte der Arzt nicht genügend Mittel vorrätig. Letztendlich nahm er einen Bohrer und bohrte ihr ein Loch ins Hirn.

Diese dramatische Methode beweist: Meeresschildkröten sind unglaublich zäh und fast unverwüstlich. Über die Jahre habe ich Weibchen mit Verletzungen gesehen, die eigentlich hätten tödlich sein müssen, sie aber nicht davon abhielten, zur Eiablage an den Strand zu kommen. Da waren von einer Angelschnur halb amputierte und schon am Körper verfaulende Flossen, Panzer, die von Bootspropellern zerfleischt worden waren, und riesige Haibisse. Über manchmal nur wenige Wochen konnten wir oft einen erstaunlichen Heilungsprozess beobachten, bis nur noch hässliche Narben und fehlende Flossen von den Ereignissen zeugten. Auch diesen fünf Tieren möchten wir unbedingt eine zweite Chance geben, und so kaufen die Ranger kurzerhand Kunstharz und Glasfasertücher im nächsten Baumarkt und Iod in der Apotheke. Mit dem Iod desinfizieren wir die Wunden notdürftig, und mit dem Harz und dem Glasfasergewebe spachteln wir die Löcher provisorisch zu, bevor wir die Schildkröten wieder freilassen. Viel Hoffnung für ihr Überleben haben wir nicht, aber zumindest haben sie so eine winzige Chance.

Diese Erfahrungen haben mich nie wieder losgelassen. Sie und viele andere sind Teil meiner nächtlichen Albträume und haben dazu geführt, dass ich den Konsum von Fleisch generell eher kritisch betrachte. Meeresschildkröten werden aber nicht nur für ihr Fleisch getötet. Im Gegenteil, je nach Art lässt es laut informierter Meinung geschmacklich zu wünschen übrig, oder der Verzehr ist wie im Fall der Echten Karettschildkröte sogar lebensgefährlich. Diese lebt in vielen Gegenden hauptsächlich von Schwämmen, einer der ältesten vielzelligen Tiergruppen. Schwämme besitzen keine Organe, keine Muskeln, keine Neuronen und auch kein Gehirn. Sie sind normalerweise fest mit ihrem Untergrund verwachsen und ernähren sich, indem sie kleine Nahrungspartikel aus dem Wasser filtrieren. Faszinierend ist vor allem ihr Abwehrmechanismus: Da sie nicht vor Fressfeinden davonlaufen können, nutzen sie Giftstoffe. Tatsächlich wurden einige der wirkungsvollsten natürlichen Gifte in Schwämmen entdeckt. Allerdings scheinen diese Toxine nutzlos gegen die Echte Karettschildkröte zu sein, die sie trotzdem frisst und in deren Fleisch sich das Gift dann ansammelt. Wenn man das nun wiederum isst, kann man an einer sogenannten Schildkrötenvergiftung, *Chelonitoxism*, sterben, vor allem dann, wenn das Fleisch nicht lange genug gekocht wurde. Auch das Fleisch der Grünen Schildkröte kann giftig für den Menschen und andere Tiere sein, wenn die Schildkröte während einer roten Algenblüte *(red tide)* eine hohe Anzahl dieser giftigen einzelligen Lebewesen gefressen hat. Sie produzieren ein potentes Nervengift, das Brevetoxin, das sich in den Muskeln anreichert und auch zum Tod der Schildkröte führen kann.

Ein anderes Produkt aus Meeresschildkröten ist Öl, das aus der dicken Speckschicht vor allem der Lederschildkröten gewonnen und immer noch für Öllampen und zur Abdichtung von Booten genutzt wird. Und riesige Schlachthäuser, die in Mexiko bis in die 1990er-Jahre existierten, spezialisierten sich auf die Erzeugung von Stiefelleder aus Bastardschildkröten und brachten die lokalen Populationen fast im Alleingang zum Aussterben.

Meeresschildkröten sind keine aggressiven Tiere und uns Menschen schutzlos ausgeliefert. Gerade deshalb benötigen sie Orte, an denen sie ungestört den wichtigsten Aktivitäten für ihr Überleben nachgehen können. Konkret handelt es sich dabei um Nahrungsaufnahme, Fortpflanzung und Ruhe. Diese Plätze werden im Fachjargon kritisches Habitat genannt, das man sich sinnbildlich als Haus vorstellen kann. Die Nahrungsgebiete sind in diesem Fall wie unsere Küche, die Fortpflanzungsgebiete wie unser Schlafzimmer und die Ruheorte wie unsere Hängematte im Garten.

Störungen dieser Habitate haben gravierende Auswirkungen auf die Überlebensfähigkeit der einzelnen Schildkröten, aber auch der ganzen Art – so als würde uns jemand das Bett aus dem Schlafzimmer oder den Kühlschrank aus der Küche entfernen, auf der Matratze herumspringen, während wir versuchen, ein paar romantische Stunden mit unserem Partner, unserer Partnerin zu verbringen, oder auf unserem Küchentisch tanzen, wenn wir essen wollen. Noch schlimmer wäre es, in unserem eigenen Haus nicht mehr sicher zu sein, weil vielleicht jemand in einer dunklen Ecke auf uns lauert, um uns zu überfallen und zu töten, während wir nichts ahnend zum Kühlschrank gehen. Doch gerade in ihren Fortpflanzungs- und Nahrungsgebieten werden viele Meeresschildkröten Opfer von uns Menschen, und die Jagd ist dabei leider nicht die einzige Bedrohung. Unser Lebensstil und auch unsere Nahrungsmittelerzeugung an Land stellen für das Leben im Meer und damit auch für die Meeresschildkröten eine große Bedrohung dar. Düngemittel und Pestizide aus der Landwirtschaft finden ihren Weg in unsere Ozeane und dümpeln dort unsichtbar im Wasser vor sich hin. Es ist dabei egal, ob wir an der Küste wohnen oder nicht, denn letztendlich führen alle unsere Flüsse ins Meer. Im Haus der Meeresschildkröten werden damit also Trink- und Badewasser ohne ihr Wissen verseucht – mit dramatischen Folgen.

Eine mysteriöse Meeresschildkrötenkrankheit gibt Wissenschaftler:innen schon seit Jahrzehnten Rätsel auf. Seit dem späten 19. Jahrhundert erscheinen immer wieder Berichte über eine Art Meeresschildkrötenkrebs, der blumenkohlartige Tumore auf der Haut, einschließlich der Augen und des Mundes, und an den inneren Organen verursacht. Einige Meeresschildkröten zeigen nur eine leichte Form dieser Krankheit, während andere zahlreiche und riesige Tumore entwickeln, die zu extremer Schwächung und letztendlich zum Tod führen können. In der wissenschaftlichen Literatur tauchte die Krankheit, die Schildkröten-Fibropapillomatose getauft wurde und von einem Herpesvirus verursacht wird, dem *Chelonid alphaherpesvirus 5*, erstmals 1938 auf. Ab den 1980er-Jahren erregte sie internationale Aufmerksamkeit, da sie in einigen Regionen, wie Florida und Hawaii, epidemische Ausmaße annahm. Auffallend war dabei, dass sie vor allem in den Populationen um sich griff, die in von Düngemitteln hoch belasteten Gewässern lebten. Dazu zählten zum Beispiel die Küstengewässer vor Hawaii, die von den Ananasplantagen gezeichnet waren.

Fibropapillomatose wurde bis heute bei allen sieben Meeresschildkrötenarten nachgewiesen, aber Grüne Schildkröten sind am häufigsten und stärksten betroffen. Bei den anderen Arten treten Tumore eher sporadisch und in einer milderen Form auf. In Gebieten, in denen die Krankheit relativ häufig vorkommt, wurde beobachtet, dass mehr als die Hälfte der untersuchten Grünen Schildkröten sie im Zeitraum von einem Jahr entwickelte.

Wir wissen, dass Fibropapillomatose zwischen Schildkröten übertragen werden kann, aber wie genau die Infektion vonstattengeht, verstehen wir noch nicht. Eine Hypothese ist, dass andere Meerestiere eine Rolle spielen, denn das verursachende Herpesvirus wurde sowohl in parasitären Meeresegeln nachgewiesen, die sich an die Haut von Schildkröten anheften und ihr Blut saugen, als auch im Maul von Putzerfischen. Zudem bleibt das Virus auch im Meerwasser überlebensfähig und könnte so durchs Wasser von Schildkröte zu Schildkröte übertragen werden. Epidemiologische Studien deuten darauf hin, dass das Virus erworben wird, wenn junge Meeresschildkröten zum ersten Mal in küstennahen Nahrungsgebieten ankommen, nachdem sie die ersten Lebensjahre im offenen Meer verbracht haben.

2010 fanden Forscher:innen heraus, dass Schildkröten, die in Teilen des Ozeans mit höheren Stickstoffkonzentrationen leben und fressen, wie zum Beispiel in der Nähe von Flussmündungen, die viele Düngemittel ins Meer tragen, häufiger an der Krankheit leiden. Um diesen Zusammenhang besser nachzuweisen, untersuchten sie die Stickstoffspeicherung bei Algen, die von Schildkröten gefressen werden und die überschüssigen Stickstoff in die Aminosäure Arginin umwandeln. Schildkröten, die an Fibropapillomatose litten, hatten höhere Argininwerte als gesunde Tiere, und die Algen, von denen sich die erkrankten Schildkröten ernährten, enthielten ebenfalls erhöhte Konzentrationen der Aminosäure. Es ist wiederum bekannt, dass Arginin das Wachstum von Herpesviren fördert, unter anderem auch vom menschlichen Herpes-simplex-Virus. Diejenigen, die wie ich unter gelegentlichen Fieberbläschen leiden, wissen vermutlich, dass der Verzehr von Speisen mit einem hohen Arginingehalt, zum Beispiel Walnüsse, den Herpesausbruch begünstigt. Interessanterweise tragen mehr als zwei Drittel der gesamten menschlichen Population das Virus in sich, aber nicht alle Menschen entwickeln die typischen Krankheitssymptome, sondern meistens nur die, die zum Beispiel durch häufigen Stress ein geschwächtes Immunsystem haben. Bei der Fibropapillomatose von Meeresschildkröten scheint ein ähnliches Muster vorzuliegen. Es könnte also sein, dass ein Großteil der Meeresschildkröten Träger des Virus ist, die Krankheit aber nur bei Individuen ausbricht, die sich in Gebieten mit viel Düngemittel im Wasser befinden oder deren Populationen unter akutem Stress stehen.

Die Nahrungsgebiete sind die Rückzugsorte der Meeresschildkröten. Die Orte, an denen sie wachsen und ihre Energiereserven wieder auftanken. Sie verbringen den Großteil ihres Lebens mit Fressen, denn das liefert Kraft für die Aktivitäten, die ihre Populationen erhalten: Migrationen zu den Paarungs- und Nistgebieten, die Paarung selbst, die Ei- und Spermaproduktion und die Eiablage. Um dafür ausreichend gewappnet zu sein, fressen sich sowohl Männchen als auch Weibchen vor der großen Reise in die Paarungsgebiete in ihren jeweiligen Nahrungsgebieten fett. Gerade deshalb ist es so wichtig, dass wir ihnen dort mehr Schutz zukommen lassen.

Atlantische Bastardschildkröte

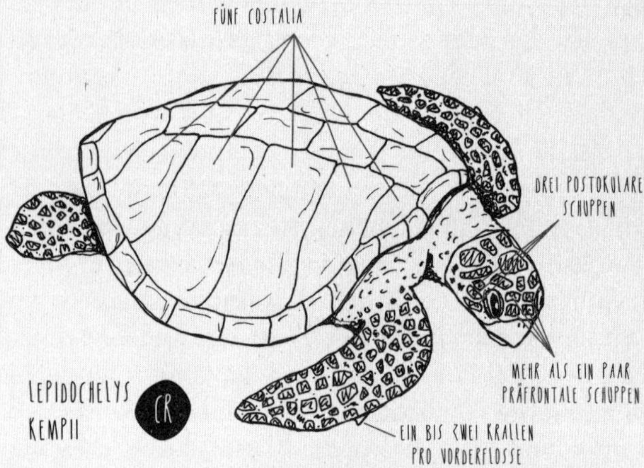

- Gefährdungsstatus (IUCN): vom Aussterben bedroht (CR – critically endangered)
- Panzerlänge: 55–70 cm
- Gewicht: 35–45 kg
- Hauptnahrung: Schalentiere, besonders Blaukrabben
- Geschlechtsreife: 11–16 Jahre
- Remigrationsintervalle: jährlich
- Nistintervalle: 20 bis 28 Tage
- Anzahl der Gelege pro Saison: 2–3
- Gelegegröße: 105 Eier
- Inkubationszeit der Gelege: 45–60 Tage
- Besonderheiten: Verbreitungsgebiet hauptsächlich auf den Golf von Mexiko beschränkt; kleinste Meeresschildkrötenart; nistet in synchronisierten Massennistungen (*arribadas*) und als einzige Art tagsüber

Die Reisen der Meeresschildkröten

Zusammen mit meinem Assistenten Macdonal liege ich an der Wasseroberfläche auf der Lauer. Es ist ein sonniger Tag, das Wasser ist tiefblau und die Sicht gut. Trotzdem ist der Meeresgrund unter uns nicht zu erkennen. Wir haben gerade einem Pärchen Oliv-Bastardschildkröten beim Liebesakt zugeschaut und warten gespannt wie eine Sprungfeder darauf, dass das Männchen vom Weibchen ablässt. Als es ihm endlich vom Rücken gleitet, schieße ich los, dicht gefolgt von Macdo. Bevor es weiß, wie ihm geschieht, bin ich mit einigen kräftigen Schwimmstößen von hinten unter das Weibchen getaucht und habe es am Panzer gepackt, als es gerade abtauchen will. Mit aller Kraft versucht es wegzuschwimmen und zieht mich ein paar Meter durchs Wasser. Dann schaffe ich es, das Weibchen Richtung Wasseroberfläche zu dirigieren, seinen vorderen Körper samt Vorderflossen aus dem Wasser zu halten und ihm damit die Möglichkeit zu nehmen, mit den Flossen im Wasser Kraft auszuüben.

Nach dem schnellen Schwimmen und dem Ringen unter Wasser muss ich ein paarmal nach Luft schnappen. Vorsichtig ändere ich meinen Griff am Panzer des Weibchens, packe fester zu, damit es mir auf keinen Fall entwischt, und schaue mich nach unserem Boot um. Es treibt etwa 50 Meter entfernt auf den Wellen, und ich kann die Umrisse unseres Kapitäns Santiago und die meiner Kolleg:innen und Assistent:innen Brie, MJ und Marcus ausmachen. Ich sehe, dass Macdo schon in ihre Richtung losgeschwommen ist, nachdem er gesehen hat, dass die Jagd erfolgreich war. Mit dem Weibchen in den Händen und seinen wild um sich schlagenden Flossen, die mir eine Ohrfeige nach der anderen verpassen, schwimme ich nur mithilfe meiner Flossen ebenfalls zurück zum Boot.

Dort warten Marcus und MJ bereits auf die Schildkröte. Ich stemme sie unter Einsatz all meiner verbliebenen Kräfte in den Beinen ein paar Zentimeter in die Höhe, die beiden nehmen sie mir ab und ziehen sie aufs Boot. Um den Stress für die Schildkröte auf ein absolutes Minimum zu beschränken, werden ihr mit einem feuchten, dunklen Tuch die Augen abgedeckt. Nachdem sie sicher an Bord untergebracht ist, hieven Macdo und ich uns an der jeweils gegenüberliegenden Reling ins Boot. Während ich versuche, erst mal wieder zu Atem zu kommen und mich ein wenig abzutrocknen, bevor ich unsere ganze Ausrüstung volltropfe, hält Marcus die Schildkröte am Panzer auf einer der Sitzbänke fest, und MJ beginnt mit einer Eingangsinspektion.

Mein Blick fällt auf meine Oberschenkel und die blutigen Kratzer von den am Bootsrumpf lebenden Entenmuscheln und anderen Schalentieren. In der Hitze des Gefechts habe ich gar nicht bemerkt, dass ich mich dort blutig gekratzt habe. Die gefangene Schildkröte ist Teil meiner Doktorarbeit, für die ich versuche, das Leben der Oliv-Bastardschildkröten im Wasser zu ergründen. Insbesondere interessiert mich, wo sie sich während der Nistzeit aufhalten und wohin sie nach der Nistsaison reisen. Dafür bringe ich an einer kleinen Anzahl von Weibchen Sender an, die uns erlauben, ihnen über die Zeit der Nistsaison und auch darüber hinaus zu folgen.

Einen Sender an einer Schildkröte zu montieren ist gar nicht so leicht, denn die Befestigung muss dem feuchten Nass und dem immensen Wasserwiderstand möglichst über Monate standhalten. In der Vergangenheit wurden verschiedene Methoden ausprobiert, die von rucksackartigen Geschirren, die von einem langsam durchrostenden Metallring gehalten wurden, bis hin zu schwimmfähigen Sendern reichten, die mit Angelschnur durch ein Loch am hinteren Rand des Panzers festgeknotet und dann von der Schildkröte hinter sich hergeschleppt wurden. Ersteres führte bei starker Gewichtsabnahme der Schildkröten zu frühzeitigem Verlust des Senders und bei starker Gewichtszunahme zu Verletzungen an den weichen Stellen über den Vorderflossen, wo die Gurte ins Fleisch schnitten. Letzteres reduzierte zwar den Wasserwiderstand, aber die Sender rissen oft ab, wenn die Schildkröte durch felsige Gebiete schwamm. Über die Jahre setzte sich deshalb zumindest bei erwachsenen Meeresschildkröten durch, den Sender mit kühl trocknendem Epoxidharz auf dem Rückenpanzer festzukleben.

Nachdem MJ die anfängliche Datenerfassung abgeschlossen und das Weibchen zu einer ausgezeichneten Kandidatin für unsere Studie erklärt hat, fahren wir Richtung Hafen, um die Anbringung des Senders an Land im Schatten durchzuführen. Dort angekommen, tragen MJ und Marcus die Schildkröte an den Strand und legen sie auf eine Matte unter einem großen, ausladenden Mangobaum. Marcus setzt sich hinter sie und hält sie von dort am Panzer und den Vorderflossen fest, während MJ die Vorderflossen von vorne fixiert, denn jetzt beginnt der heikle Teil der Operation, und die Schildkröte soll sich so wenig wie möglich bewegen. Wir halten unsere Schildkröte mit der Hand fest. Andere Projekte nutzen gerade bei größeren Arten Boxen, in denen die Tiere an Ort und Stelle gehalten werden können, ohne dass sie sich oder andere verletzen. Erfolgt das Befestigen des Senders am Tag, findet alles im Schatten statt, so wie bei uns unter Bäumen, damit die Schildkröte nicht überhitzt.

Das Arbeiten mit Epoxidharz ist eine äußerst klebrige Angelegenheit. Je nach Art des Harzes kann die Konsistenz von wässrig bis knetfähig reichen, doch es ist nur ein paar Minuten wirklich formbar und, sobald es getrocknet ist, fast nicht mehr abzubekommen. Dementsprechend vorsichtig und gewissenhaft, gleichzeitig aber auch schnell muss ich arbeiten, damit das Harz genau dort landet, wo es hinsoll, bevor es aushärtet. Leider funktioniert das mit einer sich windenden Schildkröte nicht immer hundertprozentig, und so habe ich über die Jahre etliche Kleidungsstücke und Forschungsgegenstände mit Harz verschönert und bin über Wochen mit einem Gemisch aus Sand und Harz an Händen, Haaren und Gesicht herumgelaufen, bis sich meine Haut erneuert hatte und meine Nägel gewachsen waren. Einige Kolleg:innen haben es sogar schon geschafft, sich selbst an ihrem Studienobjekt festzukleben. Kein so verlockender Gedanke, wenn es sich dabei zum Beispiel um ein Krokodil handelt und nicht um eine Meeresschildkröte.

Für die Anbringung des Senders an den Panzer muss ich diesen zunächst von aufsitzenden Lebewesen und Fett befreien. Das mache ich mithilfe eines Spatels, einer Wurzelbürste und eines Topfreinigers mit Süßwasser, das wir zu diesem Zweck extra mitgebracht haben. Nach mehreren Waschungen ist auch die letzte Mikroalge vom Panzer verschwunden, und ich reinige ihn nun mit einem Putzlappen und Aceton. Als Nächstes raue ich den Panzer mit

Sandpapier an, um dem Epoxidharz mehr Angriffsfläche zu geben. Dann endlich ist der Untergrund so weit vorbereitet, dass wir den Sender anbringen können. Das Epoxidharz wird auf den Panzer gestrichen und der Sender daran festgeklebt. Eine oder mehrere Schichten des Harzes werden noch um und über den Sender gestrichen, um ihn möglichst hermetisch vor den Einflüssen des Salzwassers zu schützen.

In meiner ersten Saison mit Sendern nutzte ich für die Befestigung noch die etwas veraltete Technik mit Glasfasertüchern und einem Kunstharz, das durch die Zugabe einer Härterflüssigkeit ausgehärtet wird. Leider ist diese Methode für die Tropen nicht besonders geeignet. Die hohe Luftfeuchtigkeit und warmen Temperaturen verlangsamen den Härtungsprozess des Harzes. Dem kann rein theoretisch durch die Erhöhung des Härteranteils in der Mischung entgegengesteuert werden, aber das würde wiederum die Temperaturen bei der Aushärtung so in die Höhe treiben, dass bei der Schildkröte bleibende Lungenschäden entstehen könnten. So heißt es lieber warten, bis das Harz hart ist und die Schildkröte wieder freigelassen werden kann. Meistens dauert es ein bis zwei Stunden, manchmal aber auch länger.

Zumindest kommt es einem so vor. Ich kann mich an schier endlos erscheinende Stunden nachts am Strand erinnern, nach Wochen ohne ausreichenden Schlaf, während derer einer meiner Assistenten die Schildkröte die ganze Zeit von hinten festhalten muss. Solche Nächte bedeuten Stunden in einer unbequemen Körperhaltung und oft umschwärmt von Tausenden winzigen Bartmücken, die sich über jede freie Hautstelle hermachen, ohne dass man sich groß zur Wehr setzen kann. Der Rest von uns sitzt um die Schildkröte herum und versucht krampfhaft, wach zu bleiben, während ich alle fünf Minuten die Konsistenz des Epoxidharzes teste.

Viele dieser Nächte enden mit dem langsam heller werdenden Horizont und den Reflexionen der ersten Sonnenstrahlen über den Bergen, die uns am Strand in ein überirdisch anmutendes Licht tauchen. Als ob da kurz mal ein Einhorn über den Himmel gerannt wäre und einen Jetstream in den schillerndsten Rot-, Orange-, Lila- und Grüntönen hinterlassen hätte, vielleicht um uns die Strapazen der letzten Nacht, der letzten Wochen schneller vergessen zu lassen. Wenn es endlich Zeit ist, der Schildkröte das schwarze Tuch von den Augen zu nehmen und sie wieder ihrer Wege ziehen zu lassen, geraten wir in einen müden Rauschzustand und grölen auf dem Rückweg zum Camp lauthals unsere Celebration-Songs mit.

Auch tagsüber ist das Anbringen von Sendern nicht unbedingt schneller oder einfacher. Als wir einmal im Morgengrauen aufbrechen, ist der Himmel noch klar, doch als wir mit einer Schildkröte zurück an Land sind, ziehen in der Ferne dicke Wolken auf, die Regen und Gewitter versprechen. Wegen der hohen Luftfeuchtigkeit will das Epoxidharz einfach nicht trocknen, und die schwarze Wolkendecke über uns wird immer bedrohlicher, bis der frühe Nachmittag sich mit einem Mal in eine düstere Vorabendstimmung verwandelt hat.

In der Ferne können wir schon das Grummeln des Donners hören, als das Harz endlich trocken ist. Jetzt müssen wir die Schildkröte allerdings noch an den Ort zurückbringen, an dem wir sie gefangen haben. Unter normalen Umständen wäre das hin und zurück eine 20-minütige Fahrt, doch das heranziehende Gewitter verwandelt die sonst seichten Wellen in peitschende Gischt. In das von Felsen eingeschlossene Hafenbecken, an dessen Rand wir uns befinden, will ich die Schildkröte aber nicht entlassen, da ich Sorge habe, dass sie entweder den Weg ins offene Meer nicht finden oder von einem Propeller der Fischerboote verletzt werden könnte. Also setze ich meine Student:innen kurzerhand in mein Auto und trage die Schildkröte mithilfe meines Kapitäns Santiago zu seinem kleinen Fischerboot. Das hatte er auf den Strand gezogen, aber die Wellen ziehen und zerren daran und versuchen, es vom Strand wegzuschwemmen. Wie eine Nussschale, die wir hinaus in die schäumende See steuern wollen. Der Wind bläst uns jetzt richtig um die Ohren, und wir müssen uns gegenseitig anschreien, um uns verständlich zu machen. Mir ist alles andere als wohl zumute, als ich zu der Schildkröte ins Boot springe und sie mit beiden Händen festhalte. Da Santiago aber die Ruhe selbst ist, spreche ich mir im Stillen Mut zu und hoffe, dass er weiß, was er tut.

Mit einem Ruck schiebt er unser Boot vollständig ins Wasser und springt dann selbst rein. Blitzschnell wirft er den Motor an und gibt Vollgas hinaus aufs offene Meer, weg vom Strand und den Felsbrocken. Er fährt die sich immer höher auftürmenden Wellen frontal an, damit wir uns nicht überschlagen. Zum Teil fliegen wir mehr über sie hinweg, als dass wir fahren, und knallen auf der anderen Seite hart auf der Wasseroberfläche auf. Dann tun sich die Himmelsschleusen auf, ein sintflutartiger, warmer Regen ergießt sich über uns. Blitze zucken direkt über und neben uns und werden Sekunden später von ohrenbetäubendem Donner abgelöst. Ich kauere mit geschlossenen Augen neben der Schildkröte am Boden des dachlosen Bootes und schicke Stoßgebete gen Himmel.

Als wir aus den schlimmsten Wellen raus sind, wage ich, die Augen wieder zu öffnen. Mein Blick fällt auf den von Blitzen angeleuchteten Santiago, der mich breit angrinst. »Na, das nenne ich mal ein richtiges Gewitter!«, ruft er.

»Hast du keine Angst?«, frage ich zurück.

»Der Herr gibt es, und der Herr nimmt es. Wenn heute meine Stunde geschlagen hat, dann ist das halt so.« Diese Schicksalsergebenheit wünsche ich mir in diesem Moment auch, denn ich muss gestehen, dass mir das Herz nach wie vor bis zum Hals schlägt und ich der Panik nahe bin.

Sobald wir ein paar Hundert Meter im offenen Meer sind, heben wir die Schildkröte auf die Reling und lassen sie vorsichtig ins Wasser gleiten. Gute Reise, wünsche ich ihr in Gedanken und sehe zu, wie zuerst sie und dann die Antenne ihres Senders in den aufgewühlten graugrünen Wellen verschwindet. Dann brettern wir im Affenzahn zurück zum Hafen.

Meeresschildkröten verbringen die meiste Zeit ihres Lebens im Wasser. Nachdem sie als Babys vom Strand in die offenen Strömungen des Meeres geschwommen sind, verlassen es eigentlich nur noch die Weibchen, um an den Stränden ihrer Geburt selbst Eier zu legen. Während sie heranwachsen, migrieren die jungen Schildkröten von einem Nahrungsgebiet zum nächsten, bis sie sich schlussendlich für eine Region entscheiden, der sie als Erwachsene treu bleiben. Eine Ausnahme bilden die Oliv-Bastardschildkröten, die für ihre nomadischen Wanderungen durchs Meer auf ihrer Suche nach Futter bekannt sind.

Da sowohl Männchen als auch Weibchen zur Paarung und Eiablage in die Gegend zurückkehren, in der sie geschlüpft sind, reisen die Erwachsenen über Jahre hinweg zwischen ihren Nahrungs- und den Paarungs- und Nistgebieten hin und her, die teilweise Tausende Kilometer voneinander entfernt liegen. Im Durchschnitt legen die hartschaligen Arten bei diesen Trips 1000 bis 3000 Kilometer zurück, Lederschildkröten hingegen können von ihren gemäßigten

Nahrungsgebieten bis zu den tropischen Nistgebieten um die 12 000 Kilometer schwimmen. Die längsten dokumentierten Reisen einzelner Meeresschildkröten betrugen sogar weitaus mehr. Ein Grünes Schildkrötenweibchen bewältigte 4000 Kilometer von den Chagos-Inseln im Indischen Ozean bis zur Küste Somalias in Ostafrika. Die längste aufgezeichnete Strecke einer Lederschildkröte, die von Indonesien bis nach Oregon in den Vereinigten Staaten schwamm, betrug 20 558 Kilometer. Die Rekordhalterin ist aber Yoshi, eine Unechte Karettschildkröte. Sie wurde im Two Oceans Aquarium in Kapstadt großgezogen, nachdem sie als Jungtier von einem japanischen Fischerboot gerettet worden war. Achtzehn Jahre später wurde sie in die Freiheit entlassen und legte innerhalb von zwei Jahren beeindruckende 40 011 Kilometer zurück, bis sie schlussendlich einen ganzen Ozean überquert hatte und in ihrer vermutlichen Heimat Western Australia anlangte.

Meeresschildkröten sind perfekt für diese langen Strecken ausgestattet, denn im Laufe der Evolution passten sich ihre Panzer und Flossen immer besser an solche Marathons an. Die Fähigkeit, wie andere Schildkröten die Gliedmaßen und den Kopf in den Panzer zurückzuziehen, verschwand. Der Panzer wurde stromlinienförmiger und der verbliebene Platz in seinem Inneren von den gewaltigen Brustmuskeln eingenommen, die die Vorderflossen antreiben. Außerdem können sich die Tiere enorme Fettreserven anfressen, welche die nötige Energie für die unternommenen Odysseen liefert.

Meeresschildkröten sind aber nicht nur wahre Schwimmweltmeisterinnen, sondern außerdem Expertinnen im Navigieren. Eines ihrer bemerkenswertesten und mysteriösesten Talente ist ihre Fähigkeit, in das Gebiet zurückzukehren, aus dem sie stammen. Wie sie auch nach Jahren noch den

Weg zurück an den Strand ihrer Geburt finden, selbst wenn sie wie Yoshi gänzlich abseits ihrer gewöhnlichen Reiserouten ausgesetzt wurden, ist noch nicht bis ins Detail geklärt. Wir wissen allerdings seit einiger Zeit, dass sie wie Zugvögel in der Lage sind, das Erdmagnetfeld wahrzunehmen. Sie können sich sowohl anhand seiner Intensität als auch des Neigungswinkels, den die Feldlinien in Bezug auf die Erdoberfläche bilden, orientieren. Beides variiert in einem vorhersagbaren Muster über den Erdball, sodass jede Region des Ozeans typischerweise ein einzigartiges Magnetfeld hat. Das kann von den Meeresschildkröten vermutlich wie eine Art Kompass oder GPS genutzt werden, sodass sie sowohl Breiten- als auch Längengrad ermitteln können und dann in die richtige Richtung schwimmen. Neue Studien legen nahe, dass die Schildkröten die charakteristische magnetische Signatur ihres Heimatstrandes vermutlich durch sogenannte geomagnetische Prägung lernen, und vorläufige Daten liefern erste Beweise, dass sich selbst Meeresschildkrötenembryos nicht zufällig im Ei bewegen, sondern sehr wahrscheinlich am Erdmagnetfeld orientieren.

Allerdings kann das Erdmagnetfeld nicht die einzige Orientierungshilfe der Meeresschildkröten sein. In Versuchen, in denen ihr geomagnetischer Sinn gestört wurde, war es den Studienobjekten trotz allem möglich, zu navigieren und letztendlich an ihr Ziel zu gelangen. Meeresschildkröten müssen also auch auf andere Informationsquellen zurückgreifen können, wie zum Beispiel die Sterne am Himmel, den Sonnenstand, die Richtung der Wellen oder auch Gerüche im Wasser, ähnlich wie auch blinde Menschen oft in der Lage sind, nicht visuelle Hinweise zur Orientierung zu verwenden. Wie genau das funktioniert, ist noch ungewiss, und es gibt einen großen Forschungsbedarf in dieser Richtung.

Eine junge Grüne Schildkröte schaut neugierig in die Kamera. Man kann ganz klar die zwei präfrontalen Schuppen erkennen.

Der Bau einer Inkubationsstation ist Schwerstarbeit. Wir beginnen immer mit dem Ausheben einer Grube, in die neuer, sauberer Sand gesiebt wird.

In der Inkubationsstation buddeln wir Nester, ordnen die Gelege mit den Eiern in einem Schachbrettmuster an und schützen sie jeweils mit einem Korb vor Krabben und Fliegenlarven.

Lederschildkröteneier sind rund, billardballgroß und haben eine pergamentartige Schale.

Diese Lederschildkrötenbabys warten darauf, freigelassen zu werden.

Stichprobenartig vermessen wir aus jedem geschlüpften Nest einige Babys (hier eine Lederschildkröte) als Teil unserer Langzeitstudien.

Hier wiegen wir gerade ein Lederschildkrötenbaby in einem als Waagschale umfunktionierten Plastiktrinkbecher.

Frisch geschlüpfte Babys, die nicht allein vom Nest zum Wasser krabbeln können, werden nahe der Vegetation als Gruppe ausgesetzt. Gemeinsam laufen sie dann um ihr Leben ins Meer.

Nachdem alle Babys geschlüpft sind, machen wir eine Inventur des Nestinhalts. Die ungeschlüpften Eier reihe ich sorgfältig auf, um sie einzeln zu öffnen.

Darin finden wir häufig Embryonen, die sich nicht vollständig entwickelt haben. Hier ein fast ausgewachsener Lederschildkrötenembryo mit seinem Dottersack.

Eine junge Grüne Schildkröte treibt in ihrer Kinderstube über einer Seegraswiese.

Als Zweijährige durfte ich während eines Urlaubs in Griechenland zum ersten Mal Bekanntschaft mit dem Meer machen, und meine Puppe Susi war immer mit dabei.

Junge Meeresschildkröten verbringen die ersten Wochen ihres Lebens versteckt in Sargassumteppichen im offenen Meer.

Die Forschungsgruppe um Dr. Kate Mansfield ergründet ihre kaum bekannten Reisen mit Minisatellitensendern und hat dabei schon Erstaunliches zutage gefördert.

Das allererste Foto von mir und einer Meeresschildkröte. Die junge Echte Karettschildkröte war Patientin in einer Auffangstation in Limón, die ich besuchte.

Ich lerne, ein Lederschildkrötennest zu graben. Andrey, heute mein Mann, erklärt mir, wie ich vermeiden kann, dass es immer wieder einstürzt.

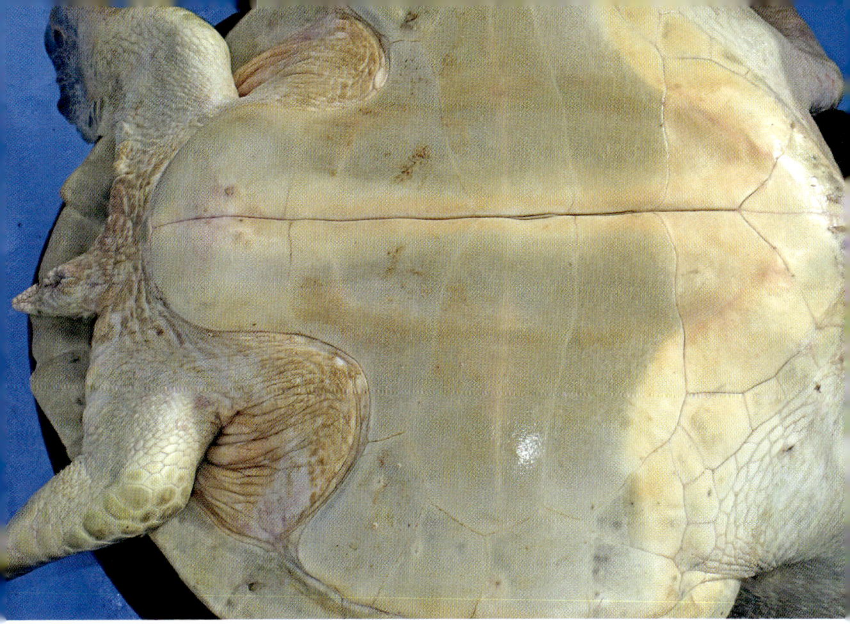

Eine weibliche auf dem Rücken liegende Oliv-Bastardschildkröte, die für eine Studie gefangen und untersucht wurde. Man kann ganz deutlich den verhältnismäßig kurzen Schwanz erkennen.

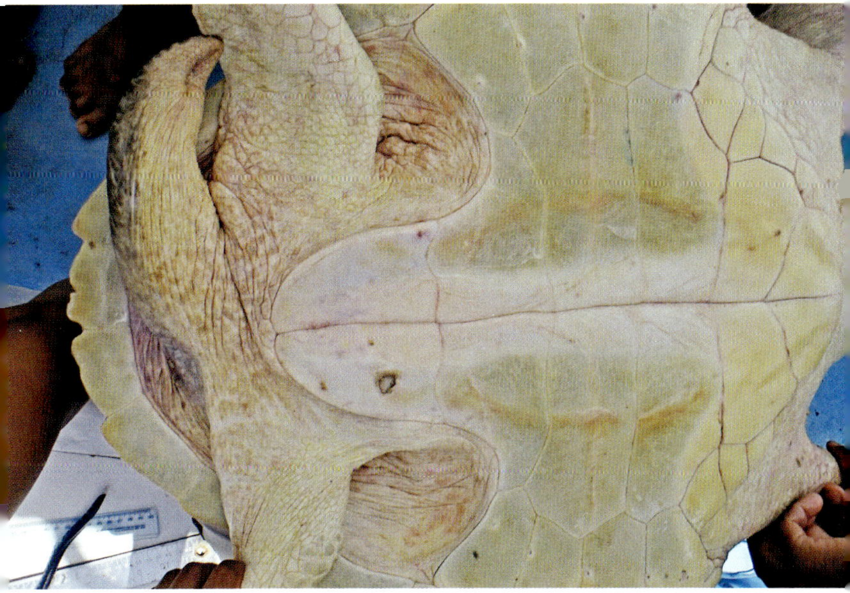

Eine männliche auf dem Rücken liegende Oliv-Bastardschildkröte, erkennbar am langen Schwanz und im Ansatz auch am konkaven und zu diesem Zeitpunkt weichen Mittelteil des Plastrons.

Eine erwachsene Lederschildkröte vertilgt in ihrem Nahrungsgebiet im Norden gerade eine ihrer Lieblingsspeisen, eine Qualle.

Mund- und Rachenraum von Lederschildkröten sind mit Stacheln ausgekleidet.

Eine Grüne Schildkröte verspeist genüsslich ihr Hauptnahrungsmittel, Seegras.

Diese Annonce aus dem Jahre 1941 wirbt mit Burgern aus Meeresschildkrötenfleisch für ein Restaurant. Ein Spaß für die ganze Familie.

Ein Meeresschildkrötenfischer mit einer Bootsladung Grüner Schildkröten. Ihr Fleisch war die Hauptzutat für die in den USA und Europa beliebte Schildkrötensuppe.

Um die Reisen der Meeresschildkröten besser verfolgen zu können, statten wir sie mit verschiedenen Arten von Sendern aus. Hier hilft mir mein Assistent Macdo.

Die heutigen Sender wiegen oft weniger als eine Tüte Gummibärchen und beeinträchtigen die Tiere wie dieses von uns besenderte Oliv-Bastardschildkrötenweibchen deshalb kaum.

Ein Screenshot von meinem inzwischen weltberühmten Video, das zeigt, wie eines meiner Teammitglieder einen Plastikstrohhalm aus der Nase einer Oliv-Bastardschildkröte entfernt.

Eine Pazifische Grüne Schildkröte schaut etwas verdutzt in die Kamera, nachdem sie uns für eine Studie ins Netz gegangen ist.

Bei der Paarung hält sich das Männchen mit seinen massiven Krallen am Carapaxrand des Weibchens fest und lässt teilweise über Stunden nicht wieder los.

Unterwasserselfie: Das Oliv-Bastardschildkrötenpärchen im Hintergrund lässt sich von mir nicht aus der Ruhe bringen.

Die Weibchen tragen vom Paarungsakt Narben und Verletzungen im Schulter- und Nackenbereich davon, die durch Bisse und die starken Krallen der Männchen verursacht werden.

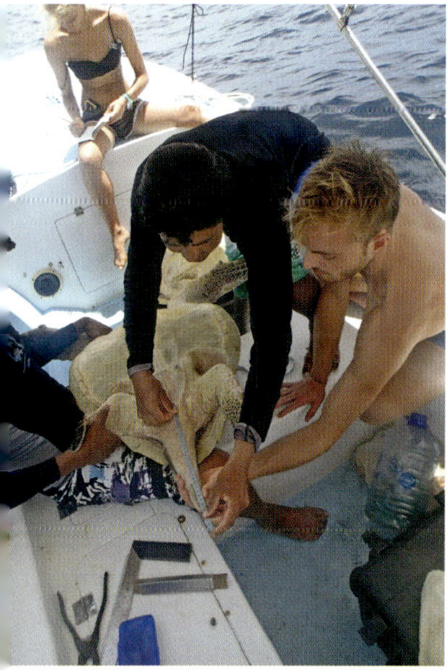

Macdo vermisst den langen Schwanz einer männlichen Oliv-Bastardschildkröte.

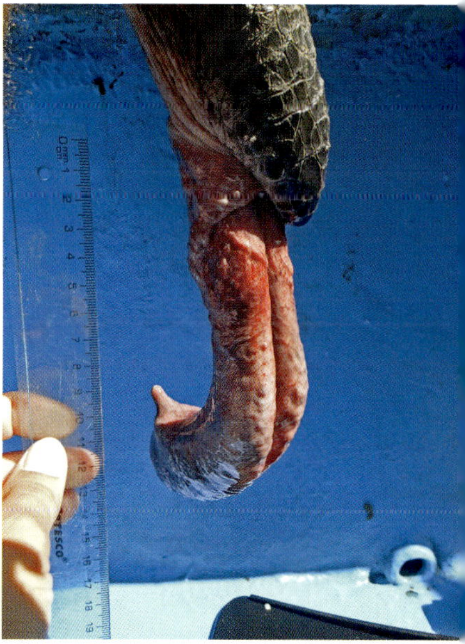

Der sonst in der Kloake aufbewahrte Penis kommt erst geschwollen zum Vorschein.

Größenvergleich zwischen der größten aller Meeresschildkrötenarten und mir. Das Lederschildkrötenweibchen ist noch mit der Tarnung seines Nests beschäftigt.

Ein Erlebnis der anderen Art: Während der *arribadas* von Oliv-Bastardschildkröten wimmelt es am Strand von Ostional von Tausenden Weibchen, die alle gleichzeitig ihre Eier legen.

Nachts nutzen wir generell nur rotes Licht und tragen dunkle Sachen, um die nistenden Weibchen nicht zu verschrecken. Hier beobachten wir eine Oliv-Bastardschildkröte beim Eierlegen.

Metallmarken sind ein kostengünstiges Mittel zur Identifizierung von Individuen.

Die Eierernte am Strand von Ostional ist als einzige weltweit legal, aber auch kontrovers.

Eine Echte Karettschildkröte hält ihren hellen Plastron in die Kamera. Vor der gleißenden Wasseroberfläche wird sie so für die Augen von Fressfeinden fast unsichtbar.

Mithilfe von Richtantenne und Empfangsgerät lausche ich, ob eines meiner mit Radiosendern ausgestatteten Weibchen in der Nähe ist, um es für eine Blutprobe zu fangen.

Meine Assistentin Candice hält eine Schildkröte fest, während ich einen Satellitensender mit Epoxidharz befestige. Eine klebrige Angelegenheit.

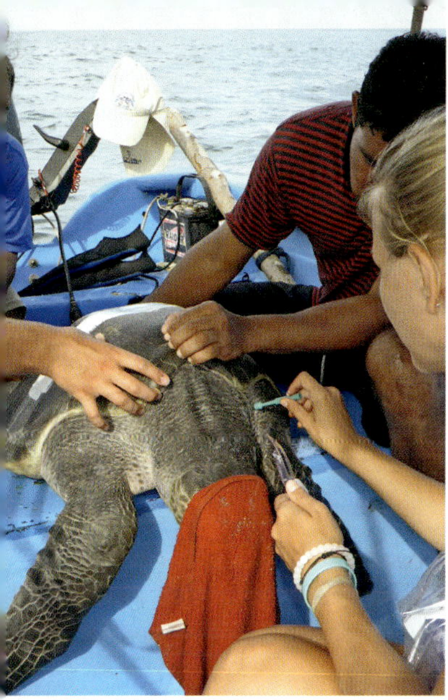

Für meine Doktorarbeit sammele ich Hautproben von wenigen Millimetern.

Der Moment, in dem mir Professor Dr. Lee Fitzgerald offiziell den Doktortitel verleiht

Mein Freund und Kollege Jairo, der 2013 am Karibikstrand Moín ermordet wurde, mit einem Lederschildkrötenbaby in unserer Inkubationsstation in Ostional

Ein Schnappschuss: Anhand einer Sandschildkröte in Lebensgröße erkläre ich einer Gruppe Collegestudent:innen, wie sie sich in Gegenwart einer nistenden Schildkröte verhalten sollen.

Der Kontakt mit Meeresschildkröten von Kindesbeinen an und die Umweltbildung sind die wichtigsten Werkzeuge, um eine neue Generation für den Meeresschildkrötenschutz zu begeistern.

Menschen aus der ganzen Welt bringen sich als Freiwillige in den Meeresschildkrötenschutz ein, wie hier meine Assistentin Karen und Volontärin Julia.

Meine Mischlingshündin Fiona, die ich 2020 aus einem Tierheim in Costa Rica adoptierte, ist zu meiner treusten Begleiterin geworden.

Bei Sonnenaufgang ist ein Lederschildkrötenweibchen nach getaner Arbeit auf dem Weg zurück ins Wasser. Es hat seine Eier in den frühen Morgenstunden sicher im Sand vergraben.

Es ist aber eine echte Herausforderung, Meeresschildkröten im Wasser zu folgen und ihr Leben dort zu ergründen. Die ersten Studien, um Meeresschildkröten auf ihren Reisen durchs Meer zu begleiten, wurden anhand von einfachen Markierungsversuchen unternommen. Man stattete Schildkröten mit nummerierten Metallmarken an ihren Flossen aus und bot einen Finderlohn für jede gefundene Markierung an. Meistens waren es Fischer, die markierte Meeresschildkröten fingen und die Metallanhänger an die jeweiligen Universitäten und Forschungsstationen zurückschickten. Auf diese Weise wussten auch Wissenschaftler:innen in den 1950er- und 1960er-Jahren zum Beispiel schon, dass nistende Weibchen zwischen Nistsaisons zum Fressen nicht vor ihren Niststränden verweilen. Trotzdem hatte man nicht die leiseste Ahnung, wie weit Meeresschildkröten wirklich reisen können.

Auch Dr. Archie Carr, der Urgroßvater aller Meeresschildkrötenbiolog:innen, war an den Migrationen von Meeresschildkröten interessiert und benutzte eine aus heutiger Sicht etwas barbarisch anmutende Methode, um nistenden Weibchen nach der Eiablage im Wasser zu folgen. Er band ihnen mit Helium gefüllte Wetterballons um, die dann von ihnen durchs Wasser gezogen wurden und an der Oberfläche gut sichtbar waren. Dr. Carr konnte den Ballons mit einem Boot hinterherfahren und so Daten zu den zurückgelegten Wegen sammeln. Diese plumpe Technik hat sich über die Jahre natürlich nicht bewährt, da die Ballons die Schildkröten massiv beim Schwimmen behinderten und vom tieferen Abtauchen abhielten. Zudem waren die Wissenschaftler:innen nur auf kurze Distanzen in der Lage, den Tieren direkt mit einem Boot zu folgen, ohne die Ballons aus den Augen zu verlieren. Ich wage außerdem zu bezweifeln, dass diese Schildkröten sich ganz natürlich verhielten. Aber diese ersten Studien zeigen ganz klar, dass das Interesse am Leben im Wasser und an den Reiserouten der Meeresschildkröten schon damals groß war.

Mit der Entwicklung von VHF-Radiosendern, die auch ich zuweilen noch für meine Studien verwende, vergrößerte sich die Reichweite des möglichen Forschungsradius schon auf einen bis 15 Kilometer. Mit diesen Sendern kann man den Tieren auch aus größeren Distanzen folgen und sie immer wieder orten. Die Geräte senden ein Signal auf einer Frequenz im ultrahohen Bereich von 137 bis 225 MHz, das mit einer Ortungsantenne empfangen und über ein Empfangsgerät hörbar gemacht wird. Je nach Hersteller ist das ein Klopf- oder Pulsgeräusch, das mit der Annäherung der Antenne an den Sender lauter wird. So kann man die Position eines Tieres über das Ausrichten der Antenne anpeilen.

Die Sender selbst sind kleine Boxen mit Antennen, die weniger als eine Tüte Gummibärchen wiegen. Als Daumenregel gilt, dass Sender immer leichter als fünf Prozent des Körpergewichts eines Tieres sein sollten. Sender werden meistens an die höchste Stelle des Rückenpanzers geklebt, der bei Meeresschildkröten bei längeren Aufenthalten an der Oberfläche aus dem Wasser herausschaut. Natürlich beeinflusst so ein Sender die Stromlinienförmigkeit, da jeder Gegenstand, der an den Panzer angebracht wird, den Wasserwiderstand erhöht. Das schließt auch die Entenmuscheln und Seepocken ein, die sich dort gerne natürlicherweise anreichern. Das führt dazu, dass die Schildkröte beim Schwimmen mehr Energie verbraucht. Einem gesunden Tier macht das aber nicht viel aus, weshalb wir für unsere Studien nur kerngesunde Tiere auswählen, die das geringe Extragewicht und den erhöhten Widerstand ohne Problem schultern können.

Das VHF-Radiosystem hat aber gerade bei Meerestieren Limitationen. Wo der Ton an Land immer zu hören ist, solange das Tier im Empfangsbereich ist, und man einfach in Richtung des Senders laufen kann, muss man bei Meeresschildkröten im Wasser warten, bis sie an die Oberfläche kommen, und dann mit einem Boot versuchen, in die richtige Richtung zu navigieren. Tatsächlich sind wir bei unseren Versuchen, eine spezifische Schildkröte im Wasser wiederzufinden und zu fangen, nicht allzu erfolgreich. An Land funktioniert das besser: Während einiger der legendären Massennistungen von Oliv-Bastardschildkröten, den *arribadas,* können wir so die sprichwörtliche Nadel im Heuhaufen finden. Unter Tausenden nistenden Weibchen an einem sechs Kilometer langen Strand entdecken wir unsere markierten Schildkröten, denen wir für eine Studie mehrmals Blut abnehmen wollen.

Mit dem Voranschreiten der Technik und dem Aufkommen globaler Systeme zur Navigation und Datenübertragung via Satelliten taten sich auch immer mehr Anwendungen für die Erforschung weit reisender Tiere auf. Die Positionsermittlung erfolgt bei Satelliten-Navigationssystemen allgemein nach dem Dopplerverfahren: Satelliten empfangen das Signal von einem Sender und leiten es an eine Bodenstation weiter. Der Empfang durch mehrere Satelliten (oder mehrmaliges zeitversetztes Empfangen mit demselben Satelliten) unter Berücksichtigung des Höhenprofils der Erdoberfläche führt zu einer Positionsbestimmung. Allerdings hängt die Genauigkeit von der Anzahl der zur Positionierung genutzten Satelliten und der Dauer der Signalübertragung ab. Vor allem Letzteres ist bei Meerestieren ausschlaggebend, da sie sich in der Regel nur für sehr kurze Zeit an der Wasseroberfläche befinden und viele der ermittelten Positionen auf mehrere Hundert Meter oder mehr ungenau sind.

Die hiesigen Satellitensender für Meeresschildkröten sehen den VHF-Radiosendern sehr ähnlich, sie haben jedoch einen sogenannten *salt switch*, also einen Sensor, der erkennt, ob sich der Sender über oder unter Wasser befindet, und der die Übertragung zum Satelliten über eine Schaltung initiiert oder unterbricht. Wenn der Sender erfolglos versuchen würde, unter Wasser Kontakt zum Satelliten aufzubauen, fräße das nur unnötig Strom und verkürzte die Lebenszeit der Senderbatterie. Im Allgemeinen reichen die Batterieladungen für mehrere Jahre, weshalb die Sender meist wegen anderer Probleme aufhören zu senden, zum Beispiel weil die Antenne umknickt, sich Seepocken auf dem Salzwasserschalter ansiedeln und ihn damit außer Gefecht setzen oder sich die Befestigung mit der Zeit löst und der Sender ganz einfach vom Panzer der Schildkröte herunterfällt.

Als ich in einer Nacht auf der Suche nach einer perfekten Kandidatin für einen meiner Satellitentransmitter bin, sehe ich ein Weibchen, das sich mühselig auf den Strand plagt und ein mehrere Kilogramm schweres Knäuel aus Fischernetz hinter sich herzieht. Ein Strang des Netzes hat sich um seine rechte Hinterflosse gewickelt und diese samt Knochen fast komplett abgetrennt. Nur mit einer Sehne hängt sie noch am Körper und wird zusammen mit dem Netzballen den Strand hochgeschleift. Die Flosse ist aufgedunsen, grotesk verdreht und stinkt bestialisch. Was für unendliche Qualen muss das arme Weibchen vermutlich schon seit Wochen ertragen! In meiner Hüfttasche suche ich nach meinem Schweizer Taschenmesser und trenne zuerst den Strang durch, der den dicken Ballen mit dem Tier verbindet. Als Nächstes inspiziere ich die Flosse näher. Obwohl sie abgestorben aussieht, zuckt die Schildkröte doch zusammen, als ich sie vorsichtig berühre. Die Flosse ist definitiv nicht mehr zu retten, aber die Wunde, die durch das Abbinden am übrig gebliebenen Beinstumpf entstanden ist, sieht den Umständen entsprechend gut aus. Keine Schwellung, kein Eiter und erste Ansätze von Wundschließung.

Was tun? Im Idealfall sollte man die Behörden informieren und hoffen, dass es ein gutes Rehabilitationszentrum gibt, das der Schildkröte mit Antibiotika und notfalls einer Amputation helfen kann. Wir sind aber mitten im Nirgendwo, ohne Handyempfang und mehrere Stunden vom einzigen Tierarzt entfernt, der ein bisschen Ahnung von Meeresschildkröten hat. Zudem besitzen wir keinerlei Befugnisse, eine Meeresschildkröte vom Strand zu entfernen, und schon gar nicht, sie in einen anderen Teil des Landes zu bringen. Die zuständigen Regierungsbeamten sind um diese Uhrzeit natürlich nicht erreichbar, sondern schlafen tief und fest. Zudem habe ich in der Vergangenheit des Öfteren die trockene Antwort bekommen, dass ich der Natur ihren Lauf lassen solle …

Also muss ich eine andere Lösung finden, um der Schildkröte das Leben zu retten oder zumindest ihre Qualen ein wenig zu erleichtern. Wenn man eine Meeresschildkröte in Angelschnur oder Fischernetzen verheddert findet, sollte man den abbindenden Strang auf keinen Fall durchschneiden. Oft reichern sich im abgebundenen Teil der Gliedmaßen Bakterien an, weil die Blutzirkulation unterbrochen ist und das Gewebe anfängt, sich langsam zu zersetzen. Wenn man den Strang nun mit einem Mal durchschneidet und das Blut wieder frei zirkulieren kann, werden die Bakterien in den restlichen Körper geschwemmt. Ich muss jetzt entscheiden, ob ich es beim Abschneiden des Knäuels belasse oder ob ich dem Weibchen noch anderweitig helfen kann. Ein vorsichtiges Ziehen an der Sehne der Flosse zeigt mir, dass das Weibchen dort noch Gefühl hat. Ein Durschneiden mit meinem mickrigen Taschenmesser kommt also nicht infrage, es würde ihm nur mehr unnötige Schmerzen bereiten. Ich entscheide mich kurzerhand, ein Stück Schnur vom Netzballen abzuschneiden und sie nahe dem Stumpf fest um die Sehne zu binden. So hoffe ich, die übrig gebliebenen Nerven ganz abgebunden zu haben, damit die Flosse bald von allein abreißt oder abfällt.

Trotz des schrecklichen Zustands seiner Flosse kriecht das Weibchen weiter den Strand hoch und sucht sich einen Nistplatz. Die Unverwüstlichkeit von Meeresschildkröten beeindruckt mich immer wieder aufs Neue. Mein Blick fällt auf den Ballen Fischernetz in meinen Händen. Seinem Zustand nach zu urteilen, muss es schon eine ganze Weile herrenlos im Meer getrieben sein, mit oder ohne Weibchen am anderen Ende. Unglaublich, welchen Gefahren Meeresschildkröten auf ihren langen Reisen ausgesetzt sind.

Mal abgesehen von den natürlichen Feinden, die gerade auf die kleinen Schildkröten hinter jedem treibenden Ast lauern, gibt es eine Vielzahl von menschengemachten Bedrohungen, die auch den Erwachsenen zum Verhängnis werden können. Allen voran steht die industrielle Fischerei, die mit riesigen kommerziellen Fangflotten ganze Meeresregionen innerhalb weniger Wochen leer fischt. Dafür werden kilometerlange Netze und Langleinen ausgelegt, in denen auch sogenannte Nichtzielarten als Beifang mitgefangen werden – neben Walen und Delfinen auch Meeresschildkröten, die alle zum Atmen an die Wasseroberfläche kommen müssen. Wenn sie Glück haben, werden die Netze und Leinen häufig genug überprüft, und der nicht gewollte Beifang wird zwar ruppig und mit ein paar Blessuren, ansonsten aber gesund und munter wieder freigelassen. Leider ist das nicht die Regel, und oft endet das Verfangen in einem Fischernetz tödlich. Es ist eine unglaubliche Stresssituation für die Tiere, und ihr hektisches Herumschwimmen sowie die verzweifelten Versuche, sich aus dem Netz zu befreien, führen zu einem erhöhten Sauerstoffverbrauch, schweren Verletzungen und letztendlich zu einem qualvollen Ertrinken über Stunden. Jedes Jahr sterben so geschätzt um die 500 000 Meeresschildkröten als ungewollter Beifang. Wenn Fischernetze kaputtgehen, nicht mehr gebraucht werden oder sich losreißen, werden sie einfach im Meer zurückgelassen, wo sie als Geisternetze umhertreiben und alles einfangen, was ihnen zu nahe kommt. In diesen entsorgten oder verlorenen Netzen verheddert und stirbt eine zusätzliche unbekannte, aber vermutlich hohe Anzahl von Meeresschildkröten.

Und das führt uns direkt zur Verschmutzung der Meere, einer weiteren großen Gefahr, die jährlich Tausende von Schildkröten das Leben kostet. Neben der schon erwähnten unsichtbaren Verschmutzung durch Düngemittel und Pestizide sind Erdölprodukte und Plastik zwei Hauptbedrohungen. Der größte Anteil von freigesetztem Öl in unseren Meeren stammt – entgegen vielen Erwartungen – aus unseren Flüssen, die Öl und Mineralölderivate in die Ozeane tragen. Eine andere große Quelle ist der reguläre Schiffsbetrieb, bei dem sowohl legal als auch illegal Öl ins Meer geleitet wird. Bei einer konzentrierten Verschmutzung, die hauptsächlich bei Schiffsunglücken entsteht, wird auch von einer Ölpest gesprochen – und das passiert viel häufiger, als man vermutet. Allein in den letzten elf Jahren gab es insgesamt 72 Unglücke, die zu einem Austritt von Erdölprodukten führten. Über viele dieser Katastrophen wird in den Medien nicht groß berichtet, vor allem dann nicht, wenn sie strukturschwache Länder betreffen. Im Mai 2021 geriet zum Beispiel ein Containerschiff vor der Küste Sri Lankas in Brand und sank – beladen mit 25 Tonnen hochgiftiger Salpetersäure, 350 Tonnen Heizöl, 1680 Tonnen Plastikpellets sowie anderer Chemikalien und Kosmetika. Einige Wochen später wurden Hunderte Meeresschildkröten und auch andere Tiere tot an Land gespült. Trotzdem haben viele Menschen bis heute nichts davon gehört.

Ölpartikel können von Meeresschildkröten verschluckt werden, oder sie fressen Beutetiere und Pflanzen, die dem Öl ausgesetzt waren. Der Verzehr kann Magen-Darm-Reizungen, Geschwüre, Blutungen, Durchfall und Verdauungsprobleme auslösen, was die Nahrungsaufnahme beeinträchtigen kann und so zu einer verminderten Gesundheit und Fitness führt. Meeresschildkröten nehmen Öl oder Dispersionsmittel auch durch Hautkontakt auf, die Haut wird gereizt oder sogar verätzt, und es kann schwere Infektionen verursachen. Leber- und Nierenschäden, Blutarmut, ein geschwächtes Immunsystem und Fortpflanzungsstörungen sind die Folge. Im Extremfall sterben die Tiere. Embryonen in Meeresschildkröteneiern an Stränden, die von einer Ölpest betroffen sind, wachsen langsamer, was zu niedrigeren Schlupfraten und Entwicklungsstörungen führt. Die verdampften Materialien, flüchtige organische Stoffe, die von Öl freigesetzt werden, das auf der Oberfläche schwimmt, können zudem eingeatmet werden, was Entzündungen der Atemwege und Lungen, Reizungen oder Emphyseme entfachen kann.

Ölverschmutzung kann durch Veränderungen in der Ökologie und im Verhalten aber auch indirekte Auswirkungen haben, wenn Tiere zum Beispiel nach neuen Nahrungsquellen suchen und dafür mehr Zeit und Energie aufwenden oder wenn sie anderen Störungen in ihren natürlichen Lebenszyklen trotzen müssen. Unser Verständnis um die möglichen Folgen von Ölverschmutzungen hat sich durch die Untersuchung von Ölkatastrophen zwar erweitert, aber die kompletten Auswirkungen vor allem in Bezug auf Langzeitschäden in den betroffenen Ökosystemen und den Körpern von Tieren, die den giftigen Substanzen über Jahre hinweg ausgesetzt sind, kennen wir immer noch nicht.

Ein anderer Fluch unserer Existenz ist das Wundermaterial Plastik. Es beschreibt die breite Palette an Kunststoffen aus synthetischen oder halb synthetischen Materialien, deren Hauptbestandteil Polymere sind. Das meiste synthetische Plastik wird aus Erdöl hergestellt und trägt so auch noch zur Klimakrise bei. Der Erfolg der Kunststoffe in unserer modernen Welt ist auf ihre Wandlungsfähigkeit und Vielseitigkeit zurückzuführen. Ironischerweise ersetzte Plastik in frühen Anwendungen das ebenso formbare und flexible Schildpatt der Echten Karettschildkröte.

Etwa 90 Prozent der weltweiten Produktion (jährlich etwa 350 Millionen Tonnen) entfallen auf gerade mal sechs Kunststoffe. In unserem täglichen Leben sehen wir sie regelmäßig in vielen verschiedenen Formen von der Brottüte bis zur Zahnbürste. Und wir nutzen immer mehr: Allein 2020 wurden 400 Millionen Tonnen produziert, die weltweite Produktion soll bis 2050 jährlich schätzungsweise über 1100 Millionen Tonnen erreichen. Das Dilemma mit dem Plastik ist, dass es uns den Fortschritt in der modernen Technik, Forschung und Medizin überhaupt erst ermöglicht und vermutlich das Aussterben der Echten Karettschildkröte verhindert hat, gleichzeitig hinterlässt es einen äußerst heiklen ökologischen Fußabdruck und stellt ein Gesundheitsrisiko für Menschen und Tiere dar. Seine Entsorgung ist ein Riesenproblem, da Plastikgegenstände in unseren Mülldeponien und der Umwelt Hunderte von Jahren unbeschadet überdauern.

Wir können uns auch nicht aus der Plastikkrise rausrecyceln, denn tatsächlich sind von den häufig verwendeten Kunststoffen gerade mal drei recycelbar. Der Aufruf der Erzeuger, nur besser zu recyceln, um das Entsorgungsproblem zu lösen, wälzt die Verantwortung auf die Verbraucher:innen ab, obwohl sie eigentlich beim Hersteller liegt. Zudem schicken viele Länder des Globalen Nordens ihr Plastik unklassifiziert und dreckig nach Afrika und Südostasien, wo man sich mühselig durch den Berg an Müll wühlen muss, um die eigentlichen Wertstoffe zu finden. Der Rest des Mülls bleibt natürlich in diesen Ländern, deren Mülldeponien weitaus weniger gegen Regen, Flut und Stürme gesichert sind. So kommt es, dass 80 Prozent des Plastiks im Meer seinen Ursprung an Land hat. Flüsse tragen tagtäglich riesige Mengen Müll Richtung Ozeane – auch den von uns verantwortungsbewusst entsorgten. Neueste Berechnungen gehen davon aus, dass jedes Jahr elf Millionen Tonnen Kunststoffe in unsere Meere gelangen, zusätzlich zu den geschätzten 200 Millionen Tonnen, die dort derzeit schon zirkulieren.

Plastik ist für Meeresschildkröten nicht nur lebensbedrohlich, weil sie sich darin verheddern können. Da eine Plastiktüte in den Augen einer Schildkröte aussieht wie eine Qualle, verwechselt sie sie mit Nahrung, und neuere Studien zeigen, dass Plastik auch noch nach Futter riecht. In den Mägen aller sieben Arten wurde bereits Plastik gefunden. Es kann ihren Magen-Darm-Trakt verletzen oder sogar komplett blockieren. Letzteres führt meist zum langsamen und qualvollen Tod durch Verhungern, da keine Nahrung mehr aufgenommen werden kann oder Nährstoffe nicht mehr richtig absorbiert werden. Auch mir begegnen solche Fälle immer wieder.

Einmal arbeite ich an einer Meeresschildkröte, die zum Nisten an den Strand gekommen ist, als ich bemerke, dass irgendwas nicht stimmt. Nachdem das Tier seine Eikammer gebuddelt hat, verharrt es über eine halbe Stunde in derselben Position, ohne dass etwas passiert. Das Weibchen scheint zu pressen, aber es kommen keine Eier. Da ich hinter ihm auf dem Bauch liege und den Eierbeutel unter seinen Schwanz halte, fühle ich ganz vorsichtig nach seiner Kloakenöffnung. Normalerweise mögen es Schildkröten überhaupt nicht, wenn man sie dort berührt, und unter normalen Umständen würde ich das auch niemals tun. Doch was ich da ertaste, ist nicht die reguläre Öffnung, sondern ein weicher Gegenstand, der aus der Kloake heraushängt. Vorsichtig zupfe ich daran, er gibt nach. Zentimeter für Zentimeter kann ich ihn aus der Kloake hervorziehen. Am Ende halte ich eine schwarze Mülltüte in der Hand, die auch schon bessere Tage gesehen hat. Als sie draußen ist, fallen auch endlich die Eier. Nachdem das Weibchen die Tüte gefressen hatte, muss sie durch den gesamten Verdauungstrakt gewandert und in der Kloake stecken geblieben sein. Diese Schildkröte hat Glück. Viele andere Tiere erleiden ein deutlich schlimmeres Schicksal.

Eine weitere Gefahr, die noch viel zu wenig erforscht ist, sind die Auswirkungen von Mikroplastik. Das Problem ist, dass Plastik nicht biologisch abgebaut wird, sondern degradiert. Das heißt, es altert durch UV-Strahlung und Wellenbewegung und zerfällt in immer kleinere und kleinere Teile.

Wenn der Durchmesser der Partikel weniger als fünf Millimeter beträgt, spricht man von Mikroplastik. Es ist bereits überall in unserer Umwelt zu finden, auf den höchsten Bergen und in den tiefsten Tiefseegräben, in unserem Trinkwasser, unserer Nahrung und unseren Körpern, in unseren Lungen, unserem Stuhl und in den Plazenten schwangerer Frauen. Tatsächlich besagt eine Studie, dass wir pro Woche ungefähr die Menge einer Kreditkarte an Mikroplastik zu uns nehmen. Die Hauptquelle sind unsere synthetischen Kleider, die bei jeder Wäsche winzige Fasern von Mikroplastik verlieren. Unsere Wasseraufbereitungssysteme sind nicht in der Lage, sie aus dem Wasser herauszufiltern, und so gelangen sie in den Wasserkreislauf. Doch auch Verpackungen sondern Plastik ab. Selbst diese kleineren Plastikpartikel, die keinen offensichtlichen mechanischen Schaden anrichten, können zu einer verringerten Fitness bei Meeresschildkröten führen. Denn unter den Additiven, die den Kunststoffen während des Herstellungsprozesses hinzugefügt werden, und den Schadstoffen, die sich mit der Zeit an der Oberfläche der Plastikgegenstände anreichern, befinden sich viele hochtoxische und endokrinschädliche Substanzen. Eine neue Studie hat gezeigt, dass nur 14 Plastikpartikel ausreichen, um die Wahrscheinlichkeit, dass eine Schildkröte stirbt, auf 50 Prozent ansteigen zu lassen.

Die generelle Bedrohung unserer Meerestiere durch Plastik ist schon seit Langem bekannt. Der erste veröffentlichte Bericht stammt aus dem Jahr 1981 und dokumentiert Plastik im Magen von sieben Lederschildkröten, die nach ihrem Tod untersucht wurden. Die Obduktionsberichte reichen bis ins Jahr 1970 zurück. Inzwischen hat eine ganze Legion von wissenschaftlichen Artikeln über Jahrzehnte hinweg dokumentiert, wie genau und in welchem Ausmaß Plastik den

Meeresbewohnern schadet. Die wissenschaftlichen Statistiken sind zwar erschreckend, aber auch irgendwie sehr abstrakt. Es sind nicht diese Zahlen, die uns wirklich zum Nachdenken bringen und Veränderungen bewirken, sondern die Einzelschicksale, die uns ans Herz gehen.

Die unglaublichste Geschichte, die man in diesem Zusammenhang vermutlich erzählen kann, ist die von der Schildkröte mit dem Plastikstrohhalm in der Nase. Viele Menschen kennen mich genau wegen dieses Ereignisses beziehungsweise des Videos, welches ich im August 2015 davon filmte.

Zusammen mit meinem Feldteam aus zwei lokalen Assistenten, Andrey MacCarthy und Macdonal Gomez, unserem Kapitän Emanuel Vallejos von der Tauchstation Deep Blue Diving, meinen zwei studentischen Hilfskräften Dan Stuart und Veronica Koleff und meinem Kollegen Dr. Nathan Robinson bin ich an diesem schicksalhaften Tag einige Kilometer vor der costa-ricanischen Pazifikküste unterwegs, um Daten für meine Doktorarbeit zu sammeln.

Es ist schon nach Mittag, als wir ein Oliv-Bastardschildkrötenmännchen fangen und auf unser Boot bringen. Nachdem ich meinen Teil der Datenerhebung abgeschlossen habe, fängt Nathan an, Ektobionten, also auf den Schildkröten lebende Tierchen, zu sammeln. Er stößt dabei auf eine seltsam aussehende Verkrustung im Nasenloch, von der wir vermuten, dass es sich um eine Seepocke handelt. Da ich nichts mehr zu tun habe und weil ich denke, dass es ganz interessant sein könnte, nehme ich meine Kamera zur Hand, um zu filmen, wie Nathan das mysteriöse Ding aus der Nase zu ziehen versucht.

Andrey und Dan halten die Schildkröte auf der Sitzbank fest, während Nathan vorsichtig mit der Zange seines Schweizer Taschenmessers an der Verkrustung zieht. Nachdem er das Objekt ein paar Zentimeter aus dem Nasenloch herausgezogen hat, merken wir, dass es von der Form her keine Seepocke sein kann, sondern eher einem Wurm oder dessen Röhre ähnelt. Allerdings kann ich durch die Linse meiner Kamera ganz klar schwarze Streifen an der Seite des Gegenstandes ausmachen, die mich stark an einen Plastikstrohhalm erinnern. Aber das kann ja nicht sein.

Nach weiteren Minuten des Ziehens entscheiden wir, ein Stück von dem länglichen Gegenstand abzuschneiden und das Material näher zu inspizieren. Wir sind neugierig und wollen wissen, um was es sich handelt. Gleichzeitig möchten wir sicherstellen, dass wir der Meeresschildkröte durchs Herausziehen kein unnötiges Leid zufügen. Gesagt, getan. Das abgeschnittene Stück sieht tatsächlich aus wie ein Gegenstand aus Kunststoff. Aber kann das sein? Beherzt nimmt Macdonal das Stück in die Hand und beißt darauf. »Das ist Plastik«, stellt er sachlich fest. Ich kann es nicht fassen! Da steckte wirklich ein Plastikstrohhalm in der Nase dieser armen Meeresschildkröte!

So können wir das Männchen auf keinen Fall zurück ins Wasser entlassen. Es zu einem Tierarzt zu bringen ist aber leider auch keine Option. Also zieht Nathan beherzt am Rest des Strohhalms, bis dieser endlich nachgibt und aus der Nase flutscht. Nathan hält ihn mir vor die Kamera, und genau in diesem Moment wird das Display schwarz, und die Kamera tut keinen Mucks mehr – Akku leer. Zumindest habe ich jetzt die Hände frei und desinfiziere das Nasenloch notdürftig mit einem in Jod getränkten Wattestäbchen, bevor wir das Männchen sanft vom Bootsrand zurück ins Wasser gleiten lassen. Die wiedergewonnene Freiheit spürend, schwimmt es davon, so schnell es seine Flossen tragen, und wir blicken ihm immer noch geschockt hinterher.

Keinem ist mehr danach zumute, die Datensammlung fortzusetzen, und so machen wir uns auf den Weg in den etwa zwei Stunden entfernten Hafen. Auf dem Rückweg spricht niemand. Wir hängen unseren Gedanken nach, und wenn sich unsere Blicke kreuzen, zucken wir hilflos die Achseln und schütteln den Kopf. Wir können immer noch nicht fassen, was wir da gerade erlebt haben. Es scheint wie ein böser Traum, wenn da nicht das Video wäre. Aber bis wohin hat die Kamera schlussendlich aufgenommen? Die Spannung ist fast unerträglich, und als wir an unserem Quartier ankommen, schnappe ich mir sofort SD-Karte und Laptop – und da ist die Tortur über acht Minuten in Ton und Farbe. Ich spule bis zum Ende vor und stoße erleichtert die angehaltene Luft aus: Im letzten Frame hält Nathan den Strohhalm in seinem ganzen Ausmaß vor die Kamera.

Wir entschließen uns, das Video auf YouTube zu stellen. Nach Rücksprache mit meiner Doktormutter entscheide ich, das vollständige, ungeschnittene Video hochzuladen. Ich will keine Zensur und auch keine Verharmlosung des Moments. Die Leute, die es sehen, sollen den Schock und die Schuldgefühle verspüren, die auch wir empfunden haben. Denn letztlich gibt es ja kaum jemanden, der von sich behaupten kann, noch nie in seinem Leben einen Plastikstrohhalm benutzt zu haben.

Die langsame Internetverbindung des Pizzarestaurants von nebenan nutzend, lade ich das Video über Nacht hoch. Am nächsten Morgen habe ich nicht viel Zeit, bevor ich wieder aufs Boot will, und veröffentliche das Video nur schnell. Dann bin ich auf und davon, für die nächsten acht Stunden auf dem Meer ohne Internet- oder Handyempfang. Bei unserer Rückkehr hat das Video schon ein paar Tausend Klicks.

Ich mache einen Facebook-Post, in dem ich auf das Video verlinke, gehe schlafen und wieder aufs Boot.

Am nächsten Abend weiß ich nicht, wie mir geschieht. Als ich meine Mailbox öffne, erwarten mich Hunderte E-Mails von verschiedenen Pressevertreter:innen, die um Interviews bitten und über unseren Fund berichten wollen. Niemand hatte damit gerechnet, doch unser Video ist viral gegangen. Es folgen einige verrückte Wochen, in denen wir mit limitiertem Internet versuchen, die Presse zufriedenzustellen. Wir sehen darin unsere Chance, über die Problematik von Plastik in unseren Meeren zu sprechen und über den Status von Meeresschildkröten generell. Uns ist wichtig, dass die Menschen verstehen, wie viel Plastik schon in unserer Umwelt ist, welche dramatischen Folgen es für Meeresbewohner haben kann und was wir alle tun können, um gerade das Einmalplastik in unserem Leben zu reduzieren. Nicht immer kommt unsere Botschaft an. Viele Medien stürzen sich auf den Plastikstrohhalm als die Quelle alles Bösen, obwohl er eigentlich nur ein Symbol für unsere plastifizierte Welt voller Bequemlichkeiten ist.

So schnell und intensiv das Interesse der Medien an unserem Fund aufgelodert ist, so schnell verfliegt es auch wieder. Wir denken schon, dass sich das Thema damit erledigt hat. Die Menschen waren zwar für einen Moment schockiert, gehen jetzt aber wieder zum normalen Tagesgeschäft über. Doch ein paar Monate später werde ich von ersten Organisationen kontaktiert, die im Bereich Plastikverschmutzung arbeiten, und kein Jahr nach dem Video gibt es die ersten Kampagnen, die gegen Plastikstrohhalme und Einmalplastik wettern und die Leute überzeugen wollen, weniger oder gar kein Einmalplastik mehr zu benutzen. Die kleinen Wellen, die mein Video geschlagen hat, wachsen nach und nach zu immer größeren Wogen, und die Welt wird langsam auf die Plastikverschmutzung in unseren Meeren aufmerksam. Dazu tragen Filme bei wie der 2016 erschienene »A Plastic Ocean« und die zweite Staffel von David Attenboroughs »Unser blauer Planet«, die darüber in eindrucksvollen Bildern berichten.

Es ist viel passiert in den letzten Jahren. Verschiedene Länder haben Gesetze erlassen, die Einmalplastik verbieten, und das Bewusstsein um die ganze Problematik ist exponentiell gestiegen. Menschen überall auf der Welt versuchen, ihren Plastikfußabdruck zu reduzieren, und die Hersteller:innen spüren den Zeitgeist. Plastikfreie Läden sprießen zu Hunderten aus dem Boden, und plastikfreie Verpackungen wie zu Omas Zeiten sind auf dem Vormarsch. Trotzdem ist immer noch viel zu tun. Die größten Plastikverschmutzer wie Coca-Cola, Nestlé und Co müssen durch Gesetze noch stärker zur Verantwortung gezogen werden. Aber auch sie merken, dass ihre Kund:innen kein Plastik mehr wollen, und drängen auf Alternativen.

Bisher ist Plastik leider das einzige Material, das so divers einsetzbar und billig in der Produktion ist. Aber es besteht Hoffnung, dass bald ein ähnlich flexibler, massentauglicher und biologisch abbaubarer Stoff gefunden wird, der Kunststoff überflüssig macht. Ich bin da sehr optimistisch. Wenn wir es schaffen, zum Mars zu fliegen, dann sollten unsere schlauen Köpfe doch in der Lage sein, auch dieses Problem zu lösen. Manchmal bedarf es natürlich der richtigen Motivation, Geld hilft da immer.

Berechnungen besagen, dass eine Umstellung auf eine Kreislaufwirtschaft zudem die Menge an Kunststoffen, die in die Ozeane gelangen, bis 2040 um über 80 und die Produktion von neuem Kunststoff um 55 Prozent reduzieren könnte. Das wiederum könnte für Regierungen weltweit bis 2040 zu Ersparnissen von bis zu 70 Milliarden US-Dollar führen. Als Nebeneffekt würde es die Treibhausgasemissionen um 25 Prozent senken und 700 000 zusätzliche Arbeitsplätze schaffen, vor allem im Globalen Süden. Im Jahr 2022 einigten sich Staatsoberhäupter, Regierungschef:innen, Umweltminister:innen und andere Vertreter:innen der UN-Mitgliedstaaten auf eine historische Resolution zur Beendigung der Plastikverschmutzung und zum Abschluss eines internationalen rechtsverbindlichen Abkommens bis 2024.

Diese Entwicklungen geben mir Zuversicht, und ich habe endlich das Gefühl, mit meiner Arbeit vielleicht doch etwas bewirken zu können. Auch meine Doktorarbeit hat ihren Teil dazu beigetragen. Sie konnte unser Wissen um die Reisen der Meeresschildkröten erweitern und wird hoffentlich helfen, ihren Schutz besser und effektiver zu gestalten. Insgesamt habe ich 27 Oliv-Bastardschildkrötenweibchen mit Sendern ausgestattet und konnte ihnen so auf ihren Wanderungen nach der Nistsaison folgen. Mithilfe dieser Daten konnte ich trotz ihres nomadischen Verhaltens Gebiete vor der Pazifikküste Zentralamerikas identifizieren, in denen sich eine große Anzahl aufhält. Diese Regionen sollten ganz oben auf der Liste für *Marine Protected Areas* stehen, weil so der bestmögliche Schutz der Population im Ostpazifik gewährleistet werden kann.

Wir wissen aber immer noch nicht genug über die Reisen der Meeresschildkröten, und es ist von äußerster Dringlichkeit, mehr über ihre Aufenthaltsgebiete im Wasser zu erfahren. Nur so können wir ihre Kinderstuben, Nahrungsgebiete und Migrationskorridore identifizieren und einen wirklich umfassenden Schutz gewährleisten. Aus diesem Grund konzentriert sich meine Forschung in den letzten Jahren auf genau diese Thematik, und ich gebe mich der Hoffnung hin, dass meine Daten helfen werden, das Überleben von Meeresschildkröten in den kommenden Jahren zu sichern.

Oliv-Bastardschildkröte

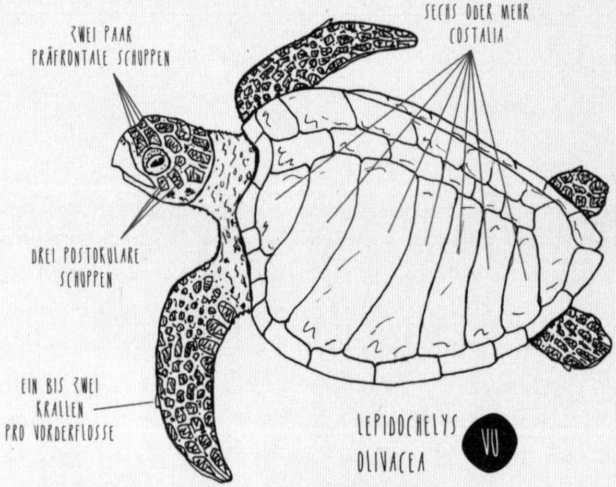

- Gefährdungsstatus (IUCN): gefährdet (VU – vulnerable)
- Panzerlänge: 60–75 cm
- Gewicht: 35–45 kg
- Hauptnahrung: Schalentiere, Fische, Algen (sind opportunistische Allesfresser)
- Geschlechtsreife: 11–16 Jahre
- Remigrationsintervalle: jährlich
- Nistintervalle: 25 Tage (*arribada*-Weibchen), 17 Tage (einzeln nistende Weibchen)
- Anzahl der Gelege pro Saison: 2–3
- Gelegegröße: 110
- Inkubationszeit der Gelege: 45–60 Tage
- Besonderheiten: nistet in synchronisierten Massennistungen (*arribadas*) sowie einzeln; Panzer ist leicht buckelig und herzförmig; Schnabel erinnert an einen Papagei

Schildkrötenliebe

Wir treiben in einem kleinen Fischerboot mit Sonnensegel ein paar Kilometer vor der costa-ricanischen Westküste in den seichten Wogen des tiefblauen Pazifischen Ozeans. Zwei Oliv-Bastardschildkröten sind mit uns an Bord. Eine liegt in einem Autoreifen auf dem Rücken, und die andere wird von zwei meiner Assistenten auf der Sitzbank festgehalten. Auch diese beiden Tiere haben ein nasses, dunkles Handtuch über den Augen, um den Stress zu mindern. Es handelt sich um ein Männchen und ein Weibchen, welche wir zuvor bei der Paarung beobachtet und direkt im Anschluss schnorchelnd mit der Hand aus dem Wasser gefischt haben. Sie sind Teil einer genetischen Studie, in der wir die Paarungsvorlieben von Meeresschildkröten beleuchten wollen. Dafür entnehmen wir beiden Tieren Hautproben und dokumentieren akribisch die morphologischen Unterschiede zwischen ihnen. Gewicht, Rückenpanzerlänge und -weite, Brustpanzerlänge und -weite, Schwanzlänge, Krallenlänge, Kopfweite, Flossenlänge – alles wird vermessen, aufgeschrieben und fotografiert.

Da die Paarung der Meeresschildkröten im Wasser und nicht an Land stattfindet, wissen wir bis heute noch nicht viel darüber. Gesichert ist immerhin, dass Männchen und

Weibchen sich treffen und miteinander kopulieren müssen. Das hört sich im ersten Moment vielleicht nicht bahnbrechend an, aber nicht alle Tiere haben Sex, um Nachkommen zu zeugen. Vor allem außerhalb der Gruppe der Säugetiere, Vögel und Reptilien ist die externe Befruchtung der weiblichen Eizellen durch die Spermien eines Männchens Standard. Im Fall der Meeresschildkröten findet die Befruchtung aber, genau wie bei uns Menschen, innerlich statt – und dafür müssen Männchen und Weibchen erst mal zueinanderfinden.

Zunächst scheint das nicht allzu schwer zu sein, doch Meeresschildkröten sind keine sonderlich sozialen Wesen. Zwar vermittelt uns der Film »Findet Nemo« den Eindruck, dass sie in Familienbanden mit einer patriarchalischen Struktur leben, doch tatsächlich macht jede Schildkröte ihr eigenes Ding, nachdem die Geschwister das Nest zusammen verlassen haben. Die Mutter hat sich zu diesem Zeitpunkt schon lange aus dem Staub gemacht, und ein Vater ist sowieso nie auf der Bildfläche erschienen. Jede Schildkröte kämpft sich allein durchs Leben. Erst zum Zeitpunkt der Geschlechtsreife treffen Männchen und Weibchen zur Paarung wieder aufeinander. Diese findet allerdings nicht wie vielleicht erwartet in den Nahrungsgebieten statt, sondern meist Tausende Kilometer davon entfernt in den Küstengewässern direkt vor den Niststränden der Weibchen.

Wie genau die allererste Paarungsreise im Leben einer Meeresschildkröte vonstattengeht und wodurch sie überhaupt erst ausgelöst wird, ist noch nicht bis ins Detail geklärt. Generell scheint es so zu sein, dass Männchen und Weibchen ab einer Panzerlänge, die etwas unter dem Durchschnitt der erwachsenen Population liegt, ihre Geschlechtsreife erlangen und sich dann das erste Mal verpaaren.

Der Fortpflanzungszyklus wird bei Männchen und Weibchen durch Hormone gesteuert, unter anderem ist auch das androgene Sexualhormon Testosteron beteiligt. In Versuchen, bei denen unreifen Meeresschildkröten Testosteron verabreicht wurde, konnte man Balz- und Paarungsverhalten beobachten. Bei jungen Schildkröten scheint die Sekretion von Testosteron temperaturabhängig zu sein, aber Wissenschaftler:innen vermuten, dass sie ab der Pubertät lichtabhängig ist. Meeresschildkröten haben nämlich eine gut entwickelte Zirbeldrüse, medizinisch *Glandula pinealis*. Das ist eine kleine endokrine Drüse im Gehirn der meisten Wirbeltiere. Sie produziert Melatonin, ein Hormon, welches bei Dunkelheit, also überwiegend nachts, gebildet und im Blut freigesetzt wird. Melatonin beeinflusst den Schlaf-wach-Rhythmus und andere zeitabhängige Rhythmen des Körpers – wie zum Beispiel auch den Fortpflanzungszyklus. Bei einer Fehlfunktion der Sekretion kann es zu einem gestörten Tagesrhythmus, aber auch zu sexueller Frühreife oder Verzögerung beziehungsweise Hemmung der Geschlechtsentwicklung kommen. Evolutionsbiologisch ist die Zirbeldrüse eine Art verkümmerter Fotorezeptor. Im Gehirn einiger Arten von Amphibien und Reptilien ist sie mit einem lichtempfindlichen Organ verbunden und als Scheitelauge sogar selbst lichtempfindlich. Darum wird die Zirbeldrüse manchmal auch das dritte Auge genannt.

In Meeresschildkröten übernimmt sie ab einem gewissen Zeitpunkt in der Entwicklung vermutlich die Kontrolle über die Testosteronsekretion. Dadurch wäre dann die Lichtintensität und nicht mehr die Temperatur für das Einsetzen der Pubertät und auch die endgültige Geschlechtsreifung verantwortlich. Natürlich sind eine gute Ernährung und eine vollständige Organentwicklung Voraussetzungen für diese

Phase. Da die Nahrungsgebiete der meisten Meeresschildkröten in höheren Breitengraden liegen als ihre tropischen Nistgebiete und diese sich durch krasse Unterschiede in der Tages- und Nachtlänge über den Jahreszyklus unterscheiden, könnte es sein, dass die Zirbeldrüse die Tageslängen über das Jahr hinweg misst und dann den Auslöser gibt, die allererste, aber auch alle weiteren Paarungswanderungen zu beginnen. So kommen Weibchen und Männchen in den ihrer Art entsprechenden Monaten pünktlich in ihren Paarungsgebieten an.

Bevor die große Reise aber starten kann, müssen sich Männchen und Weibchen in ihren Nahrungsgebieten fett fressen. Die vom Fett stammende Energie wird investiert in die Produktion von Spermien und Eizellen, die zu Ovarialfollikeln heranreifen. Unter Follikeln versteht man die Einheit aus Eizelle und der sie umgebenden Hilfszellen im Eierstock. Bei Meeresschildkrötenweibchen wird mithilfe von Vitellogenin, einem Vorläufer des Eigelbs, das Proteine und einige Lipide von der Leber durch das Blut zu den wachsenden Eizellen transportiert, der nahrungsreiche Eidotter gebildet, der die Bausubstanz für den Embryo darstellt und aus Eiweiß und Fett im Verhältnis von 1,6:1 besteht. Je reichhaltiger das Nahrungsangebot, desto fetter sind die einzelnen Schildkröten, und desto wahrscheinlicher ist es, dass vor allem die Weibchen in der darauffolgenden Saison zur Eiablage an ihre Niststrände reisen. Da sowohl der Weg dorthin als auch die Produktion von Eizellen energetisch äußerst kostspielig sind, nehmen die meisten Weibchen diese Reise nur alle zwei oder drei Jahre auf sich. Wenn das Nahrungsangebot sehr knapp ist, können diese Intervalle allerdings auch bedeutend länger werden. Die Männchen, deren Spermienproduktion etwas weniger energieaufwendig ist, kommen mit wenigen Ausnahmen fast jedes Jahr.

Wie Weibchen und Männchen ihre Paarungsgebiete auswählen, war lange Zeit ungeklärt. Es wurde zwar schon früh beobachtet, dass Weibchen ihren Niststränden über Jahrzehnte treu bleiben, der Grund dafür war aber nicht bekannt. Wissenschaftler:innen dachten über die Möglichkeit nach, dass junge Erwachsene, die ihre Reise zum ersten Mal antreten, erfahrenen Schildkröten zu deren Paarungs- und Nistgebieten folgen, sich diesen Ort merken, wenn sie selbst erfolgreich waren, und von da an jede Saison dorthin zurückkehren. Die ultimative Antwort brachte aber erst die spitzfindige Idee, sogenannte Lebendmarkierungen *(living tags)* an den Babys anzubringen.

Die Metallanhänger, die wir bei erwachsenen Tieren nutzen, sind für Babys viel zu groß und zu teuer. Man müsste eine riesige Anzahl an kleinen Schildkröten markieren, um auch nur eine einzige in einigen Jahrzehnten wiederzusehen, da so wenige überhaupt das Erwachsenenalter erreichen. Die Lebendmarkierungen hingegen kosten fast nichts. Man macht sich bei dieser Technik den markanten Unterschied in der Färbung des dunklen Rücken- und des hellen Brustpanzers zunutze. Er dient normalerweise der Tarnung im Wasser: Von unten können Raubtiere die Meeresschildkröten gegen die helle Wasseroberfläche und von oben gegen den dunklen Meeresgrund nur schwer erkennen. Für die *living tags* werden kleine kreisförmige Keratinstücke der beiden Panzerteile miteinander vertauscht und transplantiert. Das ist so, als würden wir uns die Fingernägel schneiden und die abgeschnittenen Stücke an unsere Fußnägel kleben. Diese winzig kleinen, aber auffälligen Kreise wachsen wieder an und mit den Schildkröten mit und weisen sie ihr Leben lang als Mitglieder einer Studienkohorte aus. Selbst im Dunkel der Nacht fallen die kleinen hellen Kreise im dunklen Rückenpanzer der nistenden Schildkröten sofort auf. Durch genau diese Art von Studien konnten Forscher:innen zum einen klären, dass 15 bis 45 Jahre bis zur Geschlechtsreife vergehen, und zum anderen stellten sie fest, dass erwachsene Weibchen zur Eiablage an die Strände ihrer Geburt oder zumindest ganz in deren Nähe zurückkehren. In der Zwischenzeit haben genetische Studien diese Erkenntnisse bestätigt und zusätzlich gezeigt, dass die Männchen ebenfalls in die Regionen ihrer Geburt reisen.

Auch ich musste weit reisen, um meinen Lebenspartner zu finden. Im Gegensatz zu den Schildkröten fand ich ihn allerdings nicht am Ort meiner Geburt, sondern am anderen Ende der Welt. Mein Kollege und guter Freund Andrey, der mir ganz zu Beginn erklärt hatte, wie man Meeresschildkrötennester gräbt, und mir den Strand und die Meeresschildkröten durch die Augen eines Ortsansässigen zeigte, wurde irgendwann mehr als nur ein Freund. Inzwischen sind wir seit vielen Jahren ein Paar, und er ist zwar nicht immer, aber doch oft Teil meiner zahlreichen Meeresschildkrötenabenteuer.

Auch jetzt auf dem Boot sind wir ein eingespieltes Team, und nach knapp 20 Minuten entlassen wir die beiden Schildkröten zurück ins Wasser. Nicht weit von uns entfernt sehen wir schon drei weitere Oliv-Bastardschildkröten unter der Wasseroberfläche schwimmen. Zwei von ihnen haben dem Anschein nach großes Interesse an der dritten. Ich setze meine Tauchermaske auf, ziehe meine Schwimmflossen an und lasse mich ohne viele Bewegungen vom Rand des Bootes ins Wasser gleiten. Einer meiner Assistenten reicht mir meine GoPro-Kamera, und ich tauche ab. Vorsichtig schwimme ich in Richtung der Tiere. Zum Glück befinde ich mich genau hinter ihnen, und sie haben mich noch nicht bemerkt. Unter Wasser kann ich erkennen, dass es sich wie vermutet um ein Weibchen und zwei Männchen handelt. Der massive und überlange Schwanz der Letzteren ist deutlich zu erkennen. Beide schwimmen im Kreis um das Weibchen und versuchen, auf seinen Rückenpanzer zu steigen. Das Weibchen behält sie jedoch fest im Blick und dreht ihnen immer wieder Kopf und Brustpanzer zu. Zusätzlich hat es die Hinterflossen über seinen Schwanz gepresst. Eine klare Ansage, es scheint nicht in Paarungsstimmung zu sein. Das hält die Männchen jedoch nicht davon ab, es weiter zu versuchen. Runde um Runde drehen sie und beißen das Weibchen immer wieder in Flossen und Hals, als könnten sie es so umstimmen. Eines der Männchen wagt einen dreisten Vorstoß und versucht, sich in einem Moment der Unaufmerksamkeit auf den Rücken des Weibchens zu ziehen. Doch das macht eine schnelle Drehung, und der hartnäckige Verehrer fällt wieder runter. Von Einverständnis haben die beiden wohl noch nichts gehört. Irgendwann wird es dem Weibchen, das vermutlich nur ein bisschen Wärme an der Wasseroberfläche tanken wollte, zu bunt, und es rast – eine Lücke in den Kreisen der liebestollen Männchen nutzend – mit kräftigen Flossenschlägen ins unendliche Blau hinein.

Als romantisch würde ich das Paarungsspiel von Meeresschildkröten wirklich nicht beschreiben. Wenn es einem Männchen gelingt, sich auf den Rücken des Weibchens zu ziehen und sich mit seinen Krallen an den Vorder- und Hinterflossen am Rand des Panzers zu verankern, bringt es da so leicht nichts mehr runter. Der lange Schwanz der Männchen ist agil und kann ebenfalls zum Festhalten und

Umklammern verwendet werden, was es ihnen erleichtert, nach der Kloake an der Basis des weiblichen Schwanzes zu tasten und den Penis hineinzuschieben. Auf unserem Boot sorgen die tastenden Schwänze und Phalli immer wieder für lustige Momente, wenn jemand gerade nicht aufpasst und plötzlich ein Meeresschildkrötenpenis an seine Hand tippt.

Das Wort »Kloake« kommt vom lateinischen Begriff *cloaca*, der den Abwasserkanal der alten Römer beschreibt, mit dem alle möglichen Flüssigkeiten und Müll aus den Städten geleitet wurden. Bei vielen Tieren ist die Kloake der gemeinsame Körperausgang für die Verdauungs-, Geschlechts- und andere Exkretionsorgane. Das gilt auch für die Meeresschildkröten, bei denen hier also neben Kot und Urin auch die geschlechtsspezifischen Produkte austreten: die Eier des Weibchens und das Ejakulat mit den Spermien des Männchens. Auch der unerregte Penis ist in der Kloake aufgefaltet.

Der Meeresschildkrötenpenis ist ein kurioses Organ, eine Art hydraulischer Halbzylinder, dessen stark durchbluteter und einziger Schwellkörper sich im erregten Zustand mit Blut füllt. Dabei wird er relativ unbiegsam und macht es dem Ejakulat überhaupt erst möglich hindurchzufließen. Denn statt eines geschlossenen inneren Rohrs oder Schlauchs haben die Männchen eine lange, exponierte Samenrinne, die auf beiden Seiten von Erhebungen, sogenannten Samenleisten, umgeben ist. Sie erstreckt sich von der Harnröhrenöffnung unten an der Peniswurzel bis zur Eichel. Nur im erregten Zustand wird diese Rinne zu einer Röhre.

Das erscheint uns vielleicht ungewöhnlich, doch tatsächlich ist der geschlossene Schlauch im Penis der Säugetiere eher die Ausnahme. Wenn wir die männlichen Geschlechtsorgane von Echsen, Schlangen, Krokodilen und auch Vögeln betrachten, sind Samenrillen und -rinnen die Norm. Beim

Anschwellen des Penis einer Schildkröte kann seine Länge um fast 50 Prozent und sein Durchmesser um 75 Prozent zunehmen. Sogar ein nicht geschwollener Penis ist ziemlich groß. Bewegliche Hautfurchen und eine Art Haken an der Eichel verleihen ihm noch zusätzlich ein für uns ausgesprochen fremdartiges Aussehen. Schildkröten scheinen die Bewegungen dieser Samenrillen und die Furchen am Kopf der Eichel kontrollieren zu können und dirigieren ihr Ejakulat so vermutlich an den richtigen Platz im Inneren des Weibchens.

Die Geschlechtsorgane der Weibchen muten etwas weniger außerirdisch an. Äußerlich ist nur die Kloake sichtbar. Im Körperinneren haben sie, genau wie wir Frauen auch, paarige Eierstöcke, in denen die unbefruchteten Eizellen ungefähr acht Monate vor der Nistsaison heranreifen, und paarige Eileiter. In den Eierstöcken kommen die reifen, dotterreichen Eizellen und die männlichen Spermien zusammen. Gemeinsam werden sie in eine Schale verpackt und so zu den fertigen Eiern, die vom Weibchen gelegt werden können. Ein komplettes Gelege herzustellen dauert je nach Art zwischen 10 und 14 Tagen. Diese Zeitspanne bestimmt den Zyklus, in dem die Weibchen ihre Eier legen. Lederschildkröten nisten zum Beispiel in Intervallen von 10 Tagen, bei Echten Karettschildkröten sind es 14. Die Oliv-Bastardschildkröte kann die Eiablage sogar hinauszögern, obwohl die Eier schon fertig sind, und legt alle 17 bis 28 Tage.

Auf dem Boot interessiert uns ganz besonders der Reproduktionsstatus der Weibchen, also der genaue Zeitpunkt des Zyklus, in dem sie sich befinden, denn es ist noch nicht hundertprozentig geklärt, ob Weibchen sich wirklich nur ganz am Anfang der Saison verpaaren oder vielleicht doch noch mal zwischendurch. Beim nächsten Weibchen, das ich aus dem Wasser ziehe, nutze ich deshalb unser tragbares Ultraschallgerät und eine Sonde. Damit kann ich über den weichen Inguinalbereich zwischen Hinterflossen und Bauchpanzer ins Innere, auf die Eileiter und Eierstöcke, blicken. Vorsichtig mache ich mich an die Arbeit.

Die noch nicht gesprungenen Eizellen in den Eierstöcken, auch Follikel genannt, sehen aus wie Hunderte kleine Tischtennisbälle und können ein Indiz dafür sein, dass das Weibchen vermutlich gerade erst im Paarungsgebiet angekommen ist. Vielleicht hat es in der letzten Nacht aber auch schon ein Gelege vergraben. In jedem Fall wird es demnächst noch ein Nest legen. Beschalte Eier würden aussehen wie größere Follikel, allerdings mit einer Art Heiligenschein drum herum. Um die Eileiter und Eierstöcke besser sichtbar zu machen, kippen wir das Weibchen bei der Ultraschalluntersuchung leicht nach hinten, damit die Schwerkraft die inneren Organe in Richtung unserer Sonde zieht. Es ist trotzdem gar nicht so leicht, ein unverschwommenes Ultraschallbild zu erzeugen, denn das Weibchen wehrt sich nach Leibeskräften, und wir kommen ordentlich ins Schwitzen, während wir versuchen, seine Flossen still zu halten.

Doch zurück zu unserer Ausgangsfrage. Um herauszufinden, mit wem die Weibchen sich wann verpaaren, müssen wir erst mal klären, nach welchen Kriterien sie sich ihre Partner aussuchen. Es gibt weder offene Kämpfe zwischen den Männchen, noch wählen Weibchen den schönsten, größten, farbenprächtigsten oder klügsten Partner – zumindest soweit wir wissen. Gerade eine Wahl aufgrund von Äußerlichkeiten wäre tatsächlich schwierig, denn die Geschlechter sehen sich bis auf die langen Schwänze und die massiven Krallen der Männchen wie schon erwähnt sehr ähnlich. Die Partnerwahl scheint vielmehr einem *Scramble-*

mating-System zu folgen. Dabei wird der Paarungserfolg durch die schnelle Partnersuche bestimmt, basierend auf dem Prinzip: Wer zuerst kommt, mahlt zuerst.

Das wiederum kann natürlich zur Folge haben, dass man, beziehungsweise Schildkröte, sich mit jemandem verpaart, der genetisch vielleicht nicht der gesündeste ist. Oder man ist genetisch einfach nicht kompatibel und zeugt zusammen Babys, die schlechte Überlebenschancen haben. Für die Männchen ist das kein großer Verlust. Sie versuchen, so viele ihrer Gene wie nur möglich an die nächste Generation weiterzugeben, und verpaaren sich in einer Saison mit vielen verschiedenen Weibchen. Für die Weibchen hingegen kann eine schlechte Paarung bedeuten, dass all ihre investierte Energie und Ressourcen umsonst waren und sie in dieser Saison keine überlebensfähigen Nachkommen in die Welt setzen. Deshalb verpaaren sich auch die Weibchen mit mehreren Männchen, bei ihnen geht es vermutlich darum, die Chancen für ihren Nachwuchs durch ein zufälliges Partnerupgrade zu verbessern.

Es existiert also ein klassischer Interessenkonflikt zwischen den beiden Geschlechtern: Die Weibchen benötigen zwar genügend, aber möglichst hochwertige Spermien, um alle heranreifenden Eier befruchten zu können und die bestmöglichen Gene für ihre Babys zu sichern. Die Männchen versuchen, mit möglichst vielen Weibchen möglichst viele Nachkommen zu zeugen. Aus diesem Grund bleiben Männchen auch nach der Kopulation am Weibchen hängen, um so andere Männchen von einer Paarung abzuhalten. Das zieht sich teils über Stunden hin, in denen das Weibchen das doppelte Gewicht durchs Wasser schleppen muss, was besonders mühevoll erscheint, wenn es zum Atmen an die Wasseroberfläche muss. Es ist auch nicht ungewöhnlich, dass andere Männchen ihren erfolgreichen Konkurrenten vom Rücken des Weibchens herunterzerren wollen oder sich gar in einer langen Kette auf dem Weibchen stapeln. Auf das Weibchen wird da keine Rücksicht genommen: Während der Hauptpaarungszeit, die ein bis zwei Monate vor Beginn der Nistsaison stattfindet, sieht man in größeren Populationen Hunderte von erschöpften Weibchen mit männlichem Anhang antriebslos an der Wasseroberfläche dümpeln.

Natürlich sollten wir tierisches Verhalten nicht vermenschlichen. Doch wenn ich die von den Bissen und Krallen der Männchen herbeigeführten Schnitte und Narben am Nacken und an den weichen Stellen unter dem Panzerrand der Weibchen sehe, kann ich manchmal nicht umhin, mich zu fragen, was sie wohl darüber denken.

Ein dagegen eher witziger Aspekt der Meeresschildkrötenliebe ist, dass die Männchen nicht sonderlich wählerisch in Bezug auf das Objekt ihrer Begierde sind. So gibt es Tausende Beobachtungen von Männchen, die versuchten, mit treibenden Baumstämmen zu kopulieren. Und so einige Taucher:innen können Geschichten davon erzählen, wie sie die aggressiven Annäherungsversuche eines Männchens in Paarungsstimmung abwehren mussten. Vielleicht ist das auch der Grund, warum es unter den hartschaligen Meeresschildkrötenarten immer wieder zur Verpaarung unterschiedlicher Arten kommt. Diese interspezifischen Verpaarungen führen zu gekreuzten Nachkommen, sogenannten Hybriden, die ähnlich wie Maultier oder Maulesel Charaktereigenschaften beider Elternarten zeigen. Allerdings sind Meeresschildkrötenhybride im Gegensatz zu Maultier und Co fruchtbar, also fortpflanzungsfähig – die genetische Spaltung der Arten scheint hier nicht ganz so tief zu verlaufen wie bei Esel und Pferd.

Eine vermeintliche Kreuzung steckt auch hinter dem ungewöhnlichen Namen der beiden Bastardschildkröten. Ihre englische Bezeichnung *ridley turtles* ist vermutlich abgeleitet von dem englischen Wort für Rätsel, *riddle*, und deutet auf das Kopfzerbrechen hin, welches die beiden Arten der Wissenschaft lange Jahre bereitet haben. Die Geschichte der *Kemp's Ridley* oder Atlantischen Bastardschildkröte begann, als der Geschäftsmann und begeisterte Naturforscher Richard Kemp aus Key West auf eine Meeresschildkröte aufmerksam wurde, die die Einheimischen *Ridley* nannten. Kemp war fasziniert von diesem fremdartigen Tier, das so ganz anders war als die Meeresschildkrötenarten, die er von den Bahamas kannte. Er schickte Beschreibungen und Exemplare nach Harvard, und 1880 wurde die Art ihm zu Ehren *Kemp's Ridley* genannt.

Aber noch bis ins 20. Jahrhundert gab die Atlantische Bastardschildkröte den Wissenschaftler:innen weitere Rätsel auf, denn niemand wusste, wo sie nistet. Der Stammvater der Meeresschildkrötenbiologie, Archie Carr, reiste aus diesem Grund 1938 zu den Florida Keys und hörte sich die lokalen Geschichten rund um diese eigenartig aussehenden Schildkröten an. Doch auch die Fischer kannten ihre Nistplätze nicht. Sie nahmen an, dass die Tiere Hybride aus Grünen und Unechten Karettschildkröten waren – sogenannte Bastarde.

Carr, dem im Gegensatz zu den Fischern bekannt war, dass es sich bei *Kemp's Ridley* um eine eigene Art handelte, verbrachte die nächsten zwei Jahrzehnte damit, in ganz Florida, auf den Bahamas, in der Karibik und im nördlichen Golf von Mexiko nach ihren Niststränden zu suchen. Vergeblich. Bis ein Pilot 1947 aus der Luft ganz erstaunliche Bilder einer synchronisierten Massennistung von Atlantischen Bastardschildkröten an einem relativ kurzen Strandabschnitt von Rancho Nuevo in Mexiko filmte, bei der geschätzte 40 000 Tiere gleichzeitig ihre Nester buddelten – eine *arribada*. Doch die Wissenschaft erfuhr erst 1961 davon, als der Biologe Henry Hildebrand bei einem Besuch in Mexiko auf das Filmmaterial des Piloten stieß und es der wissenschaftlichen Gemeinschaft präsentierte. Damit waren die zwei größten Rätsel um die Atlantische Bastardschildkröte gelöst: Sie ist definitiv kein Bastard, sondern eine eigene Art, die sich gezielt fortpflanzt, und sie nistet in *arribadas* in Mexiko. Die beiden Bastardschildkrötenarten sind tatsächlich die einzigen Meeresschildkröten, die in synchronisierten Massen nisten.

Es ranken sich viele Geschichten um die Bastardschildkröten, die früher oft als »bösartig« oder auch als *»heartbreak turtles«* bezeichnet wurden, da sie sich so heftig zur Wehr setzen können, wenn sie auf den Rücken platziert werden, dass ihr Herz angeblich explodiert und sie sterben. Diese Wehrhaftigkeit bekommen auch wir auf dem Boot täglich zu spüren – zum Glück ohne explodierende Herzen. Mir hat sie dennoch meine bislang körperlich schmerzlichste Meeresschildkrötenbegegnung beschert.

Während einer unserer Forschungsfahrten ziehe ich mich nach dem ersten erfolgreichen Fang des Tages erschöpft über die Reling ins Boot und lande leider genau vor der Nase eines Weibchens, das mit einem Handtuch über den Augen auf dem Rücken in unserem Autoreifen liegend auf seine Untersuchung wartet. Meine Assistent:innen haben wohl etwas geschlafen, denn eigentlich drehen wir die Schildkröten bewusst mit dem Kopf von der Reling weg ins Innere des Bootes, damit ich ohne Probleme ein- und aussteigen kann. Noch bevor mein Gehirn die Gefahr registrieren kann, hat das Weibchen mir auch schon ins Schienbein gebissen.

Mich durchfährt ein fürchterlicher Schmerz, als plötzlich ein guter Teil meines Beines im Maul der Schildkröte hängt, die keinen Millimeter lockerlässt. Jetzt bloß nicht unbedacht wegziehen, denke ich, während ich die Zähne zusammenbeiße, um den Schmerz irgendwie auszuhalten, sonst kann ich meinem Stück Fleisch in ihrem Maul *adios* sagen.

Als ich hochschaue, sehe ich in die bleichen Gesichter meiner Assistent:innen. Kapitän Santiago kramt hektisch im hinteren Teil des Bootes nach einem Gegenstand, mit dem er das Maul der Schildkröte aufhebeln kann. Mir hingegen erscheint alles wie in Zeitlupe, der Schmerz ist kaum auszuhalten. Doch ich will vor allem keine Panik verbreiten, obwohl ich mich vor meinem inneren Auge schon im Krankenhaus sehe, um genäht zu werden. Wenigstens hat es mich getroffen und nicht eine:n meiner Assistent:innen, denke ich. Nach einigen Sekunden, die mir wie eine halbe Ewigkeit vorkommen, öffnet das Weibchen seinen Papageienschnabel ein paar Millimeter, und ich reagiere wie der Blitz. So schnell wie möglich ziehe ich mein Bein zurück. Mental bereite ich mich schon auf einen blutigen Anblick vor, aber ich habe Glück im Unglück. Das Weibchen hat mich durch das Handtuch hindurch gebissen und mit seiner enormen Kraft zwar die Haut massiv zusammengepresst, mir aber kein Stück komplett herausgerissen.

Ein schöner Anblick ist es dennoch nicht: Die zwei Spitzen des scharfen Schnabels haben trotz des Handtuchs blutige Wunden und eine Quetschung verursacht, die in den nächsten Tagen in den schillerndsten Farben erstrahlen wird. Mein sonst so entspannter Assistent Marcus macht riesige Augen und fragt mich besorgt, ob ich in Ordnung sei. Da ich so viel Aufmerksamkeit nicht mag und zudem um das Wohl der zwei Tiere an Bord besorgt bin, reagiere ich nach dem Prinzip »Hier gibt es nichts zu sehen« und »weitermachen«. Erst als beide Schildkröten wieder im Wasser sind, erlaube ich mir durchzuatmen, mich hinzusetzen und einen Müsliriegel zu essen. Ich merke, wie mein Blutzuckerspiegel durch Schock und Stress gesunken ist und ich am ganzen Körper zittere. Mein Bein schmerzt ordentlich, und die malträtierte Stelle pocht vor sich hin. Der Schreck sitzt uns allen in den Knochen, aber ein Gutes hat dieses Erlebnis: Es ist überaus lehrreich für alle Anwesenden, und wir geben von nun an doppelt so viel acht, wie wir die Schildkröten platzieren.

Während ich auf der Bank an meinem Riegel kaue, kann ich nicht verhindern, dass ich mich frage, was zum Teufel ich eigentlich hier mache. Alles fing ganz harmlos mit meinem ersten Aufenthalt als Studentin in Costa Rica und den vielen Fragen zum Paarungsverhalten von Meeresschildkröten an, die mir weder die Menschen vor Ort noch eine spätere intensive Suche in der Fachliteratur beantworten konnten. Aus diesem Grund war das Thema meiner Diplomarbeit schnell gefunden, als mir angeboten wurde, sie in Costa Rica zu schreiben. Ich wollte unbedingt das Paarungsverhalten von Lederschildkröten erforschen und im Besonderen klären, wie oft und mit wie vielen Partner:innen sich Männchen und Weibchen pro Saison jeweils verpaaren. Bis vor ein paar Jahren vermutete man, dass sie aufgrund ihres *Scramble-mating*-Systems vermutlich promiskuitiv sind, aber ob das auf beide Geschlechter zutrifft, das wusste niemand. Zurück an der Würzburger Universität, nahmen sich Dr. Heike Feldhaar und ihre Arbeitsgruppe meiner an und unterstützten mein Vorhaben. Dr. Feldhaar ist eine renommierte Ameisenforscherin, die molekulare Methoden, sprich Genetik, nutzt, um die Verwandtschaftszusammenhänge und Vaterschaften in Ameisenstaaten zu untersuchen. Genau diese Methoden kann man aber auch in anderen Organismen mit sexueller Fortpflanzung anwenden, und so entschied ich mich für eine genetische Vaterschaftsstudie in der Lederschildkrötenpopulation von Gandoca.

Die Frage, die ich für meine Diplomarbeit beantworten wollte, war genau die Art von Rätsel, die ich schon seit Kindertagen liebe – mit dem Unterschied, dass ich die Antworten damals in Büchern fand. Jetzt musste ich sie mir selbst durch akribische Datenerfassung, Laboranalysen und Auswertung der Ergebnisse suchen. Bewaffnet mit meinem Hauptwerkzeug, der Genetik, zog ich los, um die Verwandtschaftsverhältnisse der Lederschildkrötenbabys in Costa Rica aufzudecken und unsere Wissenslücken bezüglich des Paarungssystems dieser Art zu füllen. Ganz besonders interessierte mich, ob sich die Individuen in einer Population generell mehrfach mit verschiedenen Partnern beider Geschlechter verpaaren (polygam) oder ob sich nur die Weibchen mit mehreren Männchen (polyandrisch) oder die Männchen mit mehreren Weibchen verpaaren (polygynisch). Die Vererbungslehre nutzend, hoffte ich, Auskunft darüber zu erhalten, wie viele Väter am Nest eines Weibchens beteiligt waren. Umgedreht konnte ich so natürlich auch feststellen, mit wie vielen Männchen sich das Weibchen verpaart hatte.

Das Prinzip der Vaterschaftsanalyse ist relativ einfach. Wer sich an den Biologieunterricht in der Schule erinnert und insbesondere an Gregor Mendel, der weiß vielleicht noch, dass wir und alle anderen Tiere, die sich sexuell vermehren, 50 Prozent unserer DNA von unserer Mutter und 50 Prozent von unserem Vater erben. Deshalb haben wir normalerweise für jedes unserer Gene zwei Varianten, im

Fachjargon Allele genannt, die unsere körperlichen Charaktereigenschaften codieren. Wie genau unsere genetischen Konstellationen aussehen, also die Gesamtheit unserer genetischen Informationen, wird Genotyp genannt. Da können wir zum Beispiel ein Allel für blaue Augen haben und ein Allel für braune Augen. Welches der zwei Allele letztendlich unsere Augenfarbe bestimmt, unterliegt gewissen Gesetzen und definiert unseren Phänotyp, also unsere tatsächliche Augenfarbe.

Für die Vaterschaftsanalyse brauchen wir aber nur den Genotyp der Mutter und ihrer Kinder. Meist reicht es dafür, den Genotyp an einer Handvoll Mikrosatelliten zu ermitteln. Mikrosatelliten sind nicht codierende DNA-Sequenzen, die durch ihre physische Position, ihren Locus oder Genort, im Genom beschrieben und identifiziert werden. Wenn ich mir also an meinen ausgewählten Loci die zwei Allele der Mutter anschaue und sie mit den zwei Allelen ihrer Nachkommen vergleiche, kann ich sehen, welches der Allele von der Mutter vererbt ist – und das andere muss nach Mendel automatisch vom Vater stammen. Natürlich haben auch die Männchen nur zwei Allele pro Locus, und wenn ich in einem Nest nun mehr als zwei väterliche Allele finde, muss mehr als nur ein Männchen an der Vaterschaft beteiligt gewesen sein, wodurch die Babys teilweise zu Halbgeschwistern werden.

Allerdings werden endgültige Aussagen dadurch erschwert, dass nach wie vor gewisse Fragen offen sind, zum Beispiel wie lange Weibchen Spermien aufbewahren können. Wir wissen, dass sie dazu normalerweise zumindest über den mehrmonatigen Zeitraum der Nistsaison in der Lage sind, denn sie legen nicht nur ein Gelege pro Saison, sondern je nach Art durchschnittlich zwei wie die Oliv-Bastardschildkröte oder bis zu sieben wie die Lederschildkröte.

Es gibt aber auch Anekdoten, die von Weibchen in Aquarien berichten, die nach Jahren ohne Kontakt zu Männchen immer noch befruchtete Eier legen. Wenn das stimmt, ist natürlich schwierig zu bestimmen, ob der zweite oder dritte Vater des Geleges Teil der diesjährigen Paarung war oder aus einer vorherigen Saison stammt. Die Langzeitlagerung von Spermien wirft jedoch die Frage auf, ob sie nach einer Weile überhaupt noch überlebensfähig sind und ob sie nicht an Qualität verlieren, also zum Beispiel Beschädigungen im genetischen Material erfahren. Deshalb gehen viele Wissenschaftler:innen davon aus, dass die zur Befruchtung genutzten Spermien meistens von den jüngsten Paarungen stammen, vermutlich nach dem Motto »Als Letztes rein, als Erstes raus«.

Um diese Studie durchführen zu können, musste ich Hautproben von mehreren Weibchen und ihren Nachkommen sammeln, am besten aus mehr als einem Nest. Das klingt einfach, und die erste Hautprobe vom Weibchen war auch tatsächlich keine große Herausforderung. Nachts am Strand wartete ich darauf, dass meine großen Mamas mit der Eiablage fertig waren. Dann klemmte ich mithilfe einer Venenklemme ein kleines Stück Haut am Rand der Hinterflosse ab, schnitt mit einer scharfen Skalpellklinge ein sechs Millimeter großes Stück ab, ohne es mit Sand in Berührung zu bringen, und ließ es in eines meiner vorbereiteten und nummerierten Probengläschen gleiten, die alle 99 Prozent Ethanol enthielten. Die meisten der von mir besammelten Weibchen reagierten noch nicht einmal. Später bei den Babys lief meine Probensammlung ähnlich. Wenn eines der Nester in der Inkubationsstation schlüpfte, packte ich zehn Babys in eine Kiste und brachte sie zur Station, wo ich besseres Licht und einen Tisch hatte. Der Prozess war der gleiche wie bei den Müttern, nur waren die Hautproben um Welten kleiner. So klein, dass sie im Alkohol in den Probengläschen fast unsichtbar waren.

Die Schwierigkeiten bestanden darin, die besammelten Weibchen über die Nistsaison im Auge zu behalten und auch alle ihrer weiteren Nester sicherzustellen. Dazu klebte ich Listen mit den Tagnummern meiner Lederschildkrötenweibchen an die Klemmbretter der Patrouillenrucksäcke und instruierte meine Kolleg:innen, die Nester dieser Tiere auf alle Fälle in unsere Inkubationsstationen zu bringen. Dann musste ich uns selbst knapp 60 Tage lang die Daumen drücken und hoffen, dass das Nest ohne Probleme schlüpfen und die Babys nicht aus Versehen von unaufmerksamen Volontär:innen ins Wasser entlassen würden, bevor ich die Chance gehabt hatte, Hautproben zu nehmen.

Natürlich wäre es langweilig gewesen, wenn alles reibungslos verlaufen wäre. Also wurde der Strand wegen eines Konflikts unter den Bewohner:innen von Gandoca über die Administration des Schildkrötenprojekts mitten in der Hauptsaison von der Regierung geteilt und jeweils eine Strandhälfte einer Gruppe zugesprochen. Ein salomonisches Urteil sozusagen. Leider befand sich eine der beiden Inkubationsstationen mit meinen Nestern genau auf dem Abschnitt, auf dem meine Gruppe nun nicht mehr patrouillieren durfte. Wir hatten insgesamt über 80 Nester, davon knapp 30 für meine Diplomarbeit, in dieser Station, und ich musste mich mit dem Gedanken anfreunden, dass diese Daten für mich und meine Studie verloren waren. Doch nach einem Monat zäher Diskussionen wurde uns erlaubt, zumindest noch die Inkubation zu überwachen und die Babys freizulassen, wenn wir auch keine neuen Nester mehr hineinverlegen durften. Immerhin.

In dieser Konstellation lief auch erst mal alles glatt. Dann aber trieben im Juni schwere Unwetter und monsunartige Regengüsse hohe Wellen an den Strand. Wir schützten unsere Inkubationsstationen mit einer Mauer aus Sandsäcken vor Überflutung, aber die ersten Wellen dieser Schlechtwetterfront waren gleich so hoch, dass sie alle Säcke wegspülten. Wir mussten also dem Wasser den Kampf ansagen. Über mehrere Tage ließen wir nichts unversucht, um unsere Inkubationsstation und die noch verbliebenen 70 Nester zu retten. Frühmorgens füllten wir neue Sandsäcke und stapelten sie vor der Inkubationsstation, suchten die dicksten Baumstämme und bildeten eine Barriere vor den Sandsäcken, doch jeden Abend verschwanden unsere Barrikaden innerhalb weniger Minuten in den nächtlichen Fluten.

In einer letzten verzweifelten Aktion trommelten wir am Abend alle Assistent:innen und Volontär:innen zusammen, um unsere Nester an einen anderen Ort zu bringen. Wir teilten unsere Leute in drei Gruppen ein. Die erste füllte Boxen mit einer Schicht aus Sand, und während der Regen auf uns niederprasselte, gruben wir jedes einzelne Nest aus und legten die Eier, so vorsichtig es in der Dunkelheit und Hektik ging und ohne sie zu drehen, in die Boxen. Ganz wichtig war, dass die Nestetiketten in den richtigen Boxen landeten, sodass wir die Identität des Nestes und der Mutter nicht verloren. Dann brachte die zweite Gruppe die Boxen ungefähr einen Kilometer weiter an einen anderen Strandabschnitt, der nicht von den Wellen heimgesucht wurde. Dort war eine Gruppe von Assistent:innen damit beschäftigt, wie am Fließband künstliche Eikammern zu buddeln. Akkord- und Rekordarbeit.

Da ich Sorge um die Eier hatte, kontrollierte ich anfangs in der ersten Gruppe, dass alle Nester korrekt verpackt und identifiziert wurden. Als der Abend fortschritt und langsam Routine eintrat, wechselte ich zur dritten Gruppe, um sie beim Nestbau zu unterstützen und die Eier wieder sicher zu vergraben. Meine Klamotten waren seit Stunden bis auf die Unterwäsche durchnässt, meine Haare klebten mir in den Augen, und ich war von oben bis unten mit Sand bedeckt. Der Regen ließ nicht nach, und während ich die Eier vorsichtig aus den Boxen in die fertigen Eikammern legte, versuchte ich mit geringem Erfolg, sie mit meinem Körper vor den größten Wassermassen abzuschirmen. Meine Muskeln und mein Rücken schmerzten, und meine Wasserflasche war schon lange leer. Trotzdem machten wir wie vom Teufel getrieben weiter, und als die Sonne um fünf Uhr aufging, hatten wir es geschafft: Auch das letzte Nest war wieder sicher vergraben.

Das erste Tageslicht offenbarte uns jedoch einen traurigen Anblick. Der Strandabschnitt, an den wir unsere Nester verlegt hatten, glich einem Minenfeld. Überall zeigten dunkle Flecken an, wo die neuen Nester lagen. Als wir zu unserer ehemaligen Inkubationsstation zurückliefen, trafen wir auf unsere Mitstreiter:innen von den beiden anderen Gruppen, die genau wie wir ein jämmerliches Bild abgaben: übermüdet, durchnässt, schwarz vom Sand und schlotternd vor Kälte. Die Inkubationsstation selbst oder das, was davon noch übrig war, sah aus, als hätte ein Tsunami gewütet. Der Zaun war zur Hälfte weggerissen, das Schatten spendende Tarnnetz auf Bambusstelzen zusammengefallen und die Hütte für unser Equipment eingestürzt. Wir alle mussten die Ereignisse der letzten Nacht erst einmal sacken lassen. Gefühle tiefer Trauer über den Zustand unserer Inkubationsstation wechselten sich mit der Euphorie darüber ab, dass wir es tatsächlich geschafft hatten, alle Nester zu retten. Jetzt mussten die kleinen Schildkröten nur noch schlüpfen. Aber darüber konnten wir uns später Sorgen machen, erst mal kalt duschen und dann ab ins Bett. Das war einer der wenigen Tage, an denen ich mir eine heiße Dusche wünschte.

Glücklicherweise schlüpften alle unsere Nester mit fast unvermindertem Erfolg im Vergleich zu dem erwarteten Schlupferfolg in der Brutstation, und ich konnte die nötigen Proben für meine genetische Studie ohne weitere Probleme sammeln. Die Ergebnisse meiner Diplomarbeit zeigten, dass sich erstaunlicherweise nur ein kleiner Teil der Weibchen mit mehr als einem Männchen verpaart hatte. Die Gründe dafür liegen vermutlich an dem Gefährdungsstatus der Art, denn im Vergleich mit anderen Arten und Populationen kann man sehen, dass der Prozentsatz der Mehrfachverpaarungen unter den Weibchen umso höher ist, je größer die Populationen sind. Das hat sehr wahrscheinlich damit zu tun, dass in Populationen mit mehr Individuen auch mehr geschlechtsreife Männchen vorhanden und diese für die Weibchen leichter zu finden sind. Diese Abhängigkeit der Mehrfachverpaarung von der Individuendichte in der von mir studierten Lederschildkrötenpopulation ist äußerst besorgniserregend und nur eines von vielen Anzeichen dafür, dass die Population zu klein ist. Es ist überlebenswichtig, dass die Populationen wieder wachsen und nicht nur am Existenzminimum herumkrebsen. Die genetische Diversität ist ausschlaggebend für die Zukunft einer Population, da sie als Baumaterial die Anpassungsmöglichkeiten einer Art bestimmt.

Während ich meine Diplomarbeit zusammenschrieb, lernte ich mehr und mehr über das Paarungssystem und -verhalten von Meeresschildkröten. Doch zugleich taten sich immer neue Fragen auf. Nach welchen Kriterien suchen sich die Männchen ihre Weibchen aus und die Weibchen die Männchen? Wie finden sich paarungswillige Meeresschildkröten im weiten Meer? Gibt es eine Art Treffpunkt, oder helfen ihnen Geruchsstoffe, eine:n Partner:in zu finden? Können Meeresschildkröten eigentlich ihre Verwandten erkennen, oder wie verhindern sie, sich mit ihren Eltern, Geschwistern, Tanten, Onkeln oder Großeltern zu verpaaren, die ja auch alle in die Regionen und sogar an die Strände ihrer Geburt zurückkehren?

Ich widmete mich in den darauffolgenden Jahren anderen Aufgaben im Meeresschildkrötenschutz und in der -forschung, doch diese Fragen ließen mich nicht los. Deshalb kamen sie mir logischerweise auch als Erstes in den Sinn, als ich mich schließlich dazu entschied, doch eine Doktorarbeit zu schreiben. In meinen Bewerbungen um eine Doktorandenstelle in vier verschiedenen Arbeitsgruppen an US-amerikanischen Universitäten legte ich diese Fragestellungen aus und fand so meine spätere Doktormutter Dr. Pamela Plotkin, die Interesse daran hatte, das Thema näher zu beleuchten. Und so sitze ich nun in unserem kleinen Fischerboot mitten auf dem Pazifischen Ozean und untersuche sich paarende Meeresschildkröten. Leider werde ich meine Fragestellung nach dieser ersten Saison noch einmal komplett ändern müssen, da mein Doktorkomitee fürchtet, dass die Zeit einer einzigen Doktorarbeit nicht ausreicht, um all meine Fragen zu beantworten. Sie haben vermutlich recht…

Wenn ich auf meinen bisherigen Lebensweg zurückschaue, kann ich nicht anders, als den Meeresschildkröten und meiner Liebe zu ihnen äußerst dankbar zu sein. Nicht nur wegen all des Wissens und der spannenden Fragen, auf die ich Antworten finden darf. Nein, mir wird immer stärker bewusst, dass mich meine Abenteuerlust und die Suche nach dem nächsten Nervenkitzel auch in eine ganz andere Richtung hätten lenken können. So aber waren meine Liebe zum Meer und später dann zu meinen Meeresschildkröten bereits sehr früh mein Nordstern, der mir immer wieder den nächsten Schritt gewiesen hat. Diese Tiere und ihr Schutz sind der Grund, warum ich morgens aufstehe und warum ich nie aufgeben kann. Im Englischen spricht man dabei von *purpose*, dem Zweck, der Bestimmung, warum und wofür man lebt.

Ich mache diesen *purpose* dafür verantwortlich, dass ich bereits als junger Mensch etwas andere Vorstellungen für mein Leben hatte als meine gleichaltrigen Schulkamerad:innen. Ich wollte die Welt und die Wale retten und Abenteuer erleben. Wenn sie von ihren Zukunftsplänen erzählten, ging es oft um dicke Gehaltschecks, eigene Häuser und Autos. Das alles hat mir noch nie viel bedeutet. Natürlich erleichtert ein geregeltes Einkommen ein sorgenfreies Leben, aber letztendlich macht mehr Geld auch nicht automatisch glücklich. Ganz im Gegenteil. Über die Jahre haben immer wieder Leute ihren Weg in meine Projekte gefunden, die trotz einer nach gesellschaftlichen Standards erfolgreichen Karriere an einem Punkt angekommen waren, an dem sie sich fragten, wofür das alles gut sein solle. Unsere Meeresschildkrötenprojekte haben schon mehr als einer Person eine neue Lebensperspektive beschert und zu einer 180-Grad-Wendung in Sachen Prioritäten geführt.

Dadurch weiß ich meinen Nordstern heute noch mehr zu schätzen. Er erleichtert es mir, schwierige Situationen anzunehmen, Niederlagen einzustecken und dabei trotzdem nie die Motivation zu verlieren. Ich kann jedem Menschen nur ans Herz legen, seine Passion und seinen *purpose* zu finden, ganz nach dem Motto »Finde etwas, was du gerne tust, dann musst du keinen Tag in deinem Leben arbeiten«. Natürlich rührt so viel Introspektive von dem Privileg, ein selbstbestimmtes Leben führen zu können. Nicht alle Menschen haben diesen Luxus. Während ich also schwerelos im tiefen Blau unter der Wasseroberfläche drifte und zwei Schildkröten bei der Paarung zuschaue, kann ich nicht anders, als zutiefst glücklich zu sein. Das Wasser ist kristallklar, und ich habe den Eindruck zu fliegen – an keinem Ort der Welt wäre ich jetzt lieber, und ich bin unendlich dankbar für mein Leben.

Unechte Karettschildkröte

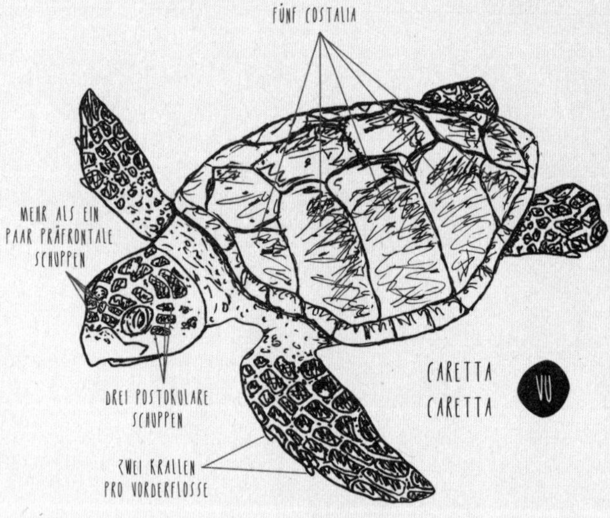

- Gefährdungsstatus (IUCN): gefährdet (VU – vulnerable)
- Panzerlänge: 80–110 cm
- Gewicht: 70–170 kg
- Hauptnahrung: hartschalige Wirbellose
- Geschlechtsreife: 28–33 Jahre
- Remigrationsintervalle: 2–4 Jahre
- Nistintervalle: 15 Tage
- Anzahl der Gelege pro Saison: 4–7
- Gelegegröße: 115
- Inkubationszeit der Gelege: 50–60 Tage
- Besonderheiten: massiver Kopf mit ultrastarken Kiefern (Beißkraft 214 kg); nistet als einzige Art auch in gemäßigteren Klimazonen

Homecoming

Eine Meeresschildkröte bei der Eiablage zu beobachten ist vermutlich eines der schönsten Erlebnisse, das man in der freien Natur haben kann. Kaum ein anderes wildes Tier lässt uns für eine so lange Zeit so nah an sich heran. Für mich war der Moment, in dem ich zum ersten Mal eine Lederschildkröte nisten sah, ein Schlüsselerlebnis, das meine komplette weitere Zukunft beeinflusst hat. Wenn sich ein Weibchen wie ein Schatten in den nächtlichen Fluten materialisiert und nach seiner Anlandung schwerfällig den Strand erklimmt, dann wird schnell klar, dass dieses Unterfangen von großer Wichtigkeit für das Tier sein muss. Die unglaubliche Naturgewalt, die dahintersteckt, ist deutlich zu spüren, wenn es mit der Schwerkraft an Land ringt, um seinen massiven Körper, der vor wenigen Sekunden noch schwerelos durchs Wasser glitt, 20 oder 30 Meter den Strand emporzuziehen. Aber es gibt nur ein Ziel: seine Eier in den warmen tropischen Sand legen.

Die Eiablage von Meeresschildkröten ist gewöhnlich ein Schauspiel in sieben Akten und variiert zwischen den verschiedenen Arten und Individuen nur wenig. Der Prozess erinnert an ein Computerprogramm, das, einmal gestartet, die vorher festgelegten Levels und Bewegungsabläufe in immer derselben Reihenfolge durchläuft. Sobald sich die Schildkröte in Sicherheit wiegt und ihren Rhythmus gefunden hat, ist sie fast nicht mehr zu stoppen. Da können Flossen fehlen oder es wird ein Fischernetz hinter sich hergeschleift, nichts scheint die Tiere von ihrem Vorhaben abzubringen.

Es ist eine laue Nacht, als ich zusammen mit Andrey und meiner Studentin Kim auf der Suche nach einer Oliv-Bastardschildkröte den Strand entlangpatrouilliere. Während der fünf- bis sechsmonatigen Nistsaison läuft das Team jede Nacht Patrouille, und jede:r hat einen Tag und eine Nacht frei. Leider können wir unseren Schlaf tagsüber nicht nachholen, weil zum einen administrative Dinge, Strandsäuberungen und Nestinventuren erledigt werden müssen und es zum anderen in den Gebäuden ohne Klimaanlage viel zu heiß ist. Während meiner ersten Jahre in Costa Rica arbeitete ich sogar zwei Nistsaisons pro Jahr, die Lederschildkrötensaison in der Karibik, direkt gefolgt von der Lederschildkrötensaison im Pazifik. Das waren körperlich und geistig harte Zeiten. Zu wenig Schlaf ist äußerst ungesund für die menschliche Psyche, nicht umsonst wird Schlafentzug als Foltermethode genutzt. Während der Saison sind wir mehr Zombie als Mensch. Dadurch, dass ich zusätzlich die Verantwortung für mein Team und die Schildkröten trug, kam es immer wieder vor, dass ich zwei Wochen lang nur ein oder zwei Stunden pro Nacht schlafen konnte und zu einem absoluten Muffel wurde. Zu Stoßzeiten war ich so übermüdet, dass ich in jeder ruhigen Minute da, wo ich stand oder saß, einfach einschlief. Mein Team wusste bald, dass es mich besser nicht wegen einer Lappalie aufweckte, weil ich sonst fuchsteufelswild und ungenießbar wurde. Zum Glück konnten sie es nachvollziehen, denn Schlafmangel ist für jede:n hart, und während der Nistsaison sind wir alle nicht immer sonderlich nette Menschen.

In der Schwärze der Nacht halte ich also Ausschau nach dunklen Schatten im Wasser. Schon an den Bewegungen könnte ich von Weitem erkennen, um welche Art es sich handelt: Leder- und Grüne Schildkröten ziehen sich eher schwerfällig mit beiden Vorderflossen gleichzeitig den Strand hoch, die anderen Arten laufen ziemlich agil und leichtfüßig, die Flossen im Wechsel benutzend, Richtung Vegetation. Während der Strand erklommen wird, hält das Weibchen immer wieder an und wittert, um auszuschließen, dass sich Fressfeinde in der Nähe befinden. Jede ungewohnte Bewegung und auch unerwartetes Licht können als Gefahr gedeutet werden und zu einem zügigen Rückzug ins Wasser führen. Vermutlich nutzt die Schildkröte ihren Geruchssinn auch dazu, den Ort als ihren Heimatstrand zu identifizieren und die chemische Konsistenz des Sandes zu prüfen, um so den idealen Platz für ihre Eier zu finden.

Während ich an der Wasserlinie entlanglaufe, spähe ich außerdem nach den charakteristischen Spuren einer Meeresschildkröte, die sie auf ihrem Weg im Sand hinterlässt. Die sind für uns häufig das erste Anzeichen, dass sich ein Weibchen am Strand befindet. Und tatsächlich! Im Schein des Mondes erkenne ich plötzlich aus der Ferne eine schwarze Linie, die vom Wasser geradewegs zu den Bäumen führt. Der Anblick einer Meeresschildkrötenspur löst bei mir immer einen Adrenalinschub aus. Egal, wie erschöpft ich noch wenige Sekunden zuvor war, jetzt bin ich hellwach, meine Müdigkeit ist wie weggeblasen. Mit zugekniffenen Augen schaue ich mir die Linie leicht aus dem Augenwinkel an, um sie im Dunkeln besser sehen zu können. Ist es nur eine, ist das Weibchen noch am Strand, sind es zwei, haben wir es verpasst. Wir haben Glück: Es ist nur eine Linie, und als ich ihr mit den Augen folge, kann ich an ihrem Ende wirklich den buckeligen Schatten einer Oliv-Bastardschildkröte ausmachen, die sich in gerader Linie Richtung Vegetation bewegt. Ein breites Lächeln huscht über mein Gesicht. Wir laufen noch ein paar Meter näher, halten dann aber in einem Abstand von gut 20 Metern hinter dem Weibchen wieder an. Aus dieser Distanz können wir es gut beobachten und erkennen, in welchem Stadium der Eiablage es sich befindet. Gleichzeitig stören wir es nicht auf der Suche nach dem besten Platz zum Nisten.

Nach einer Weile scheint unsere Schildkröte endlich einen geeigneten Ort gefunden zu haben, denn sie beginnt, mit ihren Vorder- und Hinterflossen eine Kuhle auszuheben, in der ihr kompletter Körper Platz hat. Dafür wirft sie mit Sand um sich und dreht sich um sich selbst. Im Spanischen sagen wir dazu, sie macht ihr Bett, *esta haciendo la cama*. Mit dem Ergebnis zufrieden, wischt sie nun mit ihren Hinterflossen einen Bereich glatt und benutzt dann abwechselnd die beiden Flossen, um das eigentliche Nest mit der Eikammer auszuheben. In diesem Stadium ist die Schildkröte schon weniger schreckhaft, aber um nicht Gefahr zu laufen, dass sie doch noch die Flucht ergreift, warten meine Kolleg:innen und ich noch, bis sie zur Hälfte mit dem Nestbau fertig ist. Dann bereiten wir unser Forschungsequipment vor und pirschen uns, weiterhin ohne Licht, von hinten an sie heran, um die Eiablage zu beobachten. Um sie nicht zu verschrecken, sollte man sich einer nistenden Meeresschildkröte nie von vorne nähern. Und schon gar nicht sollte man ihr mit einer Taschenlampe direkt ins Gesicht leuchten.

Sie zieht ihre Hinterflossen aus dem Nest und legt sie auf beiden Seiten des Nests ab. Das ist das Zeichen, auf das wir gewartet haben: Sie ist bereit für die Eiablage. Einige Arten bedecken mit einer der Hinterflossen aber auch ihren Schwanz, bevor sie anfangen, Eier zu legen. Unter spürbar großen Anstrengungen presst unser Weibchen seine Eier aus den paarigen Eileitern in die Kloake, von wo aus sie ins Nest plumpsen. Gerade am Anfang zählen wir bis zu drei Eier gleichzeitig. Der ganze Legevorgang dauert in etwa zehn bis zwanzig Minuten. Die werdende Mutter wirkt dabei wie in Trance, es ist anstrengend für sie. Zwischendurch nimmt sie immer wieder tiefe Atemzüge.

Der Mythos, dass die Weibchen bei der Eiablage tatsächlich in eine Art »Nisttrance« fallen und um sich herum nichts mehr mitkriegen, hält sich hartnäckig – ich selbst habe diesen Begriff zu Beginn des Buches ja auch verwendet. So ganz stimmt das allerdings nicht. Die meisten Weibchen wirken zwar weggetreten und sind weniger schreckhaft, aber auch jetzt kann es noch zum Abbruch der Eiablage kommen. Bei Lederschildkröten und Oliv-Bastardschildkröten kann man zum Beispiel wie schon beschrieben ohne Probleme eine Tüte unter ihre Kloaken hängen, um die Eier aufzufangen. Man kann dann sogar vorsichtig Blut abnehmen und im Fall der Lederschildkröte einen Mikrochip injizieren. Das ist aber nicht immer so. Gerade Echte Karettschildkröten sind für ihre Schreckhaftigkeit bekannt, und man tut besser daran, sie einfach in Ruhe zu lassen, bis sämtliche Eier gelegt sind. Es ist schon vorgekommen, dass ein Weibchen doch noch die Flucht ergriffen und auf dem Weg zurück ins Meer weiterhin Eier gelegt hat, weil zu viel an ihr herumgeproddelt wurde.

Die »Nisttrance«, ihre Unbeholfenheit an Land und das Fehlen von scharfen Zähnen machen Schildkröten und ihre Eier leider zu leichter Beute für Wilderer. Ohne viel Gegenwehr können die Tiere direkt vom Strand weggetragen werden. Insbesondere das Fleisch der Grünen Schildkröte ist in der Karibik immer noch heiß begehrt, wo es häufig in Kokosnusssoße zubereitet wird und auf den Menüs vor allem kleinerer, lokaler Restaurants zu finden ist.

Doch auch Meeresschildkröteneier sind in der costa-ricanischen Küche beliebte Zutaten für bestimmte Gerichte, da sie eine etwas andere Textur als Hühnereier haben und als natürliches Aphrodisiakum gehandelt werden. Die luststeigernde Wirkung wird ihnen in zahlreichen Ländern zugesprochen und führt dazu, dass die Eier vor allem bei älteren Männern ein Hit sind.

Natürlich ist dieser Glaube reiner Humbug. Meeresschildkröteneier können genauso wenig die Libido fördern oder andere Funktionsstörungen beheben, wie das Horn des Nashorns oder Tigerknochen Krebs heilen können. Trotzdem findet man sie auf der Karte vieler Kneipen als *Sangrita*-Shot, bestehend aus Tomatensaft, Pfeffer, Zitronensaft, Salz, Chili-Panameño, einem Spritzer Orangensaft und natürlich einem Ei. Verkauf und Verzehr von Meeresschildkröteneiern und -fleisch sind zum Glück strafbar, aber auf dem Schwarzmarkt sind die Eier trotzdem heiß begehrt und werden für rund einen US-Dollar pro Stück gehandelt. Je nach Art legt eine Meeresschildkröte zwischen 60 und 200 Eier pro Nest in zwei bis sieben Gelegen pro Saison, und Wilddiebe können in nur einer Nacht gleich mehrere Nester ausrauben. Ein lukratives (Neben-)Einkommen in einem Land, dessen reguläre Vergütung in ländlichen Gebieten selten 15 US-Dollar am Tag übersteigt und wo das offizielle Durchschnittsgehalt bei 960 US-Dollar im Monat liegt.

Das andere heiß begehrte Produkt, für das Schildkröten auch heute noch umgebracht werden, ist das Schildpatt, *tor-*

toiseshell, das vom Panzer der vom Aussterben bedrohten Echten Karettschildkröte stammt. Es handelt sich dabei um das Keratin des Rückenpanzers, das gewaschen und poliert sein wunderschönes Muster aus bernsteinfarbenen Flecken offenbart. Seine außergewöhnliche Flexibilität und Formbarkeit hatten es zu einem natürlichen Vorreiter des synthetischen Plastiks gemacht. In Japan zum Beispiel gibt es schon seit Jahrhunderten die Tradition, *bekko*, wie das Schildpatt dort genannt wird, zu Broschen, Halsketten, Kämmen, Haarnadeln, Brillenfassungen, Gitarrenplektren und filigranen Kunstwerken zu verarbeiten. Millionen Echter Karettschildkröten wurden in den letzten 100 Jahren wegen ihres Schildpatts getötet. Während des 20. Jahrhunderts war Japan der weltweit größte Markt für Schildpatt: Regierungsaufzeichnungen von 1950 bis 1992 dokumentieren Importe von mehr als 1,3 Millionen erwachsenen Echten Karettschildkröten und 575 000 Jungtieren.

Aber auch in Europa hatte der Schildpatthandel eine lange Tradition. Schon vor über 2000 Jahren stand Julius Cäsar staunend vor den Lagerhäusern in Alexandria, die bis zum Bersten mit Schildpatt gefüllt waren – eine willkommene Beute bei seinem Triumph über Ägypten. Genau wie der Konsum von Suppenschildkrötenfleisch blühte auch der Schildpatthandel während der Kolonialzeit richtig auf. Um den Bedarf in Europa zu decken, begann in der Karibik die europäische Karettfischerei, die sich Mitte des 17. Jahrhunderts durch die stetig steigende Nachfrage intensivierte. Die damals noch reichlich vorhandenen Echten Karettschildkröten Mittelamerikas wurden über drei Jahrhunderte systematisch ausgebeutet. Wenn eine der lokalen Populationen dezimiert war, zogen die Schildkrötenfischer einfach weiter zum nächsten Ort.

Der Schildpatthandel der letzten 100 Jahre ist eindeutig für die Dezimierung und den Gefährdungsstatus der weltweiten Karettschildkrötenpopulationen verantwortlich. Geschätzt gibt es heute nur noch eine Handvoll Nistpopulationen mit mehr als 1000 nistenden Weibchen pro Jahr. Der letzte Report der *International Union for Conservation of Nature (IUCN)* von 2008 hat eine Abnahme von mehr als 80 Prozent der globalen Population in den letzten 100 Jahren attestiert. Eine Studie von 2019, die sich auf Daten aus dem Atlantik, dem Pazifik und dem Indischen Ozean stützt, schätzt, dass allein zwischen 1844 und 1992 fast neun Millionen Karettschildkröten wegen ihres Panzers getötet wurden. Da Informationen über Echte Karettschildkröten im Atlantik und Indischen Ozean sehr lückenhaft sind, unterschätzen diese Analysen das volle Ausmaß der Tragödie sehr wahrscheinlich.

Der Schildpatthandel hat zwar seit 1977 mit der Einführung des CITES-Naturschutzabkommens abgenommen, welches den internationalen Handel mit gefährdeten Arten reguliert beziehungsweise verbietet. Doch er existiert weiterhin illegal über internationale Grenzen hinweg. Vor 1977 waren mehr als 45 Länder an Export und Import von rohem Schildpatt beteiligt, mit dem Beitritt zahlreicher wichtiger Handelsländer zum CITES-Abkommen reduzierte sich das bis in die 1990er-Jahre zu einer Handvoll Nationen. Allen voran steht Japan, das den Handel mit Schildpatt bis heute nicht verboten hat und es auch viele Jahre nach dem CITES-Abkommen von Ländern wie Panama, Kuba und Indonesien erhielt. Erst 1992 entschied Japan sich zumindest für ein Einfuhrverbot von neuem Schildpatt und deckt seinen landesinternen Bedarf seitdem angeblich über noch existierende Speicherbestände.

Obwohl die gleichen Produkte mittlerweile aus synthetischen Materialien erhältlich sind, findet man immer noch Schmuckstücke aus Schildpatt auf lokalen Märkten und bei Straßenhändler:innen in tropischen Ländern. Sie werden häufig unter anderem Namen an Tourist:innen verkauft, denen dann beim Zoll am Flughafen ein böses Erwachen blüht. Echte Karettschildkröten sind neben der Vielzahl anderer Bedrohungen deshalb nach wie vor durch den intensiven illegalen Schildpatthandel bedroht. Um den globalen Handel beobachten und hoffentlich in Zukunft effektiver bekämpfen zu können, hat die Organisation *SEE Turtles* die *SEE Shell App* entwickelt, mit der man Schildpattprodukte identifizieren und direkt melden kann, wodurch es hoffentlich zur Anzeige kommt.

Das Geschäft mit Meeresschildkrötenteilen, wie auch mit Elfenbein und Nashornhorn, ist Teil eines weltweit agierenden organisierten Handels mit Wildtieren, der laut einem Bericht des WWF aus dem Jahr 2012 auf jährlich unglaubliche 20 Milliarden US-Dollar geschätzt wird. Damit ist er der viertlukrativste illegale Handel nach Drogen, Menschen und Waffen! Von diesem Geld sehen die Wilderer vor Ort allerdings nur wenig. Mittelsmänner kaufen die Ware an und verkaufen sie teuer weiter. Die Menschen, die wildern, sind meist in finanziellen Nöten oder leben in Gegenden, wo es keine oder nur sehr wenige Arbeitsmöglichkeiten, dafür aber Meeresschildkröten gibt. Deshalb kann Naturschutz nur dann erfolgreich sein, wenn er die Bedürfnisse der lokalen Bevölkerung berücksichtigt. Ansätze, die zwar Arten und Ökosysteme schützen, aber die Existenz der Ortsansässigen gefährden, sind keine Lösung. Jeder Mensch hat das Recht auf ein würdiges Leben und angemessenen Lebensunterhalt – das muss auch beim Naturschutz beachtet werden.

Die meisten Wilderer, die ich kenne, sind eigentlich nette Menschen. Sie haben Kinder und gehen am Sonntag Fußball spielen. Fast alle sind Männer, die keine oder eine nur sehr rudimentäre Schulbildung genossen und die keine feste Arbeit, aber eine Familie zu versorgen haben. Über die Jahre haben die Projekte, für die ich arbeitete, immer wieder Wilderer angestellt, wie zum Beispiel Pablo. Der drahtige Endvierziger war seit vielen Jahren dafür bekannt, illegal zu jagen, Meeresschildkröteneier zu klauen und Grüne Schildkröten zu schlachten. Ich hatte ihn schon oft nachts am Strand gesehen, sprach aber erstmals mit ihm während einer Beerdigung. Er war höflich und kümmerte sich rührend um seine kleine Tochter. Als uns in einem Jahr Personal fehlte, entschied ich mich nach Rücksprache mit den zuständigen Regierungsbeauftragten, Pablo einen Job im Projekt anzubieten. Er würde ein festes Gehalt über die acht Monate der Nistsaison, eine Sozial- und Krankenversicherung für sich und seine Familie sowie eine Arbeitsunfähigkeitsversicherung im Austausch dafür bekommen, dass er für uns Patrouille lief, Daten sammelte, Nester verlegte und natürlich keine Eier oder Weibchen klaute oder illegal jagte. Mein Plan stieß erstaunlicherweise auf Gegenwind im Dorf selbst, wo einige voraussagten, dass dieses Vorhaben schiefgehen würde. Doch ganz im Gegenteil wurde Pablo zu einem unserer besten Mitarbeiter, er trank nicht, war immer pünktlich, höflich und besaß einen Schatz an Wissen über die Schildkröten am Strand, der uns die Arbeit ungemein erleichterte. Ich bin fest davon überzeugt, dass ihm vorher einfach niemand eine Chance gegeben hat, und er nahm unsere dankbar an.

In solchen Momenten fühle ich, dass meine Arbeit einen wirklichen Unterschied macht, nicht nur für die Meeresschildkröten, sondern auch für die Menschen, die mit ihnen leben. Es reicht nicht, mit nächtlichen Patrouillen verhindern zu wollen, dass Wilderer sich die Eier oder gar die ganze Schildkröte schnappen. Im Gegenteil, das ist letztlich nur ein Pflaster auf einer tiefer liegenden Wunde. Um das Problem systematisch anzugehen, müssen die Gründe für die Wilderei beseitigt werden, und das kann in jedem Land anders aussehen. Bei uns in Costa Rica heißt das, Arbeitsplätze zu schaffen. Viele Projekte setzten gerade in den Anfangszeiten in den 1980er- und 1990er-Jahren auf die Strategie, (ehemalige) Wilderer wie Pablo anzustellen und ihnen so ein geregeltes Einkommen zu verschaffen. In den meisten Fällen führte das zu einer erfolgreichen Zusammenarbeit und Win-win-win-Situation: Die Schildkröten müssen einen Wilderer weniger fürchten, der ehemalige Wilderer verfügt über ein gesichertes Einkommen, und das Projekt profitiert von einem Arbeiter mehr, der zudem einen reichen Erfahrungsschatz mitbringt. Ich selbst habe von ehemaligen Wilderern unglaublich viel über Meeresschildkröten gelernt, das ich in keinem Lehrbuch finden und ohne das ich meine Arbeit als Meeresschildkrötenbiologin nur halb so gut machen konnte.

Aber selbst dieser Ansatz löst nur einen Teil des eigentlichen Problems. Der andere Teil betrifft das Wissen der lokalen Bevölkerung um den Bedrohungsstatus von Meeresschildkröten und ihr Verständnis von der Wichtigkeit der Meeresschildkrötenpopulationen für die Gesundheit des marinen Ökosystems, von dem auch ihr eigener Lebensunterhalt abhängt. Der Fischfang zum Beispiel bringt in den meisten Küstengebieten den Hauptanteil von tierischem Eiweiß auf den Tisch, und überall merken die Menschen, dass es weniger und weniger Fisch gibt. Ökosysteme sind komplexe Netzwerke von Organismen, die miteinander interagieren, präzise aufeinander abgestimmt sind und aufeinander aufbauen. Auf Änderungen reagieren sie empfindlich, und mit dem Wegfall ganzer Arten können sie gänzlich kollabieren. Deshalb ist Umweltbildung in den Schulen vor Ort von enormer Relevanz. Kinder sind der Welt gegenüber sehr neugierig, sie sind offen für neues Wissen und müssen sich noch nicht mit den Problemen der Erwachsenen herumschlagen. Die Bildung der Kinder ist der einzige Weg, Naturschutz nachhaltig zu gestalten, denn sie werden später als Erwachsene die Geschehnisse bestimmen und bis dahin hoffentlich den Schutz von Meeresschildkröten so verinnerlicht haben, dass er in alle ihre Entscheidungen einfließt. Kinder sind schlussendlich entweder zukünftige Wilderer oder zukünftige Naturschützer:innen.

Auch deshalb ist es so wichtig, dass Naturschutz finanzielle Anreize bietet. In vielen Ländern dieser Welt ist der Lebensunterhalt direkt mit der Natur verknüpft. Das Leben in Europa und Nordamerika hingegen findet zum Großteil fernab von Natur, Naturgewalten und der Sorge statt, wie man am nächsten Tag etwas zu essen auf den Tisch kriegt. Solange wir Geld haben, können wir alles, was wir zum Leben und Überleben brauchen, im Supermarkt kaufen. Wir geraten schon in Panik, wenn eine Toilettenpapiernot droht. Aus dem Grund ist es für uns Europäer:innen und Nordamerikaner:innen schwer verständlich, dass Naturschutz nicht überall als intrinsisch und gegeben hingenommen wird. Aber nur weil wir im Globalen Norden den Luxus haben, die Motivation für Naturschutz so zu verstehen, gilt das noch lange nicht für alle anderen Menschen auf unserem Planeten. Diese Art, unsere westlichen Werte als Maß aller Dinge zu nehmen, stammt vermutlich noch aus Kolonialzeiten.

Obwohl diese schon lange hinter uns liegen, sind neokolonialistische Strukturen und Denkweisen immer noch ein echtes Problem im Naturschutz, der häufig von europäischen und nordamerikanischen Organisationen und Angestellten dominiert wird. Auch ich kann mich als *weiße* Europäerin nicht von dieser Problematik frei machen. Wir haben oft das Gefühl, es besser zu wissen, und vergessen dabei, dass unser Wissen darauf beruht, dass wir die Auswirkungen zerstörter Natur in unseren eigenen Ländern hautnah erleben. Wenn wir in tropische Länder reisen und sehen, dass die Menschen im Begriff sind, die gleichen Fehler zu machen wie wir, fühlen wir uns wie Theaterbesucher:innen, die den nächsten Akt schon kennen, während die Charaktere auf der Bühne noch unwissend sind. So leben wir alte Muster und versuchen, andere Länder und Menschen eines Besseren zu belehren. Die eigenen Weltvorstellungen sind vorrangig, und die Bedürfnisse der lokalen Bevölkerung werden missachtet. Auch wenn es unter dem Deckmantel »gut gemeint« passiert, ist es trotzdem eine Bevormundung, die zwischen den Zeilen behauptet, dass lokale Gemeinschaften nicht in der Lage seien, eigene Entscheidungen zugunsten des Naturschutzes zu treffen, und dass ihnen die Kompetenz fehle, notwendige Forschung und Schutzmaßnahmen selbst auszuführen. Wir sehen uns als *weiße* Retter:innen und vergessen, dass wir nicht allwissend sind, dass manche Menschen nicht gerettet werden wollen oder dass sie sich sehr gut selbst zu helfen wüssten, wenn die entsprechenden Hilfestellungen gegeben würden.

Es ist traurig zu sehen, wie gerade große Organisationen, die viel Geld und Einfluss haben, dieses Ungleichgewicht aufrechterhalten. Sie bringen immer wieder Personalnachschub aus dem Ausland in tropische Länder, zahlen dort Gehälter nach US- und EU-Standards und schließen die einheimischen Fachkräfte von Beförderungen aus. Als wenn das nicht schon unfair genug wäre, zahlen sie ihnen häufig ein weitaus schlechteres Gehalt für die gleiche Arbeit. Und auch Universitäten aus dem Globalen Norden sind Teil des Problems. Wissenschaftler:innen und Student:innen reisen in tropische Länder, bedienen sich an der dortigen Artenvielfalt und sogar der Hilfe der lokalen Bevölkerung für ihre Forschung, geben aber nichts zurück. Das wird als *parachute science* bezeichnet: Proben und Daten werden mitgenommen, und nichts bleibt im Land. Die lokalen Universitäten, Regierungseinheiten und die Bevölkerung, die Nutzen aus den Ergebnissen ziehen könnten, bekommen als Dankeschön einen feuchten Händedruck und werden oft noch zum Inhalt abschätziger Kommentare »unter Kollegen« zurück im Heimatland. Wenn ich Zeugin davon werde, stehe ich immer kurz vor einem Tobsuchtsanfall. Die Selbstverständlichkeit und der fast schon verschwörerische Ton, in dem über angebliches Unvermögen der lokalen Wissenschaftler:innen und Assistent:innen gesprochen wird, bringen mich zur Weißglut.

Die meisten Menschen aus dem Globalen Norden vergessen, wie privilegiert wir sind, selbst wenn wir nicht in reichen Familien aufgewachsen sind. Allein unser Zugang zu Bildung und der Besitz eines Reisepasses, der uns problemlos in fast alle Länder dieser Welt bringt, sind Vorteile, die viele andere nicht haben. Die meisten lokalen Wissenschaftler:innen können von dem Einfluss, den unsere Nationalitäten haben, den Forschungsgeldern und dem State-of-the-Art-Equipment, das wir mitbringen, nur träumen. Natürlich sagen diese Voraussetzungen nichts über die Kompetenz von Wissenschaftler:innen aus. Im Gegenteil kann man auch mit den einfachsten

Werkzeugen peinlich genaue Daten erheben. Doch das scheinen wir oft zu vergessen. Deshalb ist es nicht verwunderlich, dass es mittlerweile ein großes Misstrauen vonseiten der lokalen Stakeholder gegenüber amerikanischen und europäischen Wissenschaftler:innen gibt und schlechte Erfahrungen in der Vergangenheit oft eine potenzielle Zusammenarbeit überschatten oder sogar verhindern. Das ist schade. Trotzdem kann ich das Streben nach Unabhängigkeit und Empowerment der lokalen Bevölkerung nur unterstützen. Menschen möchten ihr Schicksal eigenverantwortlich bestimmen – und wer kann das nicht nachvollziehen?

Gerade deswegen halte ich *community-based conservation*, Naturschutz, der von der lokalen Gemeinschaft (mit) entwickelt wird, für den erfolgversprechendsten und nachhaltigsten Ansatz. Eines meiner großen Anliegen ist es, zum einen die lokale Bevölkerung zu bestärken und zum anderen den Blick der heranwachsenden Naturschutzbiolog:innen aus dem Globalen Norden zu sensibilisieren, um andere Wege jenseits von *white savorism* und neokolonialistischem Denken zu finden. Aus diesem Grund haben mehrere costaricanische Kolleg:innen und ich 2014 die Organisation *Costa Rican Alliance for Sea Turtle Conservation & Science*, kurz *COASTS*, gegründet. Neben der Forschung und dem Schutz von Meeresschildkröten versuchen wir, genau diese Dinge zu verändern. Jedes Jahr kommen Student:innen aus der ganzen Welt für ein paar Monate in unsere Projekte, um mit dem lokalen (!) Team von Wissenschaftler:innen und Assistent:innen zu arbeiten und dadurch eine ganz andere Wertschätzung für die einheimische Bevölkerung und das vorhandene Wissen zu entwickeln.

Kim, die Andrey und mich heute bei unserer Patrouille begleitet, ist eine dieser Student:innen und kommt aus den USA. Sie sitzt gerade hinter unserem Weibchen und zählt die herausfallenden Eier. Andrey hockt neben ihr und wiegt zehn der Eier, bevor er sie zurück ins Nest gleiten lässt. Er erklärt ihr, was genau er da macht und warum, und beschreibt, wie sie die Eier am besten abfangen kann, damit sie nicht voller Sand sind. Es ist Kims erste nistende Schildkröte, und sie ist ziemlich aufgeregt. Ein Lächeln stiehlt sich auf meine Lippen, denn Kim erinnert mich an meine ersten Begegnungen mit nistenden Weibchen.

Ich werde aus meinen Gedanken gerissen, als Andrey Kim leise flüsternd erklärt, dass die Eiablage sich nun dem Ende zuneigt. Die Eier fallen immer langsamer aus der Kloake heraus, einer der beiden Eileiter muss schon leer sein. Sobald alle im Nest sind, füllt das Weibchen es mit Sand und klopft ihn am Ende fest. Andere Arten nutzen dazu abwechselnd ihre Hinterflossen, Oliv-Bastardschildkröten hüpfen hingegen mit ihrem Brustschild darauf herum. Dieser Vorgang sieht aus wie ein Tanz und wird von uns Meeresschildkrötenbiolog:innen liebevoll *ridley dance* genannt – eine äußerst lustige Angelegenheit, die bei mir immer gute Laune hervorruft.

Die Beendigung des Legevorgangs durch das Schließen des Nests ist für uns der Startschuss, mit der restlichen Datenerhebung zu beginnen. Als Allererstes suche ich alle vier Flossen nach Metallmarkern ab, die Ausweispapiere der Weibchen. Tatsächlich finde ich welche und notiere mir die Nummern auf unserem Datenblatt. Wären keine Markierungen vorhanden, würde ich sie nun mit speziellen Zangen setzen. Sie sind von äußerster Wichtigkeit, denn nur so können wir eine akkurate Zählung der Weibchen vornehmen, die zum Nisten an unsere Strände kommen. Generell sind zwei externe Metallmarken in den Vorder- oder Hinterflossen der internationale Standard und auch die kostengünstigste Variante, um Individuen identifizieren zu können. Die Mikrochips, sogenannte passive integrierte Transponder-Tags (PITs), die mit einer Nadel unter die Haut gesetzt werden und dadurch im Gegensatz zu den Metallmarken nicht verloren gehen können, sind natürlich um einiges eleganter, dafür schweineteuer. Eine Metallmarke kostet ungefähr einen Dollar, ein PIT um die acht Dollar – und man kann ihn nur mit einem Scanner auslesen, für den man 500 bis 2000 Dollar hinblättern muss. In der Karibik markieren wir unsere Lederschildkrötenweibchen doppelt mit zwei externen Metallmarkern und einem PIT. Am Pazifik werden Lederschildkröten hingegen nur mit zwei PITs markiert, was aber dazu führt, dass niemand sie ohne Scanner identifizieren kann.

Als Nächstes ermitteln wir die Größe des Weibchens. Da die Wirbelsäule Teil des Rückenpanzers ist, legen wir das Maßband entlang des Panzers an, um die komplette anatomische Struktur des Rückens zu vermessen. Das wird als *curved carapace length* bezeichnet, also gebogene Panzerlänge. Bei Babys nutzen wir, da sie so klein sind, Messschieber und vermessen den Panzer über die gerade Länge, *straight carapace length*. Mehr Längenwachstum ist ein Indiz dafür, dass die Nahrungsgebiete reichhaltig sind und die Weibchen genug zu fressen haben.

Zum Abschluss suchen wir noch nach ungewöhnlichen Merkmalen wie zum Beispiel Narben von Bootspropellern oder Angelleinen oder fehlenden Flossenteilen in Form eines Haifischmauls. Das kann uns helfen, die individuellen Gefahren, denen unser Weibchen auf seiner langen Reise ausgeliefert war, besser einzuschätzen.

Nachdem die Meeresschildkröte den Sand über dem Nest festgeklopft hat, schauen wir ihr noch dabei zu, wie sie die

Fläche um das Nest herum tarnt, damit zumindest keine tierischen Räuber die Eier finden können. Über zehn Minuten schmeißt sie mit den Flossen Sand durch die Gegend und verteilt so den Geruch der Eier auf ein größeres Areal. Dabei entfernt sie sich Stück für Stück von der eigentlichen Eikammer. Auch wenn natürliche Fressfeinde die Nester so nicht mehr ganz so leicht aufspüren können, haben Wilderer leichtes Spiel. Da die Weibchen einen ritualisierten Legeprozess haben, ist es für Menschen relativ einfach, die Eier zu finden. Man muss nur wissen, wie die Spuren zu lesen sind. Um die Eikammer auch vor Wildereraugen zu verstecken, verwischen wir die Laufspuren der Schildkröte, die in ihr Bett hinein- und wieder hinausführen. Alter Wilderertrick!

Wenn wir ein Nest verlegen müssen, aber keine Inkubationsstation haben, bringen wir die Eier an einen anderen, besser geeigneten Ort am Strand, wo wir eine Eikammer buddeln, die den Maßen des Originals ähnelt. Dann legen wir die Eier vorsichtig eins nach dem anderen hinein, zusammen mit dem Eischleim, der eine hydrierende Funktion hat und angeblich auch Pilze und Bakterien davon abhält, die Eier zu befallen. Ganz am Ende tragen wir den übrig gebliebenen Sand zum Wasser und verwischen alle unsere Spuren, damit auch hier kein Wilderer auf die Idee kommt, nach Eiern zu suchen.

Währenddessen kriecht das Weibchen immer weiter Richtung Wasser und verschwindet schließlich in den Wellen. Auf seinem Weg orientiert es sich am helleren Schein des Meeres im Vergleich zu der an natürlichen Stränden eher dunkleren Landseite. Große wie kleine Meeresschildkröten sind äußerst lichtempfindlich und folgen der Helligkeit des sich spiegelnden Himmels zum Wasser hin. Die

Bebauung von Stränden stellt deshalb eine echte Gefahr dar. Weiße Straßenlaternen, Außen- und selbst Innenbeleuchtung können Meeresschildkröten desorientieren und dazu führen, dass sie statt Richtung Wasser landeinwärts laufen. An der Küste Floridas zum Beispiel stehen große Gebäude, Hotels und Hochhäuser direkt am Strand und sorgen für eine wahre Lichterflut. Die Organisation *Sea Turtle Conservancy* arbeitet schon seit Jahren mit Hausbesitzer:innen an meeresschildkrötenfreundlichen Beleuchtungskonzepten mit indirektem Licht und roten oder bernsteinfarbenen Glühbirnen und erzielt damit gute Erfolge. In Costa Rica haben wir das große Glück, dass offiziell keine Häuser auf den ersten 50 Metern von der Wasserlinie gebaut werden dürfen und auch die Bebauung auf den nächsten 150 Metern streng reglementiert ist. So sind die meisten unserer Niststrände stockdunkel. Trotzdem verirren sich immer wieder einzelne Weibchen. So fand das Flughafenpersonal in Limón vor einigen Jahren eine Lederschildkröte auf der Landebahn. Sie hatten am Abend zuvor vergessen, die Flutlichter auszuschalten und die Schildkröte dadurch in die Irre geführt. Die Feuerwehr musste dazugeholt werden, um das gut 500 Kilogramm schwere Tier zurück zum Meer zu transportieren.

Eine andere Problematik der Erschließung und Bebauung von Küsten sind viele Maßnahmen zum Schutz vor Hochwasser. Was Häuser vor Fluten und Stürmen bewahren soll, nimmt den Meeresschildkröten die Niststrände. Und auch der Tourismus macht ihnen das Leben schwer, wenn Niststrände tagsüber von Sonnenanbeter:innen belagert werden, die ihre Strandmöbel aufstellen und spitze Sonnenschirme in den Boden rammen. Eier, die unter dem Sand inkubieren, werden so zerquetscht oder aufgespießt.

Ähnliches passiert bei Ausritten, denn wegen ihres hohen Gewichts sinken Pferde tief in den weichen Sand ein. Selbst das unschuldige Bauen von Burgen und Wasserlöchern kann tödliche Folgen haben: Wenn die Babys nachts schlüpfen, fallen sie in die Burggräben und kommen aus eigener Kraft nicht wieder raus. Am nächsten Morgen sind sie so leichte Beute für Greifvögel und die heißen Sonnenstrahlen, in denen sie qualvoll verbrutzeln. Wenn wir also Urlaub an warmen Stränden machen, ist es immer gut, sich darüber zu informieren, ob dort Meeresschildkröten nisten. Sollte das der Fall sein, können wir alle mithelfen, den Strand für die nistenden Weibchen, ihre inkubierenden Eier und die schlüpfenden Babys sicher zu machen. Das kann zum Beispiel bedeuten, Sandburgen am Abend wieder abzubauen oder sich bewusst ein meeresschildkrötenfreundliches Hotel zu suchen: Werden dort während der Nistsaison spezielle Lichter benutzt, die Gäste auf die Meeresschildkröten aufmerksam gemacht und Strandmöbel nachts eingesammelt beziehungsweise Sonnenschirme in beschwerten Ständern angeboten? Kleine Schritte, die uns wenig kosten, den Meeresschildkröten bei ihrem ohnehin schon mühsamen Weg aber sehr helfen können.

Insgesamt dauert der komplette Eiablageprozess der Oliv-Bastardschildkröte ungefähr eine Dreiviertelstunde, Lederschildkrötenweibchen können auch fast zwei Stunden an Land sein. Man sollte meinen, das sei genug Zeit, um die nistenden Schildkröten anzutreffen und die nötigen Daten zu erheben. Das funktioniert aber nur, wenn die patrouillierten Strandabschnitte nicht zu lang sind. Lange Strände werden deshalb in Sektoren unterteilt, die man innerhalb einer Stunde ablaufen kann. Doch oft trifft man dabei nicht nur auf ein Weibchen, sondern gleich auf mehrere.

Mir passiert das in meiner Anfangszeit, als ich mit meiner Volontärin Sabine in Gandoca unterwegs bin. Wir haben eine erste Runde in unserem Sektor gemacht und sind im Begriff, die zweite abzulaufen, als wir unsere erste Lederschildkröte erspähen. Da wir noch ganz am Anfang des Sektors sind und die Schildkröte eben erst aus dem Wasser kommt, beschließen wir, schnell weiterzulaufen und den Rest des Sektors zu checken, bevor wir die Arbeit an dieser Schildkröte beginnen. Keine 50 Meter weiter weist uns bereits eine Spur auf die nächste Lederschildkröte hin, die gerade dabei ist, ihr Bett zu machen. Ich lasse Sabine mit einer Tüte bei ihr zurück, da das Tier zu nah am Wasser nistet und wir seine Eier verlegen müssen.

Ich verfalle nun in eine schnellere Gangart und stolpere nach nur 70 Metern über die nächste Spur. Auch diese Lederschildkröte macht gerade ihr Bett, aber glücklicherweise ist sie nahe der Vegetation, und die Eier können natürlich belassen werden. Mein Adrenalinspiegel steigt. Ich renne weiter und entdecke gleich die nächste Schildkröte, die bereits ihre Eikammer ausformt. *Holy moly!* Wie viele sind denn noch hier?

Bloß ein paar Schritte später sehe ich ein Weibchen, das schon dabei ist, Eier zu legen. Ich hole den Scanner heraus, um nach einem PIT zu suchen, und da es keinen gibt, zücke ich die Injektionspistole und setze den Mikrochip. An den Flossen hängen zum Glück Metalltags, und das Nest liegt an einer guten Stelle. Ich lasse die Schildkröte also erst mal gewähren und nehme mein Walkie-Talkie aus der Tasche, während ich noch den letzten Kilometer des Sektors abrenne. Nach Luft japsend funke ich meinen Kollegen Wilberth im Nachbarsektor an. »Will, Will, kannst du mich hören?«

»Sprich!«, kommt es aus dem Funkgerät zurück.

Außer Atem sage ich: »Ich habe fünf Schildkröten!«

»Oha, was machen sie?«, fragt Will zurück. Erst vor ein paar Tagen habe ich mit ihm die verschiedenen Stadien des Nistprozesses auf Spanisch geübt.

»Eine kommt gerade aus dem Wasser, zwei machen ihr Bett, eine gräbt ihr Nest, und eine legt schon Eier«, berichte ich aufgeregt.

»Wow«, höre ich Will sagen, und er lässt mich wissen, dass er mir seinen Volontär rüberschicken wird. Ich laufe zurück Richtung Sabine. Auf dem Weg checke ich die vierte Schildkröte, die inzwischen dabei ist, ihre Eier zu legen, nach einem PIT. Sie hat einen, dafür keine Metalltags, aber die kann ich erst später setzen. Ich schreibe die Nummer des PIT auf und haste weiter. Die dritte Schildkröte hat begonnen, die Eikammer zu buddeln, und ich kann sehen, dass sie Metalltags trägt. Notiert. Check. Da bei ihr nichts weiter zu tun ist, eile ich zurück zu Sabine, die schon auf dem Bauch liegt und die Eier auffängt. Ich nehme den PIT-Scanner und scanne die Schulter dieser Schildkröte. Kein PIT. Ich injiziere ihn also und renne zurück zur ersten Schildkröte, die endlich ihren Platz gefunden hat – leider viel zu dicht am Wasser. Sie macht gerade ihr Bett, ich muss also warten, bevor ich etwas tun kann, und haste ein paar Hundert Meter zurück zur vierten Schildkröte, die in der Zwischenzeit mit der Eiablage fertig ist. Blitzschnell befestige ich zwei Metalltags an ihren Flossen und vermesse sie. Dann weiter zur fünften Schildkröte, vermessen, zurück zur dritten, um ihren PIT zu checken...

Ich bin schweißgebadet und hetze von einem Tier zum nächsten, um ja keine Daten oder Eier zu verlieren. Wills Volontär kommt endlich bei uns an und hilft, die Eier der ersten Schildkröte einzusammeln. So geht das Spielchen gute zwei Stunden, bis alle Schildkröten identifiziert und vermessen sind, fehlende PITs injiziert und Metallmarken angebracht wurden und sämtliche Tiere wieder im Wasser sind. Ich verlege die beiden Nester, die wir einsammeln mussten, an einen geheimen Ort in die Nähe der Vegetationslinie und schicke die beiden Volontär:innen währenddessen noch mal auf eine Runde durch den Sektor. Zum Glück finden sie keine weiteren Schildkröten. Total erschöpft und verschwitzt warten wir um Mitternacht auf unsere Ablösung. Auf die unschuldige Frage, wie unsere Schicht denn gewesen sei, brechen wir in hysterisches Gelächter aus und überreichen unseren Rucksack mit der Ausrüstung und den Datenblättern. Beschwingt vom Adrenalinrausch, laufen wir zurück zum Dorf und lassen die Ereignisse der Nacht bei Bier und Snickers Revue passieren.

Als Meeresschildkrötenbiologin in Costa Rica laufe ich im Durchschnitt zwölf bis zwanzig Kilometer pro Nacht, was mir den Besuch im Fitnessstudio erspart. In den USA und Mexiko dürfen die Projekte Quads am Strand nutzen, was es natürlich einfacher macht, längere Strecken zurückzulegen. In Costa Rica ist das verboten, was ich gut finde, da motorisierte Fahrzeuge einen erheblichen Schaden in den Strandökosystemen anrichten können. Gerade an der karibischen Küste sind die Strände eh so unwegsam, dass selbst ein Quad keine Hilfe wäre. Immer wieder tauchen plötzlich Flüsse auf, die ich durchwaten oder -schwimmen muss, und der Sand ist übersät mit Treibgut, das wir zwar regelmäßig entfernen, doch wir kommen kaum mit dem Aufräumen hinterher, so schnell wie das Meer Neues ausspuckt. Außerdem gibt es hier nur einen sehr geringen Unterschied zwischen Ebbe und Flut, und so laufe ich stets durch weichen Sand, kraxle über Stock und Stein und kleine Sandhügel hinauf und hinunter. Ein Marathon, der sich im Verlauf der Saison an den immer schlabberiger werdenden Hosen bemerkbar macht. Im Vergleich zur Karibik ist das Laufen am Pazifik eine Wohltat. Die Flut bügelt den Strand glatt und hart, und man kann kilometerweit gehen, ohne in irgendetwas hineinzupreschen oder die Anstrengung groß zu spüren.

In der Karibik ist eines der größten Probleme für die nistenden Meeresschildkröten die Erosion an einigen Stränden. In Gandoca haben wir, seit ich 2007 dort angefangen habe, mehr als 60 Meter Strand verloren. Wo vor knapp 15 Jahren noch ein weiter, einladender Sandstrand war, auf dem wir Inkubationsstationen für unsere Eier bauen und diese über die gesamte Nistsaison von März bis August sicher ausbrüten konnten, reicht das Meer heute zum Teil bis hoch zum Dschungel. Es frisst immer wieder an verschiedenen Stellen und trägt mehr und mehr von der Küste ab. Der wahrscheinlichste Grund für diese starke Erosion ist die Lage von Costa Rica direkt über zwei Kontinentalplatten, die kontinuierlich in Bewegung sind. Hinzu kommen die ansteigenden Meeresspiegel durch den Klimawandel. Heute liegt der Meeresspiegel durchschnittlich 13 bis 20 Zentimeter höher als noch 1900, und es wird von Jahr zu Jahr mehr. Die Karibik ist kein sonderlich tiefes Gewässer, und ein Anstieg von nur ein paar Millimetern pro Jahr hat große Auswirkungen auf die horizontale Ausbreitung des Wasserspiegels. Das sind natürlich keine rosigen Aussichten für Meeresschildkröten, die auf Sandstrände angewiesen sind. Auch wir Meeresschildkrötenbiolog:innen würden uns weitläufigere Strände wünschen – wenn auch nur, damit das Laufen einfacher wird.

Vor allem bei dem besonders ungewöhnlichen Nistverhalten der Bastardschildkröten, den *arribadas*, wäre ein breiter Strand von Vorteil. Denn es braucht Platz für die Tausende von Weibchen und ihre Gelege, die fast jeden Monat über einen Zeitraum von wenigen Tagen gleichzeitig zum Nisten an Land kommen. Glücklicherweise haben die meisten *arribada*-Strände keine Probleme mit Erosion. Dafür wird vielen Gelegen der ersten Stunden die einzigartige Fortpflanzungstaktik selbst zum Verhängnis, denn die nachfolgenden Weibchen graben Nester ihrer Vorgängerinnen unbeabsichtigterweise wieder aus. Und da ein Oliv-Bastardschildkrötenei circa 45 Tage bis zum Schlüpfen braucht, müssen die Gelege oft nicht nur eine, sondern gleich zwei der alle 28 Tage stattfindenden *arribadas* überleben. Bei Tageslicht kann man auf diesen Stränden Millionen weißer Eierschalen sehen, die über den schwarzen Sand verstreut sind. Zudem herrscht zumindest in Ostional eine gewisse Anarchie. Hunde graben systematisch Eier aus und feiern eine Fressorgie, während die Rabengeier, in Gruppen auf dem Sand sitzend, auf ihren Moment warten. Was keines der beeindruckenden Fotos und Videos der zahlreichen Artikel und Dokumentarfilme über *arribadas* vermitteln kann, ist der markante, penetrante Geruch von verrottenden Schildkröteneiern und Geierkacke, der wie ein unsichtbarer Schleier über dem Strand schwebt. Ein Geruch, den ich immer als den von Ostional erkennen würde.

Aufgrund der riesigen Mengen an Eiern, die hier gelegt werden, befinden sich auf einem Quadratmeter im Durchschnitt drei bis vier Gelege – keine sonderlich gesunden Umstände für die einzelnen Eier und Nester. Folglich ist die Anzahl der überlebenden Nester gering, und auch der Schlupferfolg der einzelnen Nester, also der Prozentsatz der

Eier, aus denen tatsächlich kleine Schildkröten schlüpfen, ist äußerst niedrig. Er liegt je nach Saison bei 0 bis 32 Prozent und wird vermutlich im Laufe der kommenden Jahre weiter abnehmen. Der ganze Strand gleicht durch die schiere Masse verfaulender Eier eher einem gigantischen Komposthaufen als einem Sandstrand. Durch den Zersetzungsprozess steigen die Temperaturen, und die sich entwickelnden Eier ringen um Sauerstoff, der ihnen von den zersetzenden Mikroorganismen im Sand geraubt wird. Das beeinträchtigt auch den Schlupferfolg der hier gelegten ostpazifischen Lederschildkrötennester, der konstant bei null liegt. Deshalb sammeln wir seit mehreren Jahren ohne Ausnahme sämtliche Lederschildkröteneier ein und bringen sie in eine Inkubationsstation mit frischem, sauberem Sand.

Niemand weiß so ganz genau, warum sich *arribadas* entwickelt haben. Diese Fortpflanzungsstrategie muss einen Vorteil für die Bastardschildkrötenweibchen und ihre Nachkommen haben, sonst gäbe es sie vermutlich nicht mehr. Allerdings ist so einiges an diesem Verhalten noch ungeklärt, zum Beispiel, ob diese Strategie genetisch verankert ist oder ob sich Weibchen entscheiden können, synchronisiert zu nisten. Auch ist nicht bekannt, wie sich *arribada*-Strände entwickeln. Sie scheinen einem Zyklus zu unterliegen. So gab es Erzählungen von Dorfbewohner:innen in Ostional zufolge vor über 100 Jahren, in den ersten Jahrzehnten des Dorfes, noch keine *arribadas,* die kamen erst später. Zudem können wir zurzeit hautnah die Bildung einer neuen *arribada* hier in Costa Rica beobachten. Seit einigen Jahren finden am Strand in Corozalito immer häufiger kleinere *arribadas* statt, die größer werden und an Häufigkeit zunehmen. Die Überlastung der Strände würde eine zyklische Bildung mit einem anschließenden Zusammenbrechen wegen der hohen Dichte von Nestern und des dadurch abnehmenden Schlupferfolgs nahelegen.

Wegen der *arribadas* und der Millionen Eier, die jeden Monat dort gelegt werden, hatte Ostional in der Vergangenheit massive Probleme mit der unkontrollierten Eierernte. Dorfbewohner:innen führten sogar ihre Schweine auf den Strand, um sie an den Eiern zu mästen, und Hunderte Leute aus der näheren Umgebung fielen ins Dorf ein, um sich an den Eiern zu bedienen. Es kam zu Gewalt unter den Einwohner:innen und auch zwischen ihnen und den Leuten von auswärts. In den 1980er-Jahren beschloss das Dorf deshalb, mithilfe der Regierung ein offizielles Schutzgebiet für den Strand von Ostional einzurichten, das von Rangern bewacht wird. Zusätzlich baten sie die Regierung, ein legales Eiernteprogramm zu bewilligen, das dem Dorf die Befugnis erteilt, die in den ersten 72 Stunden jeder *arribada* gelegten und zum Tode verurteilten Eier auszubuddeln, für den Eigenbedarf an Dorfmitglieder zu verteilen und den Rest zu verkaufen. Sie begründeten diese Forderung zum einen damit, dass diese ersten Eier sowieso nur geringe Überlebenschancen hätten, und zum anderen damit, dass das erwirtschaftete Geld in den Schutz des Strandes investiert werden könne, sprich in die Anstellung von Wächter:innen, die sicherstellen, dass niemand unerlaubt Eier klaut. Die Regierung bewilligte beides, und seit Jahrzehnten gilt dieses Vorgehen als Lehrbuchbeispiel für *community-based conservation.*

Auch ich sehe den Wert dieses Projekts, denn zu der Zeit, als es ins Leben gerufen wurde, standen Meeresschildkröten in Costa Rica noch nicht unter Schutz. Doch es hat sich seither einiges verändert, und es gibt Aspekte, denen ich eher kritisch gegenüberstehe. Zum einen gibt es keine

Quote, kein Maximum an Eiern oder Gelegen, die ausgegraben werden dürfen. Die Anzahl der geernteten Nester wird allein von dem 72-Stunden-Fenster und der Anzahl der suchenden Leute bestimmt. Das Dorf ist in der Zwischenzeit um einiges gewachsen und die Menge an geernteten Nestern in den letzten Jahrzehnten sicherlich gestiegen. Konkrete Zahlen werden aber nicht publik gemacht. Zum anderen wissen wir nicht, ob die Population von Oliv-Bastardschildkröten in Ostional in den letzten 40 Jahren stabil geblieben ist, abgenommen oder zugenommen hat. Es existiert also keinerlei Kontrolle über den Effekt des Programms auf die Population. In allen Meetings und Pressemitteilungen wird immer betont, dass weniger als ein Prozent der Eier geerntet wird. Allerdings reichen die Zahlen der gesammelten Gelege von ein paar Hundert zu ein paar Tausend, und laut einer neueren wissenschaftlichen Studie nisten in den kleineren *arribadas* in den Monaten von Januar bis Mai nur ein paar Tausend Weibchen. Da wird aus einem schnell 50 Prozent.

Abgesehen davon finde ich, dass man eine bedrohte Art, auf deren Reproduktion und Verbleib man keinerlei Einfluss hat, im 21. Jahrhundert nicht mehr für die eigenen Bedürfnisse ausbeuten und diese Idee auch der nachfolgenden Generation nicht vererben sollte. Zwar hat Ostional ein Zertifizierungssystem für seine Eier, die überall im Land verkauft werden dürfen, aber die meisten Costa Ricaner:innen wissen weder, dass es existiert, noch, dass es nur für die Eier der Oliv-Bastardschildkröte aus Ostional gilt. So öffnet der legale Handel die Türen für den Schwarzmarkt. Oft werden die Plastiktüten mit dem Ostional-Siegel aufbewahrt und dann mit Eiern anderer Arten gefüllt. Es ist schon häufiger vorgekommen, dass meine Frage nach der Herkunft der vorliegenden verpackten Schildkröteneier eines Marktstandes mit »aus Ostional« beantwortet wurde, obwohl es sich ganz klar noch nicht einmal um Oliv-Bastardschildkröteneier handelte. Deshalb bin ich der festen Überzeugung, dass der Konsum von Meeresschildkrötenprodukten jeglicher Art einfach nicht mehr propagiert werden sollte.

Aber auch in Ostional ändert sich der Zeitgeist, und die Bevölkerung entwickelt immer mehr Aktivitäten, die nicht nur Geld mit dem Verkauf von Eiern machen. Es werden Touren für Tourist:innen angeboten, um die *arribadas* und auch das Massenschlüpfen der Babys wenige Wochen später hautnah zu erleben. Das Dorf hat außerdem ein Volunteerprogramm, bei dem junge Menschen aus aller Welt helfen, Daten zu den Schildkröten und dem *arribada*-Phänomen zu sammeln. Eine weitere Idee wäre, die vom Dorf als todgeweiht erklärten Eier in einer Inkubationsstation auszubrüten, statt sie zu verkaufen, und somit den Fortbestand der Population in Ostional sicherzustellen. Meine Hoffnung ist, dass diese Alternativen in den nächsten Jahren die Eierernte ablösen werden und die Ausbeutung einer bedrohten Art damit der Vergangenheit angehört.

Nisten ist auch ohne all diese Gefahren und Hindernisse schon Schwerstarbeit. Das Eierlegen an sich ist anstrengend genug, wie man an der erhöhten Atemfrequenz der Tiere erkennen kann, vor allem zum Ende hin. Während der energiezehrenden Produktion der Eier, der beschwerlichen Reise von den Nahrungs- zu den Nistgebieten, der strapaziösen Paarung mit den Männchen und den bis zu sieben gelegten Nestern werden die zu Anfang wohlgenährten Weibchen dünner und dünner. Sie fressen nur wenig oder gar nicht, da die Gewässer vor den Nistständen kein gutes Futterangebot bieten. Die Fettreserven der vorherigen Jahre müssen also sowohl für die Reise zu den Nistgebieten und zurück als auch für die Eiproduktion und -ablagen reichen.

Wenn die Eier endlich im weichen, warmen Sand liegen und die Mütter wieder in den dunklen Fluten verschwunden sind, schließt sich der Kreis. Die Weibchen und Männchen haben alles Meeresschildkrötenmögliche getan, um eine weitere Generation auf die gleiche wundersame, aber auch gefährliche Lebensreise zu schicken, die sie selbst hierher zurückgeführt hatte. Jetzt heißt es warten und hoffen, dass auch diese Generation ihren Weg zurück finden wird. Allen Gefahren zum Trotz.

Aus dem Leben einer Meeresschildkrötenforscherin

Es ist unsere letzte Nacht am Strand von Nancite, und wir sind mal wieder auf nächtlicher Patrouille. Im Gänsemarsch laufen wir am Wellenrand entlang, als wir vor uns im Sand auf einmal Spuren entdecken. Ich schalte meine Taschenlampe an und kann die Tatzenabdrücke einer großen Katze erkennen, die direkt vor uns in der Brandung gelaufen ist. »Ein Jaguar«, sagt mein Kollege Wilberth unbeeindruckt. Ich schaue ihn mit großen Augen an. »Da ist ein Jaguar mit uns am Strand?« Er nickt und erklärt, dass die Spuren höchstens ein paar Minuten alt sein können.

Ich bekomme eine Ganzkörpergänsehaut, und mein Magen fällt ein paar Meter in die Tiefe. Vor einigen Tagen haben wir zwischen den Bäumen am Strand die Überreste einer Schildkröte gefunden, die allem Anschein nach von Jaguaren getötet wurde. Seitdem sind wir in fiebriger Erwartung, haben wir bis jetzt doch noch keine dieser großen Katzen zu Gesicht bekommen. Mein Herz fängt an, schneller zu schlagen, und ich lasse den Kegel meines Taschenlampenlichts in einem großen Kreis über den Strand wandern, in der Hoffnung, aber auch mit der Angst, in der Dunkelheit einen lauernden Jaguar zu erspähen. Im Licht meiner Lampe setzen wir uns wieder in Bewegung.

Plötzlich leuchtet im Dunkeln vor uns ein Paar Augen auf. Ganz eindeutig Katzenaugen. Ich bleibe wie vom Donner gerührt stehen und krächze nur: »Da vorn, Wilberth!« Auch er richtet seine Taschenlampe auf die Augen, die das Licht grün reflektieren. Das muss der Jaguar sein! Wahrscheinlich wird er sich gleich aus dem Staub machen, denke ich. Doch weit gefehlt...

Im Schein unserer Lampen schält sich sein eleganter Körper ganz langsam aus der Dunkelheit und kommt direkt auf uns zu. Unser Licht hat den Jaguar wohl neugierig gemacht. Ich packe Wilberth am Oberarm und halte den Atem an. »Ruhig bleiben«, sagt er nur leise und geht noch ein paar Schritte auf das Tier zu. »Ist deine Kamera bereit?«, fragt er. Ohne den Blick vom Jaguar zu wenden, der jetzt so zutraulich auf uns zutrottet wie eine Hauskatze, nehme ich meine Kamera aus der Jackentasche und schalte sie ein.

Fünf Meter vor uns hält der Jaguar urplötzlich an. Seine neugierige Körperhaltung ist wie weggeblasen, und er schnüffelt skeptisch in die kühle Nachtluft. Irgendetwas stimmt seiner Meinung nach nicht. Ich sauge diesen Moment ins tiefste Innere meines Herzens. Obwohl ich mir vor Aufregung fast in die Hosen mache, versuche ich, mir jedes Detail zu merken: seine angespannten Muskeln, die sich unter seinem glänzenden Fell abzeichnen, der Wind vom Meer, der seine samtig glänzenden Haare ganz leicht zerzaust, die langen Schnurrbarthaare. Was für ein unglaublich schönes, Ehrfurcht gebietendes Tier.

Wilberth schreckt mich aus meinen Gedanken. »Jetzt!«, flüstert er mir ins Ohr, und ich betätige reflexartig den Auslöser meiner Kamera. Das Klickgeräusch meiner Blende erschreckt den Jaguar. Mit einem Satz springt er in das Gebüsch neben uns und ist verschwunden. Meine Beine zittern, und ich muss erst einmal kräftig durchatmen. Dann setzt das Gefühl absoluter Euphorie ein. Was für eine einmalige Begegnung!

Egal, wie oft ich Zeugin eines beeindruckenden Naturschauspiels werde, verlieren diese Dinge nie ihren besonderen Zauber für mich. Ich durfte schon so viele unfassbare und unbeschreibliche *National-Geographic*-Momente erleben, für die ich unendlich dankbar bin. Deshalb kann ich gut verstehen, warum viele Kinder und Teenager davon träumen, (Meeres-)Biolog:in zu werden und mit charismatischen Arten wie Delfinen oder Schildkröten zu arbeiten. Doch die Realität meiner Arbeit entspricht oft nicht dem, was sich die meisten darunter vorstellen, nämlich nur an Sandstränden unter Palmen zu liegen und mit Meeresschildkröten zu spielen.

Meine Tage sehen mittlerweile etwas anders aus als früher, aber es ist noch gar nicht so lange her, dass ich keinen festen Wohnsitz hatte und alle sechs Monate in das jeweilige Hauptquartier eines anderen Projekts zog. Oft teilte ich mir ein Zimmer mit meinen Assistent:innen und teilweise auch einigen Kurzzeitvolontär:innen. Das war anfangs lustig. Doch als mein Mann Andrey und ich anfingen, zusammen in Projekten zu arbeiten, und wir noch nicht einmal als verheiratetes Paar Privatsphäre hatten, wurde es immer unentspannter. Tatsächlich zogen wir nur fünf Tage nach unserer Hochzeit mit vier Assistent:innen in ein Zimmer der Ranger Station in Ostional. Obwohl ich mir heute kaum noch vorstellen kann, wie das funktioniert hat, teilten Andrey und ich uns eines der kleinen Betten von einem Stockbett. Wir hatten eine nächtliche Choreografie, bei der wir uns zur gleichen Zeit im Bett umdrehen konnten, ohne den anderen beim Schlafen zu stören oder ihm noch mehr vom nicht vorhandenen Platz zu stehlen. Wir machten das genau eine Saison mit. Für die nächste handelte ich mit meinem Chef aus, dass wir uns ein Haus im Dorf mieten durften und nur zum Essen und Arbeiten in die Station kamen. Was für ein Luxus! Ein eigenes Klo, ein eigener Kühlschrank und keine anderen Menschen.

Das Essen wird uns in den Projekten in der Regel gestellt und von einer Köchin zubereitet. Klingt feudal, aber in Wirklichkeit heißt das dreimal am Tag die landestypische Kost bestehend aus Reis und Bohnen, geschmacklich abhängig vom Können der Köchin und auch von dem Geld, das ein Projekt ins Essen investiert. Ich kann mich an Jahre erinnern, in denen an allen Ecken und Enden gespart wurde, es einfach nicht genug zu essen gab und die Stimmung auf den absoluten Tiefpunkt fiel. Meine Beschwerden bei der Projektleitung stießen auf taube Ohren, bis am Ende eine üble Schlägerei um den letzten Pfannkuchen ausbrach – und uns endlich mehr Nahrung zugestanden wurde. Ich persönlich mag Reis und Bohnen nicht sonderlich, aber selbst dem größten Fan hängen sie nach sechs Monaten zum Hals raus. Dementsprechend plante ich meine freien Tage in diesen Jahren stets mit dem Hintergedanken, gutes Essen zu finden – und eine schnelle Internetverbindung.

Bis vor einigen Jahren gab es in den meisten Projekten weder Internet noch Handyempfang. Ich musste, um meine E-Mails zu checken, alle paar Wochen den Bus in den nächstgrößeren Ort nehmen, der oft gute zwei oder drei Stunden entfernt lag. Internetzeit war teuer, und ich hatte häufig nur ein paar Stunden, bis der Bus wieder zurückfuhr. Den Großteil der Zeit verbrachte ich deshalb damit, Mails zu lesen und fix zu beantworten sowie schon vorgeschriebene Mails zu verschicken. Der Fokus lag dabei vor allem auf der Kommunikation für meine Arbeit, der Austausch mit Freund:innen kam definitiv zu kurz. Aus diesem Grund schickte ich immer mal wieder eine Rundmail an alle in Deutschland. Darin erzählte ich ein bisschen von meiner Arbeit und meinem Leben – wobei mein Leben zu diesem Zeitpunkt meine Arbeit war und ich nicht viel anderes zu erzählen hatte. Das nahm mir im Besonderen eine Freundin übel und kündigte mir ganz offiziell die Freundschaft. Es tat weh, aber irgendwie konnte ich sie verstehen.

Für Menschen in Deutschland ist es sehr schwierig, sich mein Leben in Costa Rica vorzustellen und auch die damaligen Schwierigkeiten zu verstehen, überhaupt Kontakt zu halten. Meine Eltern fanden sich mit der Zeit damit ab, dass sie nur alle paar Monate etwas von mir hörten. Sie lebten nach dem Prinzip »Schlechte Nachrichten verbreiten sich schnell«, und solange sie nichts hörten, hieß das vermutlich, dass es mir gut gehe. Mit den Jahren wurden die Kommunikationsmöglichkeiten zum Glück besser, es gab nach und nach in immer mehr Projekten Internet, wenn auch tödlich langsam. In den Dörfern wurde auch der Handyempfang besser, immer öfter hatte ich immerhin einen oder zwei Balken – zumindest wenn ich mich zwischen die Wurzeln des größten Mangobaums stellte und meinen Arm in einem bestimmten Winkel nach oben reckte.

Zusätzlich erschwert wurde unsere Situation noch dadurch, dass wir den Projektstandort nicht mal eben verlassen konnten, da wir kein Auto zur Verfügung hatten. Wir waren auf die öffentlichen Verkehrsmittel angewiesen, wenn es überhaupt welche gab. So verbrachten wir über sechs Monate in unserer winzig kleinen Projektblase ohne nennenswerten Kontakt zur Außenwelt, bis wir unseren Standort für die nächste Saison wechselten, nur um dort in einer anderen Blase zu leben. Über die Jahre bekam ich so das überwältigende Gefühl, festzustecken und nicht wirklich an der großen weiten Welt teilnehmen zu können.

Deshalb war es für mich eine Riesenbefreiung und ein absoluter Luxus, als ich mir vor einigen Jahren mein Auto Herkules kaufte und damit eine nie zuvor gekannte Mobilität erlangte. Meinen zweiten großen Luxus habe ich mir mit Andrey zusammen erspart: Gemeinsam erwarben wir ein kleines Haus mit Grundstück. Es befindet sich in dem Ort, in dem unsere Organisation *COASTS* von März bis Dezember ein Meeresschildkrötenschutzprojekt betreut. Dank diesem Haus und auch der Coronapandemie komme ich jetzt nach vielen turbulenten Jahren endlich ein bisschen zur Ruhe – auch wenn unser Haus sowohl als Lagerraum für viele unserer Projektsachen als auch ab und an als Unterkunft für wissenschaftliche Assistent:innen und unser Grundstück als Sammellager für den sortierten Strandmüll dient.

Die Nähe zum Projekt ermöglicht mir, nach wie vor hautnah am Geschehen teilzunehmen, auch wenn ich nicht mehr sechs Nächte die Woche auf Patrouille gehe. Da ich tagsüber viel am Computer arbeite, kann ich so meine direkte Beteiligung dosieren und auf meine jeweiligen Tätigkeiten über den Tag anpassen. Regulär plane ich, zwei bis drei Nächte pro Woche mit meinem Team am Strand unterwegs zu sein, gerade zu Beginn der Saison, wenn neue Leute angelernt werden müssen, auch häufiger. Die Realität sieht natürlich oft anders aus, weil es so viel zu tun gibt. Obwohl ich mich manchmal schuldig fühle, nicht mehr wie früher auf Patrouille zu gehen, genieße ich es, meiner Arbeit ausgeschlafen nachgehen zu können. Und mal ganz ehrlich: Eine Routine, wie ich sie in den letzten 14 Jahren hatte, würde ich körperlich und mental gar nicht mehr stemmen können.

Heute wache ich morgens gegen fünf Uhr auf und laufe mit meiner Hündin Fiona den Strand entlang, um nach verpassten und geschlüpften Schildkrötennestern Ausschau zu halten. Dann mache ich ein wenig Sport und setze mich an den Rechner, um mich meinen zwei Hauptaufgaben zu widmen: der Arbeit für die *Footprint-Stiftung* in den USA, die gegen die Plastikverschmutzung angeht, und der Administration meiner Organisationen und Projekte. Ich beantworte E-Mails, nehme an Videoanrufen teil, übertrage und analysiere Daten, verfasse wissenschaftliche Artikel, bearbeite Fotos, erstelle Beiträge für die sozialen Medien, organisiere Events, schreibe Abrechnungen, überweise Geld, mache die Buchhaltung, suche nach neuen Finanzierungsmöglichkeiten und vieles mehr. Wenn es die Zeit zulässt, nehme ich am Nachmittag an Strandsäuberungen teil und betreue fast immer die Inventuren von geschlüpften Nestern. Die Babys erinnern mich gerade in Zeiten, in denen ich sonst kaum Schildkröten zu Gesicht bekomme, daran, warum ich meine Arbeit eigentlich mache. Zum Glück habe ich noch eigene Forschungs- und Beratungsprojekte, für die ich alle paar Monate einige Wochen am Stück aktiv im Feld bin. So kriege ich regelmäßig eine volle Dröhnung Meeresschildkröten.

Freundschaften zu knüpfen war in den vergangenen Jahren schwierig. Die meisten Bekanntschaften waren nur auf der Durchreise, und gerade wenn man eine Person besser kennengelernt hatte und mochte, war sie auch schon wieder weg. Generell kann ich gut allein sein und habe mich daran gewöhnt, meine Probleme im Alleingang zu lösen, da meine Freund:innen und Familie schon seit Jahrzehnten am anderen Ende der Welt sind. Trotzdem gab es immer wieder Situationen, in denen ein Telefonat mit einer guten Freundin eine Wohltat gewesen wäre.

Aus diesem Grund war meine wichtigste Unterstützung in Costa Rica immer meine Schildkrötenfamilie, wie ich meine Kolleg:innen, Student:innen und Volontär:innen liebevoll nenne. Da wir alle über Monate von unseren Familien, Partner:innen und langjährigen Freund:innen getrennt sind, werden wir uns zur Ersatzfamilie. Vierundzwanzig Stunden, sieben Tage die Woche, teilweise sechs bis acht Monate am Stück, teilt man sich ein Zimmer und ein Bad, isst gemeinsam und gestaltet die wenige Freizeit zusammen. Man lacht und weint mit- und übereinander, teilt seine Süßigkeiten und streitet über die dreckigen Socken auf dem Boden. Man lernt sich in seinen schlechtesten, aber auch in seinen besten Momenten kennen, und vor allem ist man füreinander da. Das schweißt zusammen, ob man will oder nicht. Dementsprechend herzzerreißend sind die Abschiede nach jeder Saison in dem Wissen, dass man zum Teil in anderen Ecken der Welt wohnt und die Chancen, sich bald wiederzusehen, eher gering sind. Man hält über die sozialen Medien Kontakt, fiebert mit, feiert Erfolge aus der Ferne und bleibt sich oft ein Leben lang eng verbunden.

Mit die schönsten Tage im Jahr sind für uns Meeresschildkrötenbiolog:innen und -schützer:innen rund um das Internationale Meeresschildkröten-Symposium der *International Sea Turtle Society (ISTS)*, der Internationalen Gesellschaft für Meeresschildkröten, das jedes Jahr an einem anderen Ort stattfindet. Es bedeutet ein Wiedersehen mit vielen alten Bekannten. Man muss sich diese Konferenz wie eine Mischung aus wissenschaftlicher Tagung, Sommerlager und Urlaubsparty vorstellen. Wir erfahren von den neuesten Erkenntnissen über Meeresschildkröten aus verschiedenen Forschungsbereichen, können nach Herzenslust fachsimpeln, ohne dass jemand entnervt die Augen verdreht, treffen Freund:innen und Kooperationspartner:innen. Vor allem aber sehen wir unsere Meeresschildkrötenfamilien wieder und bringen uns gegenseitig auf den neuesten Stand.

In diesem unbeständigen sozialen Umfeld bin ich mir der Vorteile bewusst, einen Partner an meiner Seite zu haben, der dasselbe macht wie ich. Andrey und ich waren zwar in der Anfangszeit häufig über Wochen und Monate getrennt und sahen uns manchmal gerade mal einen Tag und eine Nacht, bevor wir wieder in unsere Projekte zurückmussten. Doch nach ein paar Jahren wurden wir immer häufiger zusammen angestellt. Trotz aller Uneinigkeiten bilden wir nämlich ein gutes Duo, da wir uns in unseren Kenntnissen und auch in unseren Persönlichkeiten sehr gut ergänzen. Die größte Erleichterung in unserem immer noch turbulenten Leben ist das gegenseitige Verständnis für unsere unstete Existenz und den einnehmenden Alltag – und Andreys Akzeptanz meines radikalen Unabhängigkeitsdrangs. Jeder andere Partner hätte vermutlich schon längst die Flinte ins Korn geworfen und sich verabschiedet, weil ich mein eigenes Ding mache und mein Privatleben untrennbar mit meinen Meeresschildkröten verwoben ist.

Einen costa-ricanischen Partner an meiner Seite zu haben ist auch hilfreich in Bezug darauf, dass ich Ausländerin und eine Frau bin. Deutsche in einem Land zu sein, in dem das Patriarchat noch stark zu spüren ist, war über die Jahre eine echte Herausforderung. Schon an meinem allerersten Tag in Costa Rica merkte ich, dass ich im Vergleich zum Großteil der Costa Ricaner:innen hervorsteche wie ein weher Daumen. Ich fühlte mich wie eine Riesin, und meine hellere, wenn auch meist gebräunte Haut, braungrünen Augen und blonden Haare standen in starkem Kontrast zu den dunklen Augen, der olivfarbenen Haut und der schwarzen

Haarpracht meiner lateinamerikanischen Kolleginnen. Die costa-ricanischen Männer schenken mir stets sehr viel Aufmerksamkeit, was mir gerade am Anfang äußerst unangenehm war. Von deutschen Männern, die selbst in Momenten der Begeisterung generell eher zurückhaltend sind, bin ich so viel unverhohlene Bewunderung und diesen sehr offensichtlichen Exotenstatus überhaupt nicht gewohnt. Es kann passieren, dass wildfremde Männer mich um ein Foto bitten oder mich irgendjemand heimlich im Supermarkt filmt, einfach weil ich anders aussehe. Während meines Grundstudiums erging es mir in Ägypten ähnlich. Bei jedem Besuch eines Geschäftes bat der jeweilige Besitzer darum, sich mit mir fotografieren lassen zu dürfen. Auch die Annäherungsversuche der Angestellten bei unseren Tauchgängen, bei denen dem Anschein nach unschuldige Hilfestellungen beim Anziehen des Neoprenanzugs schnell zu handfesten Übergriffen wurden, sind mir in Erinnerung geblieben. Ich reagiere deshalb bis heute äußerst reserviert auf mir geschenkte Aufmerksamkeit.

Mit der verbalen Distanzlosigkeit von Männern gegenüber Frauen habe ich mich über die Jahre arrangiert. Pfiffe an einer Baustelle oder Rufe aus vorbeifahrenden Autos ignoriere ich rigoros, sie ringen mir, wenn überhaupt, nur noch ein müdes Lächeln ab. Obwohl die Männer in Costa Rica in der Regel nicht körperlich übergriffig sind, möchte ich an dieser Stelle nicht verschweigen, dass es auch in Meeresschildkrötenprojekten zu sexuellen Übergriffen kommt. Selbstverständlich sollte so etwas nicht passieren, aber da, wo Menschen aufeinandertreffen, gibt es auch Probleme. Traurig ist in diesem Zusammenhang vor allem meine Erfahrung, dass solche Vorkommnisse von den meist männlichen Projektleitern entweder ignoriert oder kleingeredet wurden. Ein Symptom der immer noch von Männern dominierten Welt, in der wir leben.

Auch einige meiner Kollegen machten mir wie gesagt am Anfang das Leben schwer. Kommentare wie »Die hält hier keine zwei Wochen durch« nagten gerade in den ersten Monaten an mir. Ich begann, an mir zu zweifeln, und fragte mich, ob ich dieser Arbeit wirklich gewachsen bin. Sechzehn Jahre später kann ich guten Gewissens behaupten, dass diese Stimmen nicht recht behalten haben. Mir den Respekt gewisser Männer zu erarbeiten war allerdings kein Pappenstiel. Es war verbunden mit endlosen Diskussionen über Zuständigkeiten, kindischen Trotzreaktionen der Männer und der ein oder anderen Badezimmersession meinerseits, bei der ich die ganze Wut und Frustration mal so richtig rausheulte. Mit den Jahren wurde es einfacher. Zum einen lag das daran, dass ich mir eine dicke Haut zulegte und angewöhnte, erst gar nicht zu diskutieren. Ich arbeitete hart, lernte dazu und erweiterte so meine Kompetenzen von Jahr zu Jahr, bis meine Kritiker eingestehen mussten, dass ich doch nicht so ahnungslos war, wie sie dachten. Zum anderen rückte eine neue Generation nach, die anders groß wurde und in den meisten Fällen kein Problem damit hat, von einer Frau angeleitet zu werden.

In den ländlichen Orten, in denen viele meiner Projekte angesiedelt sind, treffe ich natürlich immer wieder auf Neugierde oder auch Unverständnis. In den Augen der Bewohner:innen, die oft ihr ganzes Leben in demselben kleinen Dorf verbracht haben, bin ich eine Art lila Elefant. Eine Frau, die keine Kinder, dafür Abitur und einen Universitätsabschluss hat, die ihr eigenes Geld verdient, von keinem Mann wirtschaftlich abhängig ist und sich deshalb auch nichts gefallen lassen muss. Hinzu kommt, dass mein Mann genau wie ich putzt und kocht und die schmutzige Wäsche wäscht – wofür wir beide uns schon einige dumme Sprüche anhören durften. Und selbstverständlich wird mir ab und an erklärt, dass unsere bewusste Kinderlosigkeit Gottes Plan für Mann und Frau durchkreuze. Manchmal ist es schwierig, damit umzugehen, insbesondere wenn diese Bemerkungen von Menschen kommen, die mir nahestehen. Lustiger sind da schon naive Kommentare von Kindern. Als ein Freund meiner damals fünfjährigen Nichte Marylin mich fragte, warum ich keine Kinder habe, erklärte sie ihm neunmalklug, dass *weiße* Frauen keine Kinder bekommen könnten. Ich blickte sie erstaunt an, doch sie führte todernst und mit einer nicht abzustreitenden Logik aus, dass sie noch nie eine *weiße* Frau mit einem Kind gesehen habe. Tatsächlich kamen jedes Jahr Hunderte *weiße* Frauen aller möglichen Altersklassen in Marylins Dorf, aber keine einzige hatte Kinder dabei. Ihr kindlicher Verstand hatte aus dieser Lebenserfahrung seine eigenen Schlussfolgerungen gezogen.

Die Liste von unangenehmen und schlicht gefährlichen Situationen, in die man als Frau ohne eigenes Verschulden geraten kann, ist lang. Vieles ist mir natürlich in Costa Rica passiert – ich lebe schließlich seit 16 Jahren hier –, aber diese Phänomene beschränken sich keineswegs auf Lateinamerika oder gar mein direktes Umfeld in ländlichen Gebieten. Auch die Welt der Wissenschaft ist voll von Frauenfeindlichkeit, wenn auch manchmal weniger offensichtlich. Aus diesem Grund bin ich unendlich dankbar, dass mir auf meinem akademischen Werdegang starke Frauen mit Rat und Tat zur Seite standen und stehen. Meine Doktormutter und meine Diplombetreuerin haben mir mit ihren Erfahrungen geholfen, den holprigen Weg als Frau in der Forschung zu beschreiten, schmierige Kommentare zu parieren und ältere Kollegen zu meiden, die dafür bekannt waren, Frauen auch mal »unbeabsichtigt« an den Hintern zu fassen. Denn einige dieser Situationen und unbedachte Reaktionen darauf hätten sich durchaus negativ auf meine Karriere als Wissenschaftlerin auswirken können. Hinzu kommen alltägliche Ärgernisse, wie bei Besprechungen ignoriert oder ständig unterbrochen zu werden oder als anerkannte Expertin von Nichtexperten eines »Besseren« belehrt zu werden. Wir gewöhnen uns schnell an diese Realitäten und nehmen sie gar nicht mehr als Benachteiligung wahr. Aber es sind genau diese kleinen Dinge, die eine noch immer bestehende Ungleichbehandlung der Frau aufzeigen.

Insbesondere ärgert mich persönlich die vorherrschende *bro culture* unter Feldbiologen, die mich als Frau kategorisch ausschließt. Wenn ich die Lässigkeit sehe, mit der sich einige meiner männlichen Kollegen profilieren, wünsche ich mir manchmal, dass auch ich diese Überlegenheit fühlen könnte. Diese Gewissheit, dass ich dazugehöre, die Überzeugung, dass mir die Welt gehört oder zumindest etwas schuldig ist und mein Platz am Tisch selbstverständlich ist. Ob diese Selbstsicherheit nur vorgetäuscht ist, weiß ich natürlich nicht. Ich weigere mich aber zu akzeptieren, dass sie auf einer genetischen Prädisposition beruht. Im Gegenteil bin ich fest davon überzeugt, dass wir als Gesellschaft vermitteln, das männliche Ego sei wichtiger als das weibliche. Anders kann ich mir die Blindheit so vieler Männer nicht erklären. Merken sie wirklich nicht, dass sie Unterhaltungen vereinnahmen und keine Möglichkeit auslassen, ins eigene Horn zu blasen? Wir Frauen werden überfahren und ins Abseits gedrängt. Wie soll man das kontern? Es ihnen gleichzutun scheint am einfachsten, und so sind vonseiten vieler Frauen

Wut und Respektlosigkeit zu spüren. Ich kann es ihnen nicht verdenken, aber ich fühle mich in so einem negativen Umfeld nicht wohl. Feminismus bedeutet für mich niemals den Ausschluss anderer – auch nicht der Männer. Ich hasse Männer ja nicht, ich wünsche mir nur mehr Anerkennung und einen respektvolleren Umgang mit uns Frauen.

Wenn ich mit männlichen Freunden über das »Frauenthema« diskutiere, wird oft genervt mit den Augen gerollt. Viele denken, dass Unterschiede in der Behandlung der Geschlechter kein Thema mehr sind. Dabei werden von Frauen immer noch Sachen hingenommen, die sich kein Mann bieten lassen würde. Der allgegenwärtige subtile und tief sitzende Alltagssexismus macht mir Sorgen. Frauen müssen nach wie vor lernen, wie sie sich im täglichen Leben am besten schützen, welche Vorkehrungen sie treffen müssen, um möglichst gar nicht erst in grenzwertige Situationen zu kommen oder im schlimmsten Fall vergewaltigt zu werden. Ich habe mittlerweile keine Hemmungen und keine Scham mehr, so etwas proaktiv anzugehen, um Schlimmeres zu verhindern. Aber dass wir Frauen die Welt überhaupt so navigieren müssen, ist traurig.

Leider haben sich viele, auch sehr erfolgreiche Frauen mit dem Status quo abgefunden oder sind Paradebeispiele für internalisierte Frauenfeindlichkeit, ohne sich dessen bewusst zu sein. »Zum Glück bin ich nicht wie die anderen Frauen« gehört zu den Sätzen, die auch ich als Jugendliche gesagt habe und die Teil des Problems sind. Sie sind verantwortlich dafür, dass alles beim Alten bleibt. Statt Verbündete zu werden, betrachten wir uns als Konkurrentinnen um die wenigen Plätze, die uns zugestanden werden.

Erfreulicherweise sind sich immer mehr Männer und Frauen der Problematik bewusst und arbeiten aktiv dagegen an. Wir alle, Männer, Frauen, Mütter, Väter, müssen unseren Teil dazu beitragen, diese Welt für Mädchen und Frauen sicherer zu machen. Deshalb wünsche ich mir für die Zukunft einen stärkeren Zusammenschluss zwischen uns Frauen und plädiere dafür, dass wir uns gegenseitig mehr unterstützen und beschützen und keine Angst davor haben, trotz Unverständnis, Spott oder gar Aggressionen für uns einzustehen.

Den meisten Menschen, inklusive meiner Eltern, stellen sich vermutlich die Nackenhaare auf bei der Vorstellung, dass ich als Frau nachts mehr oder weniger allein an einsamen Stränden nach Meeresschildkröten suche. Um diese Menschen zu beruhigen: Ich trage fast immer eine Machete mit mir herum und werde inzwischen meistens von meiner Hündin Fiona begleitet. Aber ehrlich gesagt, ist mir persönlich um einiges mulmiger zumute, wenn ich nachts durch die Straßen einer größeren Stadt laufe. Die Risiken, die mir in meiner Arbeit echtes Kopfzerbrechen bereiten und regelmäßig für Abenteuer, aber auch Notfälle sorgen, haben eher mit ungünstigen Wetterverhältnissen, der Abgeschiedenheit unserer Standorte und der Unwegsamkeit von Zufahrtsstraßen zu tun. Es gibt normalerweise keine medizinische Versorgung vor Ort, und das nächste Krankenhaus ist oft mehrere Stunden entfernt, weshalb es schon zu einigen brenzligen Situationen kam. Eine ist mir besonders in Erinnerung geblieben:

Mein Team und ich sind zu Gast bei einem Projekt auf der Osa-Halbinsel, um Daten für meine Doktorarbeit zu sammeln. Ich mache mich gerade in unserer *cabina* für die Nachtpatrouille fertig, als mein Assistent Derek von draußen ruft: »Chris, wir haben ein Problem!« Die Dringlichkeit in seiner Stimme lässt mich Böses ahnen, und ich greife nach unserem Erste-Hilfe-Set, bevor ich zu ihm eile. Derek sitzt mit der Projektvolontärin Jasmin im Küchenbereich, wo sie besorgt ihren langsam anschwellenden Fuß betrachten. In den nächsten Minuten berichten die beiden, dass die junge Schweizerin nach dem Abendessen ohne Taschenlampe und feste Schuhe zurück zu ihrer *cabina* lief, als sie auf halbem Weg plötzlich von etwas gebissen wurde. Sie hatte die Geistesgegenwart, nach Derek zu rufen, der noch im Küchenbereich saß und las. Als erfahrener Herpetologe suchte er sofort die Gegend ab. Nur ein paar Meter vom Weg entfernt entdeckte er eine junge Lanzenotter, eine Giftschlange aus der Vipernfamilie.

Beim Anblick des Schlangenbisses setzt sofort mein Autopilot ein. In Windeseile krame ich einen Marker aus unserem Erste-Hilfe-Kasten und kennzeichne die Ränder der Schwellung. Daneben schreibe ich die Uhrzeit. Dann hole ich einen sauberen Verband und eine sterile Kompresse hervor und umwickle den Fuß lose, um den Verband im Zweifel weiter zu lockern, sollte die Schwellung zunehmen. Jasmin ist erstaunlich gefasst, und ich instruiere sie, den Fuß unterhalb des Herzens zu positionieren und vor allen Dingen Ruhe zu bewahren. Nach einer kurzen Absprache tragen Derek und ein anderer Assistent sie zum Projektwagen, und die Projektleiterin fährt sie in den nächstgrößeren Ort mit einer Klinik und vorrätigem Antiserum. Jasmin hat großes Glück: Die junge Schlange hat nur eine kleine Menge Gift injiziert, und sie trägt keine bleibenden Gewebe- oder andere Schäden davon.

Ein weiteres Problem sind unbeständiges Wetter und schlechte Straßenverhältnisse. Das erlebe ich hautnah, als wir ein anderes Mal gerade auf dem Rückweg vom anderen Ende des Landes sind, eine lange, ermüdende Fahrt durch strömenden Regen. Nur noch 20 Minuten und eine Brücke trennen uns von einem wohlverdienten Abendessen und einem weichen Bett. Ich habe die Brücke wohl schon Hunderte Male überquert, an diesem Tag ist sie allerdings mit ungefähr 30 Zentimetern rotbraunem Wasser überflutet und nicht mehr zu sehen. Ein Quadfahrer, der uns entgegenkommt, bestätigt mir, dass das Wasser nicht sonderlich tief ist. Wäre das kein vertrautes Terrain, wäre ich trotzdem ausgestiegen und durch den Fluss gewatet, um den Grund abzutasten. So aber entscheide ich mich, auf gut Glück über die unsichtbare Brücke zu fahren. Ich weiß ja, wo sie sich unter den schlammigen Wassermassen befindet. Denke ich.

Ich wechsle also in den 4×4-Antrieb und steuere Herkules auf die Stelle zu, an der ich die Brücke vermute. Ich spüre ihren Beton unter den Reifen und bin mir meiner Sache jetzt ganz sicher. Aber keine Autolänge weiter rutscht mein rechter Vorderreifen vom Rand der Brücke ab und ins Wasser. Der Wagen neigt sich bedenklich zur Seite, der linke Hinterreifen schwebt in der Luft. Noch bin ich nicht sonderlich besorgt, ich wechsle einfach in den Rückwärtsgang und will das Auto so wieder auf die Brücke holen. Doch der rechte Hinterreifen hat sich beim Abrutschen an einem riesigen Betonabwasserrohr verkeilt. Die anderen Räder drehen durch, und mir geht der Arsch ganz schön auf Grundeis.

Wir stecken fest, und der Beifahrerfußraum füllt sich langsam mit Wasser. »Los, los, klettre nach hinten, und dann nichts wie raus hier!«, rufe ich meiner Beifahrerin und Kollegin Brie zu. Sie handelt blitzschnell, kraxelt nach hinten auf die Rückbank zu den anderen, klettert mit ihnen nach draußen und watet zum Ufer. Nach einer kurzen Sekunde des Nachdenkens tue ich es ihnen nach. In dieser Situation zeigt sich aber sofort das Costa Rica, das ich so sehr liebe.

Mehrere Männer auf Motorrädern haben das ganze Spektakel beobachtet und eilen uns nun zu Hilfe. Aufgeregt diskutieren sie, wie sie Herkules aus dem Fluss ziehen können, als ein Pick-up-Truck ankommt. Der Fahrer will beim Anblick der überfluteten Brücke schon kehrtmachen, als er unsere Situation wahrnimmt. Sofort bieten die vier Männer im Wagen an, Herkules rauszuziehen, wenn wir eine Abschleppkette auftreiben können. Einer der Motorradfahrer rast augenblicklich davon, um eine zu besorgen. Währenddessen versuche ich, meine Student:innen zu beruhigen: »Alles kein Drama, uns wird ja geholfen.« Äußerlich gelassen, kann ich meinen Worten selbst nicht so ganz Glauben schenken und sehe Herkules schon mitsamt Ausrüstung und persönlichen Gegenständen im Fluss davontreiben.

Als die Schleppkette endlich kommt, krabble ich zurück in die Fahrerkabine, und Herkules kann ohne Probleme aus dem Fluss gezogen werden. Nur ist leider die Elektronik im Beifahrerfußraum nass geworden, und mein tapferes Auto will nicht mehr anspringen. Die Männer im Pick-up bieten mir an, mich zum Mechaniker im nächsten Dorf zu fahren. Ich klettere also auf ihren Beifahrersitz und schaue bei der Abfahrt in Bries ängstlich besorgtes Gesicht. Ich kann ihr die Gedanken von der Stirn ablesen: »Hoffentlich wirst du nicht vergewaltigt, zerstückelt und irgendwo im Wald vergraben.« Ehrlich gesagt, hoffe auch ich inständig, dass Brie oder eine:r der anderen sich zumindest das Nummernschild des Trucks gemerkt hat. Doch die vier, ein Vater mit seinem Sohn und zwei Angestellten, sind äußerst respektvoll und supernett. Sie bringen mich nicht nur zum Mechaniker, sondern kaufen danach auch noch Bier für unser gesamtes Team, obwohl ich eigentlich ihnen zum Dank eins ausgeben will. Aber der Vater winkt ab und meint: »Ihr braucht es dringender als wir!« Dann fahren sie mich zurück zum Fluss, um auf den Mechaniker zu warten. Bei meiner Rückkehr glaube ich ein paar Tränen der Erleichterung in Bries Augen zu erkennen.

An dieser Stelle ein Gruß an meine Mutter. Ich habe viele Jahre nach dem Prinzip »Was Mama nicht weiß, macht Mama nicht heiß« gelebt und erzähle meinen Eltern solche Erlebnisse in der Regel nicht, damit sie sich keine unnötigen Sorgen machen. Meine Mama wird dieses Buch aber sehr wahrscheinlich auch lesen und vermutlich schon das eine oder andere Mal tief durchgeatmet haben. Tut mir leid, Mama. Aber es sei gesagt, ich lebe ja noch.

In meiner Arbeit liegen Negatives und Positives oft dicht beieinander, wunderschöne Momente und tiefschwarze Augenblicke, das Schicksal der Welt und persönliche Tragödien. Man kämpft zwar für das Gute und große Ganze, ist aber gleichzeitig trotzdem Mensch mit Sorgen, Nöten und Gefühlen. Toxische Situationen, denen ich andernfalls aus dem Weg gehen könnte, zerren an der mentalen Verfassung. Ich blicke immer wieder in die bodenlosen Abgründe der menschlichen Existenz und versuche, dabei nicht zu ertrinken. Viele der bezeugten Grausamkeiten Meeresschildkröten, aber auch Mitmenschen und anderen Tieren gegenüber würde ich gerne aus meinem Gedächtnis löschen, denn wenn ich zu viel darüber nachdenke, werde ich zynisch und bezweifle ernsthaft unser Daseinsrecht als Spezies.

Einer der wohl traurigsten und traumatischsten Momente war, als mein Freund und Kollege Jairo »Foca« Mora Sandoval 2013 mit gerade mal 26 Jahren von angeblichen Wilderern am Strand des an der costa-ricanischen Karibikküste gelegenen Moín umgebracht wurde. Jairo kam ursprünglich aus Gandoca, dem Heimatort meines Mannes und dem Ort, an dem meine Meeresschildkrötenleidenschaft begann, und war seit vielen Jahren Teil meiner Schildkrötenfamilie. Ich hatte ihn in Gandoca über Andrey kennengelernt und dann mit ihm gearbeitet. 2010 ging er mit uns nach Ostional, wo wir mehrere Saisons zusammen Meeresschildkröten erforschten und beschützten. Jairo war in einfachen Verhältnissen groß geworden, hatte drei Schwestern, sein Vater züchtete Rinder. Er vereinte genau die richtige Mischung aus Leidenschaft für den Artenschutz, Intelligenz und Wissbegier, keimenden Führungskompetenzen und Know-how eines Einheimischen, der mit Meeresschildkröten am Strand aufgewachsen ist. Das sind die Einhörner, nach denen wir ständig suchen, die wir aber nur sehr selten finden. Obwohl Jairo nie studiert hatte und seinen Highschoolabschluss erst im Nachholverfahren ein paar Monate vor seinem Tod erwarb, hegte ich große Hoffnung, dass er eines Tages eine der Leitfiguren des Meeresschildkrötenschutzes in Costa Rica werden würde. Leider kam alles ganz anders.

Der Tag, an dem Jairo ermordet wurde, hat sich für immer in meine Seele eingebrannt. Ich war zu Besuch in Deutschland, saß im Wohnzimmer meiner Oma und schaute in den Garten hinaus, wo eine Familie Kohlmeisen gerade ihre Jungen fütterte. Da klingelte das Telefon. Mein Chef aus Costa Rica war am Apparat: »Ich habe keine guten Nachrichten. Jairo ist letzte Nacht nicht vom Strand nach Hause gekommen.« Nur die vier jungen Frauen, die mit ihm auf Patrouille gewesen waren, waren am Morgen völlig verstört an der Station angekommen, ohne Jairo und ohne ihr Auto. Es war sofort Alarm geschlagen worden, man hatte gesucht und eine Leiche gefunden. Ob es wirklich Jairo war, wusste mein Chef zu diesem Zeitpunkt noch nicht, aber er befürchtete es. Andreys Bruder war gerade auf dem Weg, um den Leichnam zu identifizieren.

Schockstarr hörte ich zu. Ich konnte es einfach nicht fassen und war mir sicher, dass ein Fehler passiert war. Doch einige Stunden später hatten wir traurige Gewissheit. Mir wurde der Boden unter den Füßen weggerissen. Ich hatte Schwierigkeiten, die Endgültigkeit dieser Hiobsbotschaft zu akzeptieren, während ich versuchte, Andrey zu trösten. Hatte ich nicht vor zwei Nächten noch via Skype mit Jairo gequatscht, um ihm zu helfen, einen Flug nach Deutschland zu buchen? Das konnte doch einfach nicht wahr sein! Trotz aller Notfälle und Abenteuer habe ich mir gerade in der Anfangszeit nicht viele Gedanken darüber gemacht, dass unsere Arbeit tatsächlich ernsthaft gefährlich oder gar tödlich sein kann. Man ist jung und glaubt sich unsterblich. Und das kann man sich auch so lange einreden, bis irgendetwas passiert, das einem in Erinnerung ruft, dass das Leben ganz schnell vorbei sein kann.

Jairos Ermordung sorgte weltweit für Aufsehen, und sein Name reiht sich ein in die lange Liste getöteter Umweltschützer:innen. Einige große Naturschutzorganisationen und Einzelpersonen nutzten Jairos Tod, um ihre eigene Agenda voranzutreiben, zum Beispiel mit Costa Rica noch ein Hühnchen zu rupfen oder Einschaltquoten in die Höhe zu treiben. Für uns, die wir um einen guten Freund und ein Familienmitglied trauerten, war das nur schwer mit anzusehen.

Auch dem Tourismus und insbesondere dem Meeresschildkrötenschutz in Costa Rica tat dieser negative Medienhype alles andere als gut. Der Strand von Moín ist ein sehr spezieller Fall, da er direkt neben dem größten Verschiffungshafen Costa Ricas liegt und nicht zu einem der vielen Schutzgebiete gehört. Große Hafenstädte ziehen viel Kriminalität und organisiertes Verbrechen an, und die angrenzenden Ortschaften sind oft ein heißes Pflaster. In der Berichterstattung um Jairos Tod wurden aber mit einem Mal alle Strände Costa Ricas als äußerst gefährlich und die dortigen Dörfer als Sumpf menschlichen Abschaums dargestellt – was natürlich eine absolute Fehldarstellung war, die vielen Menschen und Gebieten unrecht tat. Tourist:innen hatten mit einem Mal Angst, nach Costa Rica zu reisen, und schon gar nicht wollten sie in Meeresschildkrötenschutzprojekten mitarbeiten. Die meisten dieser Projekte finanzieren sich aber über sogenannten *Volontourism (volunteer & tourism)*, also dadurch, dass Laien für Freiwilligenarbeit in einem Naturschutzprojekt bezahlen, um ihren Urlaub sinnvoll zu gestalten. Damit deckt das Projekt dann die Gehälter von lokalen Assistent:innen und andere anfallende Unkosten. Durch den Wegfall dieser Tourist:innen kämpften plötzlich viele Projekte ums Überleben.

Die Ideen anderer Menschen, die Jairo auf einmal als ihre persönliche Jesusfigur sahen und mit Gewalt und AK-47s gegen die »bösen« Wilderer vorgehen wollten, trieben noch zusätzlich tiefe Kluften zwischen die an Meeresschildkrötenstränden liegenden Dörfer und die dort arbeitenden Naturschutzprojekte. Letztere hatten teilweise Jahrzehnte damit verbracht, das Vertrauen der Dorfbevölkerung zu gewinnen, und in der Vergangenheit alles darangesetzt, gemeinsam geeignete Schutzmaßnahmen zu suchen und Lösungen zu finden. Über Nacht gingen Vertrauensverhältnisse und ganze Lebenswerke in Rauch auf. Die tollwütigen Cowboys, die Meeresschildkröten mit Gewalt schützen wollten und meinten, damit Jairos Mission weiterzuführen, verschwanden genauso schnell, wie sie gekommen waren, und hinterließen viele Organisationen vor dem Scherbenhaufen ihrer Existenz.

Die sieben Männer, die angeblich für Jairos Tod verantwortlich sind, wurden nach einem ersten fehlerhaft geführten Prozess in einem zweiten Verfahren 2016 endlich verurteilt und sitzen im Gefängnis. Erleichterung oder Freude darüber ist bei mir allerdings ausgeblieben, denn auch dieses Urteil bringt Jairo nicht zurück. Zudem sind viele Fragen zu den Hintergründen der Tat noch offen. Einige Leute behaupten, dass die Männer mit dem Drogenschmuggel zu tun hatten, andere wiederum sind fest davon überzeugt, dass sie von den Bauträgern des großen neuen Verschiffungshafens in Moín angeheuert worden waren. In beiden Fällen ging es darum, das Meeresschildkrötenprojekt zu vertreiben und so freie Bahn für die eigenen Pläne zu haben. Die Antwort auf das Warum werden sie uns wohl für immer schuldig bleiben.

Nach Jairos Tod fiel ich in ein bodenloses Loch und haderte mit dem Sinn meines Lebens und mit dem Universum. Ich hatte mich nie zuvor so machtlos und verloren gefühlt. Nach einigen Monaten, in denen ich ziellos vor mich hin trieb, ging ich mit mir selbst ins Gebet und überlegte, wie ich meinen weit reisenden Meeresschildkröten in Zukunft besser und effektiver helfen könnte. In den letzten Jahren hatte ich zunehmend den Eindruck, dass ich an den im Urwald versteckten, isolierten Niststränden Costa Ricas von der Außenwelt abgeschnitten war und das Leben an mir vorbeilief. Ich konnte doch mehr tun – ja, ich musste eigentlich mehr tun! Ich hatte das Gefühl, den Schildkröten und auch Jairo etwas schuldig zu sein. Also entschied ich mich, für eine Promotion zurück an die Universität zu gehen, um mein Netzwerk und meine Expertise zu erweitern. So wollte ich zukünftig unabhängiger agieren können und mehr Einfluss auf das globale Schicksal der Meeresschildkröten nehmen.

Das Universum erfüllte diesen Wunsch aber auf eine etwas andere und völlig unerwartete Weise, als es mich 2015 das Video vom Plastikstrohhalm in der Nase des Oliv-Bastardschildkrötenmännchens filmen ließ. Eine bessere Möglichkeit, meinen Wirkungskreis zu vergrößern, mehr Menschen zu erreichen und etwas zu bewegen, hätte ich mir nicht wünschen können – auch wenn es das Resultat eines verstörenden Fundes war.

Dank dieses einen Videos konnte ich mir außerdem einen eklektischen Mix aus diversen Fähigkeiten jenseits der Wissenschaft aneignen, die von Urheberrechtswissen über Social-Media-Marketing bis hin zu unkonventionellen Methoden der Mittelbeschaffung reichen. Ich habe vermutlich auch ein dickeres Fell bekommen, da ich mich mit unverblümter anonymer und nicht so anonymer Kritik und unhöflichen und ignoranten Bemerkungen auseinandersetzen musste. Namenlose Internetnutzer:innen griffen mich genauso an wie machtvolle Lobbyist:innen, die versuchten, meinen Namen und mein Video mit hanebüchenen Behauptungen durch den Schmutz zu ziehen.

Aber die in meinen Augen wichtigste Lektion für mich war, dass wir Wissenschaftler:innen unsere Erkenntnisse jenseits unserer wissenschaftlichen Publikationen allgemein verständlicher mithilfe der (sozialen) Medien und der Presse kommunizieren müssen. Viele von uns sind leider nicht besonders gut darin oder haben kein Interesse daran, für andere ist es schlicht Neuland. Wieder andere empfinden wegen der vielen Vereinfachungen und daraus resultierenden Ungenauigkeiten ein großes Misstrauen und Unbehagen gegenüber den populären Medien.

In den letzten Jahren habe ich mich trotzdem immer weiter in den Bereich der Wissenschaftskommunikation getraut, obwohl ich dafür in keiner Weise ausgebildet bin und eigentlich ungern mit mir unbekannten Menschen rede. Jede Interaktion kostet mich Überwindung und bereitet Stress. Es ist ein seltsames Gefühl, auf einmal im Scheinwerferlicht zu stehen und mir zum Beispiel einen Kopf darüber machen zu müssen, wie ich vor einer Kamera wirke. Gerade bei uns Feldbiolog:innen ist die Forschung schmutzig und stinkend, voller langer Stunden und ungepflegter Haare, also alles andere als glamourös. Neben Fernsehpersönlichkeiten und professionellen Influencer:innen fühle ich mich oft fehl am Platz, und ich glaube, aus genau diesem Grund scheuen viele Wissenschaftler:innen die Medien.

Hinzu kommt eine gegenläufige Grundannahme: Medien leben von Gefühlen, in der Wissenschaft sind Gefühle tabu, weshalb wir Wissenschaftler:innen vermutlich oft kalt und langweilig wirken. Wenn wir uns aber auf die emotionale Sprache der Medien einlassen, befürchten viele von uns, ihre Glaubwürdigkeit bei Kolleg:innen und Geldgeber:innen zu verlieren – eine nicht unberechtigte Sorge. Denn obwohl wir als Wissenschaftler:innen wissen, wie es um unsere Natur und Tiere bestellt ist, wird von uns erwartet, einen neutralen Standpunkt einzunehmen und keine persönliche Meinung zu haben. Wir sind aber schlussendlich auch nur Menschen. Menschen, die sich Sorgen machen.

Deshalb sollten Wissenschaft und Aktivismus auch nicht als die völlig unterschiedlichen Paar Schuhe verstanden werden, als die sie oft dargestellt werden. Zwei der bekanntesten Meeresschildkrötenbiologen, Dr. Nicholas Mrosovsky und

Dr. Peter Pritchard, mahnten vor vielen Jahren, dass die Rolle der Wissenschaft bei der Lösung von Naturschutzproblemen nicht durch die Leidenschaft des Aktivismus untergraben werden sollte, egal, wie verlockend es auch sein mag. Ich stimme zu, dass Gefühle nach wie vor nichts in der wissenschaftlichen Methode zu suchen haben und dass Fakten und nicht Emotionen den Naturschutz leiten sollten. Allerdings bin ich darüber hinaus der Meinung, dass wir Wissenschaftler:innen jenseits unserer Daten nicht mehr stillschweigend zusehen können, wie wir alle unsere Lebensgrundlage und die vieler anderer Organismen zerstören – gerade weil wir vieles wissen und verstehen, das die breite Masse vielleicht gar nicht sieht.

Aktivismus und Wissenschaft sind nur Hand in Hand wirklich effektiv, denn wir brauchen akkurate Daten, um unseren Aktivismus zu informieren und zu leiten. Dramatische Videos sind gut, um Aufmerksamkeit zu generieren, die dahinterstehende Message muss jedoch forschenden Augen standhalten können. Sonst wird man zu Recht als unseriös und sensationsgeil abgestempelt. Ich bin mir bewusst, dass es ständiger Wachsamkeit und Vorsicht im Umgang mit den Medien bedarf, um Fehlinterpretationen und -informationen zu vermeiden. Trotzdem musste ich über die Jahre lernen, dass die emotionale Berichterstattung vermutlich der effektivste Weg ist, um (überlebens-)wichtige Informationen an politische Entscheidungsträger:innen und Bürger:innen zu bringen, sie aufzurütteln und so für den Naturschutz und damit auch für das Überleben der Menschheit zu appellieren. Dennoch bin ich natürlich in erster Linie Wissenschaftlerin. Meine Daten sind die Geschichte, egal, wie ich mich dabei fühle. Ich kann aber entscheiden, wie ich diese Geschichte erzähle.

Ein für mich neuer und wichtiger Erzählort sind seit 2015 die sozialen Medien, denn sie haben eine große Macht und Reichweite, wenn es darum geht, Meinungen zu bilden. Hier immer wieder neue Wege zu finden, um überzeugende und interessante Botschaften zu vermitteln, empfinde ich als Herausforderung und zugleich kreativen Outlet. Es ist mir wichtig, Laien von meinen Meeresschildkröten und den Bedrohungen, denen sie ausgesetzt sind, zu erzählen. Dabei hoffe ich, eine wertvolle Aufklärungsarbeit zu leisten, die schlussendlich auch zu handfesten Naturschutzaktionen führt. Nach meinem viralen Video begann ich, die dadurch entstandene Plattform bewusst für meine Arbeit und meine Message in Sachen Meeresschildkröten zu nutzen. Ich beantwortete E-Mails von Kindern, die an ihren Schulen oder in ihren Ortschaften Plastik reduzieren wollten. Ich bekam Einladungen in Podcasts und konnte nach Herzenslust über genau das sprechen, was mir wirklich wichtig ist: Meeresschildkröten und ihre Bedrohungen. Ich beteiligte mich an einigen Dokumentarfilmprojekten und Kampagnen, die für die Abschaffung verschiedener Plastikprodukte kämpfen. Ich wurde für Vorträge in Schulen, zu Konferenzen und anderen Events eingeladen. Ein bisheriger Höhepunkt war 2018, als mich das *Time*-Magazin zu meiner Überraschung neben Prominenten wie Ariana Grande und BTS zum »Next Generation Leader« ernannte. Als ich den Anruf erhielt, fragte ich aus Reflex, ob sie sich nicht irrten und diese Ehrung eigentlich einer anderen Person gelten sollte. Verrückte Welt. Stolz wie Oskar war ich trotzdem.

Die Zeiten haben sich glücklicherweise auch hier in Costa Rica geändert. Internet- und Handyempfang haben dank der Coronapandemie selbst in meinem kleinen Dorf in der Südkaribik Einzug gehalten. Da, wo ich noch vor 16 Jahren an der einzigen Telefonzelle im Ort Anrufe tätigen und alle zwei Wochen den Bus ins drei Stunden entfernte Puerto Viejo nehmen musste, kann ich jetzt gemütlich zu Hause sitzen und mit Menschen überall auf der Erde kommunizieren. Schon allein aus diesem Grund habe ich nicht mehr das Gefühl, von der Welt abgeschnitten zu sein.

Viele Leute, die keinen so genauen Einblick in meine Arbeit haben und von der Mühsal und den Anstrengungen nichts wissen, sehen nur Sonne, Meer, Palmen und niedliche Schildkrötenbabys und fragen mich, wie ich das hingekriegt habe. Manche möchten sich vermutlich einreden, dass mein so paradiesisch scheinendes Leben einfach ein Glücksfall ist. Denen widerspreche ich vehement, denn es war alles andere als einfach, und ich habe hart dafür gearbeitet. Die Wahrheit ist, dass ich manchmal selbst nicht genau weiß, wie ich es geschafft habe, meine Träume zu verwirklichen. Ein Rezept kann ich niemandem mit auf den Weg geben. Die Art und Weise, wie ich mir Ziele setze und sie erreiche, ändert sich von Tag zu Tag, Woche zu Woche und Jahr zu Jahr.

Dabei habe ich bestimmt einiges meiner Widerstandsfähigkeit zu verdanken. Ich bin in dieser Hinsicht ähnlich wie meine Meeresschildkröten ein echtes Stehaufmännchen. Wenn etwas schiefgeht oder überhaupt alles trostlos erscheint, schlafe ich erst mal eine Nacht darüber, und am nächsten Tag sieht die Welt schon ganz anders aus. Aufgeben tue ich fast nie. Meine Flexibilität, Anpassungsfähigkeit, Wissbegierde und mein Vertrauen in meine Fähigkeiten sind vermutlich ebenfalls Teil meines Erfolgs. Über Jahre hinweg musste ich mich immer wieder an andere Orte und Menschen anpassen, mir neues Wissen aneignen, Hürden überwinden, mit mir selbst und mit anderen bittere Kämpfe ausfechten und mich manchmal auch geschlagen geben. Aber immer, wirklich immer durfte und darf ich dabei etwas lernen und kann so weiterwachsen.

Ich konnte dank meiner Arbeit schon die unglaublichsten Dinge sehen und erleben. Sonnenauf- und -untergänge in den schillerndsten Farben. Tiere, die andere nur aus dem Fernsehen kennen. Die verrücktesten Meeresabenteuer und schönsten Reisen. Natürlich gab und gibt es auch diese unschönen Momente, die Grausamkeiten, Frustrationen, keinen festen Wohnsitz und alle sechs Monate einen Umzug. Aber ich konzentriere mich auf das Gute in meinem Leben. Wenn es mal nicht weiterging, habe ich mir meinen eigenen Weg gebahnt und das Geschwätz der Pessimisten ausgeblendet. Dadurch konnte ich mir mein Leben verwirklichen, wie ich es wollte. Mir ist klar, dass ich in den Augen mancher nicht sonderlich erfolgreich bin: Ich habe das Falsche studiert, meinen Doktor zu spät und danach keine Karriere als Professorin gemacht, ich besitze kein Haus in einem schicken Neubaugebiet mit einem teuren Sportwagen davor. Aber vielleicht sollten wir Erfolg auch anders definieren. Ich für meinen Teil werde zufrieden sterben können, wenn ich weiß, dass ich mit meinem Leben etwas Positives bewirkt habe. Wie meine Oma schon sagte: »Mitnehmen kann ich Geld und Reichtümer sowieso nicht.«

Eines sollte zu diesem Zeitpunkt aber klar geworden sein: Meine Arbeit ist kein 08/15-Job. Wer in den Naturschutz gehen will, um mit Meeresschildkröten und Delfinen zu spielen, laue Karibiknächte zu genießen und gut bezahlt zu werden, dem kann ich nur dringend davon abraten. Die Opfer, die man notgedrungen bringen muss, und die toxischen Situationen, in die man sich immer wieder begibt, schlagen aufs Gemüt und können auf lange Sicht nur ausgehalten werden, wenn man für seine Sache brennt, wenn man daran glaubt, mit seiner Arbeit etwas zu verbessern.

Für die unter euch, die genau diese Art von Passion verspüren, die davon überzeugt sind, für eine höhere Sache zu kämpfen, aber von ihren Mitmenschen zurückgehalten werden: Ignoriert die negativen Kommentare! Sie kommen meistens von denen, die sich nie getraut haben, ihren Traum zu leben. Ich möchte, dass sich junge Leute klarmachen, dass es verschiedene Möglichkeiten gibt, Visionen zu verwirklichen und Ziele zu erreichen. Heutzutage steht die Welt vielen Menschen offen, und selbst im eigenen Land gibt es mehr als einen Ort, an dem man glücklich sein kann. Wir müssen herausfinden, was uns glücklich macht, wofür wir brennen, was unser *purpose* ist. Das ist leichter gesagt als getan, aber vielleicht sollten wir mehr Zeit darauf verwenden, den Sinn unseres Lebens zu finden, als Geld zu scheffeln. Was ich damit sagen will? Lasst euch bloß nicht ins Bockshorn jagen, und macht euch auf eure eigene Reise!

Eine neue Generation

Wenn ich einem Meeresschildkrötenbaby beim Schlüpfen zuschaue, die kleinen Nasen mit dem Eizahn sehe, die zuerst aus dem Sand hervorlugen, und dann die 100 kleinen Flossenpaare, die, sich im Gleichklang bewegend, die Sanddecke durchbrechen, um dann eilig Richtung Wasser zu verschwinden, wo die kleinen Tiere erleichtert in die Wellen eintauchen und ihre Lebensreise beginnen, dann kann ich nicht anders, als glücklich zu sein und so etwas wie Erfolg zu verspüren. Eine neue Generation hat es allen Gefahren zum Trotz zumindest bis ins Wasser geschafft.

Über gut zwei Jahrzehnte wurden in den 1970er- und 1980er-Jahren fast 100 Prozent aller Meeresschildkrötennester an karibischen Stränden in Costa Rica geplündert. Dadurch schlüpfte natürlich auch nur eine verschwindend geringe Anzahl an Babys, was wiederum zu einer riesigen Generationslücke in den heutigen Populationen führte, die aber wegen der langen Generationszeiten von Meeresschildkröten erst in den 90er-Jahren wirklich deutlich wurde. Mithilfe der dann erlassenen Gesetze und verschiedener neuer Schutzprojekte nahm das Plündern glücklicherweise ab, und neue Generationen von Meeresschildkröten haben seither wieder eine Chance.

Auch andernorts gibt es in den letzten Jahren und Jahrzehnten erfreulicherweise immer wieder gute Nachrichten und Entwicklungen im Meeresschildkrötenschutz. Die Population der Atlantischen Bastardschildkröte ging zum Beispiel von den 1960er-Jahren stetig zurück, bis sie 1985 auf einem Rekordtief mit nur 702 Nestern im Golf von Mexiko, ihrem Hauptverbreitungsgebiet, ankam. Schuld an diesem Rückgang war die jahrzehntelange Zerstörung und Wilderei von 90 Prozent der Schildkrötennester am selben Tag, an dem sie gelegt wurden. Zudem gab es die besagten riesigen Schlachthäuser in Mexiko, die Bastardschildkröten töteten, um aus ihnen Stiefelleder zu machen. Auch die Krabbenfischerei mit ihren Schleppnetzen hatte ihren Anteil daran. Darum schlossen sich 1978 Behördenvertreter:innen sowie Naturschützer:innen aus Mexiko und den USA zusammen, um die Art in einem verzweifelten und spektakulären Versuch doch noch zu retten.

Die Idee des bereits erwähnten *Kemp Ridley's Headstart Project* war, nistende Weibchen, ihre Eier und Jungtiere am Haupt- und *arribada*-Niststrand im mexikanischen Rancho Nuevo zu schützen und gleichzeitig eine sekundäre Nistkolonie in Texas zu etablieren. Ein Teil der jedes Jahr in Rancho Nuevo gelegten Nester wurde gesammelt und zum texanischen Schutzgebiet Padre Island National Seashore transportiert. Sobald die Nester ankamen, wurden sie unter kontrollierten Bedingungen ausgebrütet. Die frisch geschlüpften Schildkröten wurden dann am Strand freigelassen, durften selbst in die Brandung kriechen, wurden aber nach einem kurzen Ausflug in den Golf von Mexiko mit Aquarienkeschern wieder eingefangen, bevor sie für einige Jahre in Tanks großgezogen wurden, um ihre Überlebenschancen zu erhöhen. Man hoffte, dass sich die Jungtiere so die National

Seashore einprägen und als Erwachsene dorthin zurückkehren würden, um sich zu paaren und zu nisten.

Zeitgleich wurden Gesetze erlassen, die alle Krabbenkutter entlang der texanischen Küste und in vielen anderen Gebieten verpflichteten, sogenannte *turtle excluding devices* (TEDs) in ihren Netzen zu installieren, um den versehentlichen Fang von Schildkröten zu verhindern. Darüber hinaus sperrte das *Texas Parks and Wildlife Department* ab 2000 küstennahe Gewässer vor Südtexas vom 1. Dezember bis zum 15. Mai für die Krabbenfischerei. Die vielen Jahre der vereinten Schutzmaßnahmen zahlten sich aus und führten von 1997 bis 2009 zu einem erheblichen Anstieg der Anzahl der in Texas und Mexiko gefundenen Bastardschildkrötennester, mit einem Höchststand von fast 20000 Nestern im Jahr 2009! Das ist nur eines von vielen Beispielen dafür, wie wertvoll die Zusammenarbeit mit einem gemeinsamen Ziel ist und was wir geeint alles erreichen können.

In den meisten meiner Projekte schlüpfen jede Saison zwischen 20000 und 50000 Babyschildkröten. Sie bilden die Basis für eine neue Generation, auch wenn viele die Geschlechtsreife letztlich nie erreichen. Durch unsere Markierungsbemühungen wissen wir, dass wir inzwischen wieder einen stetigen Zuwachs von 10 bis 20 Prozent Weibchen haben, die zum allerersten Mal zum Nisten kommen, sogenannte Neophyten oder *first-time nesting females*. Für ein Populationswachstum reicht das aber noch nicht. Dafür müsste diese Zahl höher sein als die generelle Sterblichkeitsrate der geschlechtsreifen Tiere. Doch der Trend ist leider immer noch abnehmend, wenn auch weniger steil als vielleicht noch vor 20 Jahren, vermutlich dank der intensiven Schutzmaßnahmen an vielen Niststränden sowie neuer

Regulationen von Fischfanggeräten. Trotzdem hege ich die Hoffnung, dass Meeresschildkröten auch noch in zehn, zwanzig oder fünfzig Jahren existieren werden, wenn wir es schaffen, immer wieder einer neuen Generation zum Schlupf zu verhelfen.

Dazu benötigen wir auch immer wieder eine neue Generation von Meeresschildkrötenschützer:innen. Unsere Arbeit hat trotz aller Entbehrungen so viele schöne Seiten. Neben dem guten Gefühl, Meeresschildkröten zu helfen, kann man wahrhaft atemberaubende Dinge erleben und ist Teil einer weltweit starken Gemeinschaft. Denn erfreulicherweise gibt es erstaunlich viele Menschen, die Meeresschildkröten genauso lieben wie ich. Vielleicht liegt es daran, dass sie wie Delfine und Pandabären niedlich sind und wenig bedrohlich wirken. In Fachkreisen nennen wir das »charismatische Megafauna«. Sie steht im Gegensatz zu den Tieren, die es schwerer haben, von uns Menschen geliebt zu werden, unseren Schutz aber genauso brauchen wie Schlangen, Haie oder der weniger bekannte Blobfisch. Meeresschildkröten haben also Glück gehabt, und sie umgibt eine ganz spezielle Aura von Mysterium und Unerreichbarkeit, die wohl zusätzlich unsere Neugierde weckt.

Diese Faszination bewegt viele und gerade junge Leute dazu, statt Badeurlauber:in am Strand lieber Voluntourist:in in einem Meeresschildkrötenschutzprojekt zu sein. Unsere Freiwilligen kommen aus den verschiedensten Ländern und Bevölkerungsschichten, und – vielleicht überraschend – nicht alle studieren Biologie. Ganz im Gegenteil: Die wenigsten widmen sich hauptberuflich dem Naturschutz. Was alle Freiwilligen gemeinsam haben, ist ihre Leidenschaft fürs Meer und für Meeresschildkröten sowie der Wunsch, etwas zu ihrem Schutz und Überleben beizutragen. In unseren

Projekten werden sie dafür mit dem Anblick frei lebender Meeresschildkröten belohnt, deren Lebensreise sie hautnah begleiten – angefangen mit dem Schlupf der Babys und vollendet mit dem Nisten der Weibchen. Ein Erlebnis, das für viele einmalig ist.

Genau diese Freiwilligen haben meine Arbeit im Laufe der Zeit enorm geprägt und waren häufig mein einziger Kontakt zur Außenwelt. Vor der Pandemie waren oft mehrere Hundert Volontär:innen pro Nistsaison für ein oder zwei Wochen oder auch einige Monate Teil meiner Projekte. Über die Jahre durfte ich so unglaublich tolle und engagierte Menschen kennenlernen, die für eine bessere Welt kämpfen – im Sinne einer Zukunft für Meeresschildkröten auf diesem Planeten, aber letztendlich auch für uns selbst. Sie stehen häufig am Anfang ihres Lebenswegs, sind Schulabgänger:innen, die sich vor dem Studium eine Auszeit nehmen, oder haben gerade angefangen zu studieren. Einen kleineren Anteil machen die Leute aus, die an einem Scheideweg angekommen sind, sich neu sortieren und den Sinn ihres Lebens ergründen möchten. Schließlich gibt es noch die Pensionierten, die die Welt bereisen und dabei etwas Gutes tun wollen, wie Paul aus Frankreich, der mit 85 Jahren mehrere Wochen mit uns Patrouille lief.

All diese Menschen haben mich inspiriert und zum Teil nachhaltige Eindrücke hinterlassen. Mit ihnen zusammen bin ich erwachsen geworden, und unter ihnen habe ich Freund:innen fürs Leben gefunden. Ich könnte vermutlich Hunderte von lustigen Anekdoten und Erlebnissen erzählen, die ich mit einzelnen Menschen und Situationen verbinde und die ich in der Erinnerung verwahre wie einen Schatz.

Da war mein Assistent Cody, der mal für kleine Tiger musste und im Schatten der Bäume verschwand. Auf einmal hörten wir ihn laut aufschreien und fluchen, dann eilige Schritte zurück zu uns. Als er näher kam, schlug uns der unverkennbare Geruch nach Stinktier entgegen. Cody hatte aus Versehen direkt auf einen der süßen Genossen gepinkelt! Der nahm es ihm übel, so unhöflich geweckt zu werden, und sprühte drauflos. Zum Glück hatte das Stinktier Cody nur an der Hose erwischt, die er einfach ausziehen konnte, ansonsten hätte er die Nacht nämlich draußen verbringen müssen.

Da war meine Assistentin Cybil, eine versierte Langstreckenläuferin, die schon an mehreren Marathons teilgenommen hatte. Das Laufen im Sand war für sie überhaupt keine Herausforderung. Auch als wir eines Nachts über Funk informiert wurden, dass gut vier Kilometer entfernt am anderen Ende des Strandes gerade eine Lederschildkröte aus dem Wasser kam, trabte sie, ohne mit der Wimper zu zucken, mitsamt unserer Forschungsausrüstung auf dem Rücken neben mir her. Bei der Schildkröte angelangt, mussten wir jedoch feststellen, dass sich der Reißverschluss des Rucksacks durch unser Gerenne geöffnet hatte und die Ausrüstungsgegenstände einer nach dem anderen wortwörtlich auf der Strecke geblieben waren. Es war Cybil ziemlich peinlich, und sie rannte die gesamte Strecke wieder zurück, um unsere Sachen in Rekordzeit zusammenzusammeln.

Da war Jason, ein Volontär, mit dem ich gemeinsam an einer Lederschildkröte werkelte. Ich wies ihn an, das Kabel, das für die Temperaturmessung mit dem einen Ende im Nest zwischen den Eiern lag, auf keinen Fall loszulassen, während das Lederschildkrötenweibchen das Nest wieder mit Sand füllte. Da in dieser Nacht eine große Gruppe Tourist:innen dabei war, zog ich mich zurück, um ihnen nicht die Sicht zu versperren. Ich fing an, mit einem der Guides zu klönen, als der andere Guide mir plötzlich auf die Schulter tippte. »Du weißt schon, dass dein Volontär noch immer hinter der Schildkröte liegt?« Mist, den hatte ich vollkommen vergessen. Als ich zu ihm eilte, konnte ich mir ein lautes Lachen nicht verkneifen. Jason hatte das Kabel pflichtbewusst fest in der Hand behalten. Allerdings hätte er es loslassen und an einen Ast binden sollen, sobald das Weibchen mit dem Befüllen des Nestes fertig war und zur Tarnung anfing, Sand in alle Richtungen zu schmeißen. Nun war er von oben bis unten mit Sand bedeckt, und selbst seinen Kopf krönte eine kleine sandige Zipfelmütze. Auf diese Weise verschwinden übrigens auch schnell mal ein Regenponcho oder eine Taschenlampe.

Ohne diese Freiwilligen könnten viele der Projekte ihre enorme Arbeitslast gar nicht bewältigen. Besonders die 24/7-Besetzung der Inkubationsstationen und die kontinuierliche nächtliche Überwachung des Strandes können nur mit der nötigen Anzahl an Leuten bewerkstelligt werden. Sie helfen uns außerdem, die Inkubationsstationen zu Beginn der Saison zu bauen, den Strand für die Datenerhebung vorzubereiten und immer wieder Plastikmüll zu entfernen. Ohne unsere Volontär:innen wäre vieles nicht möglich. Ein gutes Team von Freiwilligen kann in der Tat Berge versetzen und zudem die Stimmung aufhellen.

Sie sind meine ständigen Begleiter:innen auf den nächtlichen Patrouillen, die sich meist über vier oder fünf Stunden ziehen. Viel Zeit, die man oft mit Reden verbringt, um wach zu bleiben. Vor allem dann, wenn gerade keine Schildkröte nistet. Dunkelheit und Müdigkeit erleichtern es, selbst über schwierigere und emotionale Themen zu sprechen und über Gott und die Welt zu philosophieren. Es hat etwas Unwirkliches, ja fast schon Magisches, wenn man, von den

Geräuschen der Nacht hypnotisiert, unter dem unendlichen Sternenzelt am Strand entlangläuft oder während der Pause einfach nur dasitzt und den Wellen lauscht. Man kann seinen Gedanken freien Lauf lassen, und die Welt erscheint einem klarer. Deshalb ist es nicht ungewöhnlich, dass viele von uns während dieser Nächte über die Zukunft nachdenken. Die unserer geliebten Meeresschildkröten, aber auch über die eigene und die der gesamten Menschheit. Da werden Pläne geschmiedet und Ideen entwickelt, aber in erster Linie wird zu sich selbst gefunden. Es ist vielleicht nicht verwunderlich, dass die Wochen und Monate in Costa Rica für viele Freiwillige lebensverändernd sind. 2008 lernte ich während meiner Diplomarbeit zum Beispiel Friedi, Sonja und Tino in Gandoca kennen. Die drei waren für drei Monate in Costa Rica, um Spanisch zu lernen, das Land und die Leute kennenzulernen und gleichzeitig etwas Sinnstiftendes zu tun. Bis heute sind sie in verschiedenen Umweltgruppierungen aktiv, und 2020 gründeten sie in Deutschland den Förderverein *ProMar e. V.*, der meine Arbeit in Costa Rica unterstützt.

Natürlich ist nicht immer alles Friede, Freude, Eierkuchen. Die geringen finanziellen Mittel, die den meisten Projekten zur Verfügung stehen, und der daraus resultierende Mangel an bezahlten Fachkräften wird oft mit Freiwilligen gedeckt. Das führt zu einer gewissen Unbeständigkeit in der Qualität der Leute. Man kauft mit freiwilligen Helfer:innen, auf gut Deutsch, die Katze im Sack. Es können absolute Diamanten dabei sein, aber auch die unausstehlichsten Zeitgenoss:innen, die jedem Faultier Konkurrenz machen.

Viele Vorkommnisse mit der letzteren Art sind ärgerlich, und manche haben mich an den Rand eines Tobsuchtsanfalls gebracht. Es besteht auf unserer Seite natürlich ein

Grundverständnis dafür, dass wir mit ungelernten Kräften unterwegs sind, weshalb gewisse Arbeiten insbesondere direkt an der Schildkröte nicht von Freiwilligen ausgeführt werden dürfen. Doch es gibt viele einfache Aufgaben, die man innerhalb eines Nachmittags erlernen und selbstständig erledigen kann. Trotzdem kommt es immer mal wieder vor, dass Anweisungen missachtet oder nur halbherzig oder gar falsch ausgeführt werden.

Das häufigste Ärgernis ist für mich vermutlich die Partystimmung, die bei den ja eigentlich urlaubenden Freiwilligen herrscht, während ich versuche, meine Arbeit zu machen. Manchmal versacken die Helfer:innen an den Bars im Dorf und kommen entweder sturzbesoffen oder gar nicht erst zu ihrer Schicht. Wie oft ich schon im letzten Moment Ersatz suchen oder selbst einspringen musste, obwohl meine Schicht gerade zu Ende ging, kann ich nicht mehr zählen. Ich fände es tatsächlich auch gar nicht so schlimm, wenn es nicht manchmal mit einer gewissen Indifferenz und Gefühllosigkeit gegenüber den Schildkröten gepaart wäre. Leider kommen einige Freiwillige wirklich hauptsächlich für die Partys oder das Selfie mit der Babyschildkröte ins Projekt, ansonsten interessiert sie die Arbeit nicht sonderlich. Die Krönung war eine Volontärin, die ich an der Inkubationsstation in der Mittagshitze im Schatten liegend vorfand. Als ich die Schutzkörbe über unseren Nestern checkte, waren in zweien bereits etliche Babys geschlüpft und lagen reglos in der heißen Sonne. Sofort öffnete ich die Körbe, holte die Tiere in den Schatten und packte sie in unsere isolierte Kühlbox mit kühlem, feuchtem Sand. Dann lief ich, schäumend vor Wut, zur Volontärin und machte ihr die Hölle heiß. Sie sollte die Körbe eigentlich mindestens alle 20 Minuten auf schlüpfende Babys überprüfen und diese sofort herausnehmen, damit sie in der Sonne nicht verbrutzelten. Ganz offensichtlich hatte sie schon seit Stunden nichts mehr kontrolliert, weil ihr heiß war und sie im Schatten bleiben wollte. Fast wären deshalb die Schildkröten gestorben. So wenig Verantwortungsbewusstsein und fehlendes Mitgefühl kann ich nicht nachvollziehen, und solche Erfahrungen, auch wenn sie in der Minderheit sind, haben bei uns Festkräften über die Jahre zu einem gewissen Verdruss in Sachen Freiwilligen geführt.

Der Voluntourismus ist neben einer Wiege für zukünftige Naturschützer:innen aber oft auch eine der wichtigsten finanziellen Quellen vieler Projekte. Von diesen Geldern werden Forschungsausrüstung und Gehälter bezahlt, und auch die ortsansässigen Familien profitieren, die oft Unterkunft und Verpflegung für die Volontär:innen stellen. Dadurch gibt es weniger Probleme mit Wilderei. Als diese Art von Tourismus in den 1990er-Jahren anfing, populär zu werden, kontaktierten interessierte Freiwillige die Projekte in der Regel direkt. Mittlerweile gibt es spezialisierte Vermittlerorganisationen, die gemerkt haben, dass man damit gutes Geld verdienen kann. Sie schalten sich systematisch zwischen die Organisationen und die Interessierten, da sie mehr Manpower und auch Know-how in Sachen Marketing und SEO haben. Die Volontär:innen zahlen zum Teil stolze Summen in dem Glauben, dass dieses Geld den Naturschutzprojekten zugutekommt. Doch der größte Batzen geht an die *For-profit*-Firmen, während die Projekte weiter ums nackte Überleben kämpfen. Die ausgezahlten Summen decken dabei oft nicht viel mehr als Unterkunft und Verpflegung ab. Dadurch müssen Projekte auf Masse statt Klasse setzen und zusätzlich noch die verrücktesten Anfragen erfüllen, um die Teilnehmer:innen bei Laune zu halten. Zu oft führt das zu einer Verschiebung der Prioritäten, bedauerlicherweise nicht zugunsten der Meeresschildkröten oder der überarbeiteten Festangestellten. Auch fühlen sich viele der Volontär:innen von den Vermittlerorganisationen betrogen, wenn sie erfahren, an wen ihr Geld wirklich geht. Das wiederum hat in den letzten Jahren zu vermehrter und berechtigter Kritik an diesem Tourismuskonzept geführt. Glücklicherweise gibt es aber auch positive Beispiele, die genau diesem Trend etwas entgegensetzen. Organisationen wie *SEE Turtles* oder *Working Abroad* unterstützen viele Projekte zum Teil schon seit Jahrzehnten finanziell und mit tollen und arbeitswilligen Freiwilligen.

Aber egal, was man vom Konzept Voluntourismus nun hält, hat es, wenn seriös ausgeführt, eine wichtige Funktion im heutigen Naturschutz. Viele Projekte können ihre Arbeit nur deshalb seit Jahrzehnten fortsetzen, und Tausende Menschen auf der ganzen Welt haben dadurch eine neue Wertschätzung für Natur, Tiere und unsere Arbeit gewonnen. So frustrierend manche Zusammenarbeit zuweilen auch war, weiß ich es doch sehr zu schätzen, dass sich durch diese Volontariate weltweit eine Art »Dumbledores Armee« für den Meeresschildkrötenschutz gebildet hat, die jederzeit bereit ist, Initiativen zu unterstützen, die an uns glaubt und uns den Rücken stärkt. Mit vielen meiner Ehemaligen habe ich immer noch Kontakt oder kann zumindest über die sozialen Medien verfolgen, wie über die Jahre aus jungen Schulabgänger:innen und Student:innen junge Erwachsene werden. Mein Herz schlägt jedes Mal schneller, wenn ich sehe, dass die Zeit mit den Meeresschildkröten in Costa Rica an den meisten nicht spurlos vorbeigegangen ist. Selbst wenn Naturschutz nicht zur eigentlichen Karriere wurde, tragen die Freiwilligen die Werte, die sie hier verinnerlicht haben, mit in ihr privates und professionelles Leben und geben sie auch an ihre Kinder weiter. Sie sind Teil einer eingeschworenen Gemeinschaft, dank der ich mich mit den alltäglichen Problemen im Meeresschildkrötenschutz weniger allein fühle. Ihre Begeisterung und Leidenschaft, ihre Gesichter und Biografien bauen mich immer wieder auf und reißen mich mit. Dass so viele Menschen an meine Arbeit und mich glauben, gibt mir den nötigen Mut und die Kraft weiterzumachen.

Ich kann angehenden Naturschutzbiolog:innen nur empfehlen, frühestmöglich ein Volontariat zu machen und Teil dieser großartigen Gemeinschaft zu werden. Gleichzeitig können sie die eigenen Vorstellungen so einem *reality check* unterziehen. Denn es ist äußerst lehrreich und in einigen Fällen auch heilsam, in einem Schutz- oder Feldforschungsprojekt mitgearbeitet zu haben, bevor man sich dazu entschließt, diesen Karriereweg einzuschlagen. Sonst stellt man eventuell nach Jahren des Hinarbeitens fest, dass man es überhaupt nicht mag. Ich kenne so einige Kolleg:innen, die es wahrscheinlich nicht zugeben werden, die aber die Idee, Meeresschildkrötenforscher:innen zu sein, schöner finden als die Feldarbeit selbst.

Man sollte dabei immer im Gedächtnis behalten, dass nicht alle Wissenschaftler:innen im Feld arbeiten und trotzdem einen äußerst wertvollen Beitrag zum Schutz von Meeresschildkröten leisten. Ob im Labor mit Blut- oder Gewebeproben zum Beispiel die Meeresschildkrötengenetik ergründet wird oder am Computer Populationsdynamiken modelliert oder Verbreitungskarten erstellt werden, all das ist relevant und immens wichtig. Zudem sei gesagt, dass man Forschung in allen möglichen Formen betreiben kann, das geht nicht nur an der Uni mit einem Doktortitel und einer Professur. Diese Fehlinformationen wurden schon mir als Studentin eingeimpft, und ich bekomme sie heute noch von Student:innen erzählt. Die Welt ist groß, und es gibt innerhalb und außerhalb der Wissenschaft so viele Möglichkeiten, mit und für Meeresschildkröten zu arbeiten. Man muss dafür manchmal jenseits der von unserer Gesellschaft vorgefertigten Boxen denken, sich in anderen Bereichen umschauen, sich inspirieren lassen und sich streckenweise einen ganz eigenen Weg bahnen. Aber es lohnt sich, und unsere Meeresschildkröten brauchen jede Hilfe, die sie kriegen können.

Professionelle Naturschützer:innen, sprich Biolog:innen und Absolvent:innen ähnlicher Studienzweige, sehen Voluntourismus oft sehr kritisch, da sie das Konzept als Ausbeutung ihres Berufsstands empfinden. Als Volontär:in wird man in der Regel nicht bezahlt, und im Fall von Voluntourismus muss man sogar selbst Geld ausgeben. Ganz unrecht haben sie damit also nicht. Allerdings ist das Konzept Voluntourismus eigentlich nicht für sie gedacht, sondern für Menschen aus anderen Lebensbereichen ohne Vorkenntnisse, die ihren Urlaub, ihre Zeit und ihr Geld sinnstiftend nutzen möchten. Dazu sollte man auch erwähnen, dass diese Kritik fast ausschließlich aus dem Globalen Norden kommt, wo junge Menschen, selbst wenn sie aus der Unterschicht ihres Landes kommen, weitaus privilegierter sind als Menschen in strukturschwachen Ländern. Sie erwarten, dass sie für die Arbeit in einem tropischen Land ein europäisches oder nordamerikanisches Gehalt bekommen, was zeigt, dass über die Lebenssituation im besuchten Land vermutlich nicht groß nachgedacht wurde. Denn es muss klar sein, dass man der lokalen Bevölkerung letztlich Arbeit wegnimmt, die sowohl für die Menschen vor Ort als auch für die Meeresschildkrötenschutzkonzepte enorm wichtig ist. Dementsprechend haben in seriösen Projekten bei bezahlten Positionen immer Einheimische Vorrang.

Und Hand aufs Herz: Ich muss an dieser Stelle zugeben, dass die meisten frisch von der Uni kommenden Biolog:innen in Bezug auf Feldarbeit noch einiges zu lernen haben. Ein Großteil der Universitäten bereitet ihre Student:innen überhaupt nicht oder nicht gut genug auf unsere Art von Arbeit vor. Wenn man als Biolog:in in der Feldforschung tätig sein will, muss man sich praktische Erfahrungen und Feldkompetenzen deshalb leider anderweitig aneignen – sprich durch unbezahlte Volontariate und Praktika. Fair ist das nicht, vor allem wenn man wie in den USA bereits Tausende Dollars für seine Ausbildung ausgegeben hat. Wenn generell mehr Geld für Naturschutz vorhanden und dieses Geld besser verteilt wäre, gäbe es diese Problematik vermutlich nicht. Es würde zudem ermöglichen, ein konstantes Team aufzubauen, das man über Jahre hinweg anlernen und fördern könnte. Doch solange das nicht der Fall ist, kann ich Projekte verstehen, die Voluntourismus nutzen, um ihre lokalen Angestellten zu bezahlen und für Hilfsarbeiten auf Freiwillige zurückzugreifen.

Als Projektleiterin besteht mein Problem mit dieser Art der Finanzierung eher in der Abhängigkeit von einer doch sehr unberechenbaren Geldquelle. Tourismus ist generell sehr unbeständig, und da ich nie genau weiß, wie viele zahlende Freiwillige letztlich ins Projekt kommen werden, habe ich nie die eigentlich benötigte Planungssicherheit. Wie viele Gehälter kann ich diese Saison kalkulieren? Kann ich meine Angestellten wirklich die komplette Saison über bezahlen? Die Coronapandemie hat das sehr deutlich gemacht, als mit einem Schlag keine Freiwilligen mehr anreisen konnten. Viele Projekte mussten ihre Arbeit für ein oder sogar zwei Jahre einstellen, und einige haben sich davon nicht erholt.

Mein Traum ist, dass Naturschutz als das anerkannt und – auch finanziell – gewürdigt wird, was er ist: ein Service für die Menschheit. Gesunde Ökosysteme mit einer gesunden Artenvielfalt sind unsere Lebensgrundlage und würden auf lange Sicht auch zu einer gesünderen Menschheit führen. Pandemien könnten in Zukunft verhindert werden, wenn wir aufhören würden, Lebensräume zu zerstören, und sie stattdessen restaurieren würden, sodass wilde Tierarten ausreichend Platz hätten, um ungestört zu leben. Regierungen und Investoren weltweit sollten lieber in Naturschutz investieren, statt die Rohölförderung oder konventionelle Agrarwirtschaft zu subventionieren. So könnten wir die dringend notwendige finanzielle Unterstützung erhalten und unsere Arbeit ohne Geldsorgen ausführen. Es gäbe mehr bezahlte Stellen, wir könnten allen Fachkräften faire Gehälter zahlen, und es wäre wirtschaftlich attraktiver, hauptberuflich im Naturschutz tätig zu sein.

Weil das aber nicht der Fall ist, findet man in meiner Branche immer noch überwiegend privilegierte *weiße* Menschen aus dem Globalen Norden, die entweder anderweitig finanziell abgesichert sind und es sich dadurch leisten können, wenig zu verdienen, oder die sich einfach entschieden haben, mit sehr wenig auszukommen. Leider ist gerade diese Tatsache häufig die Ursache für Konflikte und Missverständnisse mit der lokalen Bevölkerung, für die oft wenig Verständnis und Mitgefühl vonseiten der Naturschützer:innen existiert. Es besteht keine gemeinsame Basis, da die Lebenserfahrungen und -umstände zu unterschiedlich sind. Deshalb sehe ich die Lösung darin, ortsansässige Fachkräfte auszubilden und zu fördern, die am Ende beide Welten in sich vereinen. Denn nur wenn die Einheimischen an Bord sind, kann Naturschutz wirklich nachhaltig sein. Ein schöner Traum, der hoffentlich irgendwann Wirklichkeit wird.

Um ihn zu verwirklichen und die Kluft zu überbrücken, setzt unser Projekt auf *Community Outreach* und Umweltbildung. In den meisten Fällen heißt das: wöchentliche Besuche in den örtlichen Schulen und wiederkehrende Events. Auch ich spreche regelmäßig vor jungen Menschen mit dem Ziel, ihnen das Mysterium Meeresschildkröte näherzubringen, sie über die Funktion der Tiere im marinen Ökosystem aufzuklären und ihnen die Tragweite und Wichtigkeit ihres Schutzes zu vermitteln. Schon mehr als einmal saß unter den Kindern, die mit großen Augen unseren Erzählungen lauschen, wissbegierig Fragen stellen und begeistert die vorbereiteten Spiele und Aktivitäten mitmachen, eine unserer zukünftigen lokalen Kräfte.

Auch meine ehemalige Mentee und Kollegin Ariana ging in dem kleinen Karibikdorf Gandoca zur Grund- und weiterführenden Schule. Dort entdeckte sie durch das Meeresschildkrötenprojekt vor Ort sehr früh ihre Passion für die Tiere und deren Schutz und studierte als Erste und bisher Einzige aus ihrem Dorf Meeresbiologie. Ich lernte sie als 15-Jährige kennen und durfte sie in den letzten 16 Jahren auf ihrem Weg begleiten. Heute bin ich einfach unfassbar stolz darauf, zu was für einer kompetenten Wissenschaftlerin, wundervollen jungen Frau und furchtlosen Anführerin sie sich entwickelt hat. Es lässt mein Herz vor Glück springen, wenn ich die Leidenschaft und Empathie sehe, mit der sie unsere Organisation *COASTS* als Präsidentin vertritt.

Sie gibt mir die Hoffnung, dass eine nächste Generation heranwächst, die den Staffelstab weiterträgt, denn auch ich bin in der Zwischenzeit älter geworden. Ich habe ein kaputtes Knie, welches mir seit einigen Jahren das Laufen im weichen Sand erschwert, und der jahrelange Schlafmangel hat seine Spuren hinterlassen. Eine schlaflose Nacht fühlt sich heute an, als wäre ich seit Monaten wach, und lässt mich die darauffolgenden Tage ziemlich in den Seilen hängen. Angesichts dessen bin ich mir vollkommen bewusst, dass jüngere Helfer:innen und irgendwann eine Nachfolge hermuss. Darüber mache ich mir schon jetzt Gedanken, denn das beste und nachhaltigste Ergebnis kann nur erzielt werden, wenn Schutzinitiativen über Jahrzehnte hinweg unter Einbindung der lokalen Bevölkerung weiterverfolgt werden. Es bedarf häufig eines Generationswechsels, um ein systemisches Umdenken zu bewirken, und dafür brauchen wir einen langen Atem und fähige Leute, die gewillt sind, die nötigen Opfer zu bringen.

Außerdem muss die nächste Generation diverser werden, damit wir neue, kreative Lösungsansätze finden und andere Ideen entwickeln können. Dafür benötigen wir Nachwuchs gerade aus unterrepräsentierten Schichten, weshalb sich im Arbeitsumfeld von Natur- und Meeresschildkrötenschutz aber erst noch so einiges ändern muss. Angefangen bei Rassismus und Sexismus bis hin zu schlecht bezahlten Stellen schreckt vieles fähige Menschen ab. Doch wir brauchen dringend mehr indigene und lokale Stimmen, die helfen, neokolonialistische Strukturen aufzubrechen, und mehr Frauen, die sich als Gemeinschaft verstehen und sich geschlossen veralteten, patriarchalischen Strukturen widersetzen. Generell wünsche ich mir Menschen, die Naturschutz mit Herz und Verstand angehen, die sich von Negativem nicht unterkriegen lassen, sondern sich auf das Positive konzentrieren.

Optimismus ist eine Entscheidung. Mich selbst würde ich als kritisch-optimistisch bezeichnen: Ich glaube fest daran, dass es in Zukunft besser werden kann – ansonsten könnte ich mir gleich die Kugel geben –, aber ich lebe nicht in dem Irrglauben, dass es von allein besser wird. Uns steht immer noch harte Arbeit bevor. Doch mithilfe einer neuen Generation, der noch nicht alles egal und die gewillt ist, für ihre Zukunft auf diesem Planeten zu kämpfen, können wir es schaffen. Letztendlich geht es nicht nur um die Rettung der Meeresschildkröten oder unserer Meere. Es geht um den Schutz unserer Lebensgrundlage und damit um das Überleben von uns Menschen als Art. Es sind die Jungen, die sich noch trauen, von einer besseren Welt, von Veränderung zu träumen. Es ist einfacher, klarzusehen, wenn der Blick noch nicht von den Sorgen und Nöten des Erwachsenseins getrübt ist.

Doch auch wenn die nächste Generation wie das Licht am Ende des Tunnels scheint, können wir nicht die ganze Verantwortung auf sie abwälzen. Wir sind an einem Punkt in der menschlichen Geschichte angelangt, an dem wir alle entscheiden müssen, ob wir Teil der Lösung oder Teil des Problems sein möchten, ob wir für eine Zukunft auf diesem Planeten kämpfen oder aufgeben und nichts tun. Ich persönlich möchte nicht auf den Mars ziehen, ich möchte unseren Blauen Planeten weiterhin bewohnen können. Wenn wir es schaffen, innovative Technologien zu entwickeln, die eine Kolonisierung des Mars ermöglichen, sollten wir dann nicht auch in der Lage sein, die Probleme auf unserem Heimatplaneten mit neuen Ideen zu lösen?

Ich habe das große Glück, mit unglaublichen Menschen aus aller Welt zusammenzuarbeiten, die definitiv Teil der Lösung sind. Ich darf junge Leute in meinen Projekten begrüßen und unterrichten und habe so unbeabsichtigterweise dazu beigetragen, eine globale Gemeinschaft für den Naturschutz zu schaffen, die in alle möglichen Lebensbereiche hineinwirkt. Diese neue Generation von Meeresschildkrötenschützer:innen und die neue Generation von Schildkröten geben mir die Hoffnung, dass es auch in Zukunft noch Meeresschildkröten geben wird und dass sich die Situation in unseren Meeren und auf unserem Planeten verbessern wird. Wir müssen es nur wollen und hart genug dafür arbeiten. Davon bin ich fest überzeugt.

Epilog: Zukunftsmusik

Um kurz nach vier werde ich aus dem Schlaf gerissen, als meine studentische Assistentin Megan, vom tropischen Regen triefend, vor meiner Haustür steht. Eine Lederschildkröte hat genistet, ist aber unentdeckt von der nächtlichen Patrouille wieder zurück ins Wasser gekrabbelt und hat die Eier gut getarnt zurückgelassen. Jetzt brauchen die Assistent:innen am Strand meine Hilfe beziehungsweise die meiner Hündin Fiona.

Ich habe sie 2020 zu Beginn der Pandemie als Einjährige aus einem costa-ricanischen Tierheim adoptiert. Sie hat die ersten Monate ihres Lebens auf der Straße verbracht und ist ein wunderschöner Mischling, der laut DNA-Analyse 19 verschiedene Hunderassen in sich vereint. Wenn man diesem Test Glauben schenken kann, ist sie zu einem Viertel Deutscher Schäferhund, gefolgt von Chihuahua, Rottweiler, Chow Chow, Collie, Peruanischem Nackthund und 13 weiteren Rassen.

Fiona zu adoptieren war ein weiterer Kindheitstraum. Ich bin, abgesehen von meinem Aquarium und dem Wellensittich meiner Schwester, ohne Haustiere aufgewachsen, denn meine Mutter hat eine absolute Phobie vor allem, das größer als ein Wellensittich ist (und selbst der machte ihr beim

Herumfliegen Angst). Mein späteres Leben war dann alles andere als beständig, weshalb ich mir viele Jahre aus Vernunftsgründen keinen Hund angeschafft hatte. Erst die Pandemie und die Aussicht darauf, in mein eigenes Haus zu ziehen und dort die meiste Zeit des Jahres verbringen zu können, brachten mich dazu, endlich einen Vierbeiner aufzunehmen. Für mich war das Zusammentreffen mit Fiona Liebe auf den ersten Blick. Sie leistet mir auf den meisten meiner Abenteuer Gesellschaft und natürlich auch bei meiner Arbeit.

Als wir eines Morgens gemeinsam den Strand entlangliefen, um nach geschlüpften Nestern Ausschau zu halten, schnüffelte Fiona auf einmal höchst interessiert an einer Stelle im dichten Treibholz herum. Die Hurrikane Eta und Iota hatten massenhaft Treibgut an den Strand und direkt vor unsere noch inkubierenden Nester gespült. Als ich nun nachsah, woran Fiona so viel Interesse zeigte, erkannte ich winzige Flossen, die vor sich hin flatterten, ohne Bodenhaftung zu finden. Eine kleine Echte Karettschildkröte, die sich im Treibholz verlaufen hatte und stecken geblieben war! Ich konnte es nicht fassen und lobte Fiona überschwänglich für den Fund. Damit gab sie sich aber nicht zufrieden und lief mit der Nase am Boden weiter über das Treibholz, bis sie erneut aufgeregt mit den Pfoten kratzte. Ich eilte zu ihr – und tatsächlich, noch ein Schildkrötenbaby! Nachdem ich sie wieder begeistert gelobt hatte, war sie erneut auf und davon. Am Ende fand Fiona 17 lebende Babys im Treibholz und fünf tote.

Euphorisch kehrten wir nach Hause zurück, und noch auf dem Weg fasste ich einen Plan: Ich würde Chris Fritz kontaktieren, den ich ein paar Monate zuvor auf einer Meeresschildkrötenkonferenz in den USA zusammen mit seinem Hund Saul kennengelernt hatte. Saul war Such- und Rettungshund und zusätzlich ausgebildet, Meeresschildkrötennester zu finden. Ich hoffte, dass Chris mir helfen könnte, Fiona zu trainieren, verlorene Babys und Nester zu erschnüffeln. Dann hätte sie einen Job an meiner Seite. Gesagt, getan. Ein paar Wochen später kam Chris nach Costa Rica und begann unser Training. Fiona war genau wie ich eine aufmerksame Schülerin, und als Chris uns wieder verließ, hatte sie das Schnüffelspiel verstanden.

Seitdem verfeinern wir unsere Kompetenzen und werden immer wieder dazugeholt, wenn meine Assistent:innen ein Nest nicht finden können. Fiona ist genau das Puzzlestück, das mir in meinem Leben noch gefehlt hat, und ein neuer, positiver Ausgleich zu meiner Arbeit. Ich scherze des Öfteren, dass sie mein Therapiehund ist, der mich immer wieder aufbaut, wenn ich down bin. Denn die Sorge um die Zukunft unserer Meeresschildkröten lastet teilweise schwer auf meinem Gemüt.

Es sind über 18 Jahre vergangen, seit ich meine erste Lederschildkröte habe nisten sehen. Auch wenn mein Leben ständig evolviert, dreht es sich doch immer noch hauptsächlich um Meeresschildkröten. Vieles hat sich in der Zwischenzeit verändert, und obwohl es schon einige gute Nachrichten in Sachen Meeresschildkrötenschutz gibt, ist der generelle Trend doch weiterhin eher abnehmend. Von den 800 Lederschildkrötennestern, die in meiner allerersten Nistsaison am Strand von Gandoca gelegt wurden, sind heute pro Saison noch um die 50 übrig. Eine absteigende Tendenz, die auch an anderen Stränden der Karibik zu finden ist. Aus diesem Grund wurde die karibische Lederschildkrötenpopulation 2019 noch einmal speziell als »stark gefährdet« auf der *IUCN Red List* klassifiziert, nachdem die globale Population 2013 »nur noch« als »gefährdet« eingestuft worden war. Die Anzahl von Meeresschildkröten weltweit ist weiterhin rückläufig, und viele Populationen haben Einbußen von 80 bis 90 Prozent ihrer ehemaligen Größen zu verzeichnen. Einige Populationen, wie die der Lederschildkröte im Ostpazifik, stehen kurz vor dem Aussterben, und es schmerzt mich, daran zu denken, dass ich meine geliebten pazifischen Strände in nicht allzu ferner Zukunft ohne diese majestätischen Mutterschildkröten erleben könnte.

Die Bewohner unserer Ozeane sind einer überwältigenden Vielzahl von Bedrohungen ausgesetzt, die schier unkontrollierbar erscheinen. In der Naturschutzbiologie sprechen wir deshalb häufig von den biblischen Reitern der Apokalypse, um die ernstliche Gefahr der zunehmenden und gleichzeitig auftretenden Umweltpressionen zu versinnbildlichen. Viele dieser Bedrohungen sind komplexe Geflechte aus Ursachen und Wirkungen, die miteinander interagieren und zuweilen mortale Synergien bilden. Generell werden Zerstörung von Lebensraum (1), übermäßige Ausbeutung von Ressourcen (2), Umweltverschmutzung, -belastung und -stress inklusive Klimawandel (3) und invasive Arten (4) als die vier apokalyptischen Reiter definiert. Sie werden als Hauptantriebskräfte für den Verlust von Biodiversität und Artensterben gesehen. Aber auch diese vereinfachte Darstellung beschreibt die Komplexität nur bedingt. Um das zu verstehen, reicht ein kurzer Blick auf die Meeresschildkröten:

Ihr Lebensraum wird durch die Bebauung von Küsten zerstört, aber auch durch die Klimakrise und den daraus resultierenden Anstieg der Meeresspiegel verschwinden immer mehr Niststrände. Die übermäßige, inzwischen illegale Ernte und Wilderei von Eiern, Fleisch und Schildpatt haben über die letzten Jahrhunderte zahlreiche Populationen an den Rand des Aussterbens gebracht und verhindern in vielen tropischen Ländern eine Erholung von Populationen, da nicht genügend Nachkommen nachrücken können. Zudem steigen die globalen Temperaturen weiter, weshalb schon heute an den meisten Niststränden nur noch Weibchen schlüpfen. Durch die industrielle Fischerei der letzten Jahrzehnte werden unsere Meere systematisch überfischt, und Meeresschildkröten sterben als versehentlicher Beifang qualvolle Tode. Die Geisternetze, die als direktes Resultat unserer Fischerei herrenlos in den Meeren treiben, töten noch wahlloser. Hinzu kommt, dass die meisten Netze aus Plastik sind – einem Material, das in seiner Herstellung die Klimakrise begünstigt und als Endprodukt dramatische Gesundheitsschäden und unvorstellbares Leid erzeugt, wenn es als Fischernetz oder Plastiktüte im Meer schwimmt. Die unsichtbare Verschmutzung durch Düngemittel aus unserer Landwirtschaft bildet im Meer sogenannte *dead zones* ohne Sauerstoff, in denen nichts mehr leben kann. Die Anreicherung von Nährstoffen regt eine Algenwucherung an, die im Wasser absinkt und sich zersetzt, was wiederum Sauerstoff verbraucht und die Versorgung gesunder Meereslebewesen erschöpft – ganz abgesehen davon, dass diese Düngemittel sich in den Meerespflanzen und -tieren ablagern und so zu Krankheiten wie Fibropapillomatose führen. An anderen Orten wiederum ersetzen invasive Arten die natürlichen Nahrungsmittel der Schildkröten, wie das Seegras *Halophila stipulacea* in der Karibik. Man kann also getrost behaupten, dass Meeresschildkröten von allen Seiten unter Beschuss stehen.

Angesichts dieser komplexen und verworrenen Zusammenhänge, die auch uns Wissenschaftler:innen teilweise noch nicht im Detail klar sind, ist es in den letzten Jahren zum Trend geworden, einzelne Bedrohungen als »das Hauptproblem« zu simplifizieren und zu isolieren – bis hin zur Verleugnung der anderen. Es wird krampfhaft nach einem Allheilmittel gesucht, das nicht nur das »Hauptproblem«, sondern zugleich alle anderen Umweltprobleme löst. Es mag zwar einigen ein besseres Gefühl geben, unsere Welt in kleinere, leichter verdauliche Happen zu teilen, aber diese Vereinfachungen spiegeln in keiner Weise wider, was wirklich auf unserem Planeten und in unseren Meeren passiert.

Die näher rückenden globalen Umweltkrisen scheinen so vielleicht kontrollierbarer, unsere Herausforderungen überschaubarer, kompakter, handlicher, und wir fühlen uns weniger überwältigt von der Fülle an Baustellen, die wir überall auf der Welt und in unserer Gesellschaft haben. Doch werden wir unsere Meere nicht retten können, indem wir alle keinen Fisch mehr essen, wenn wir weiterhin Plastik produzieren und wegwerfen, fossile Brennstoffe für unsere Energiegewinnung nutzen, für Milch und Fleisch Rinder im Übermaß züchten und industrielle Landwirtschaft betreiben, die auf Monokulturen, Düngemittel und Pestizide angewiesen ist. Genauso wenig werden wir Meeresschildkrötenpopulationen vor dem Aussterben bewahren, indem wir auf Plastikstrohhalme verzichten, aber ansonsten leben wie zuvor.

Wir müssen uns allerdings auch eingestehen, dass wir uns nicht für alles starkmachen können und dass wir unsere Kämpfe gut auswählen sollten, denn wir alle haben nur eine begrenzte Menge an Zeit und Energie. Aber egal, für welche Thematik wir brennen, sollten wir immer würdigen, dass andere Menschen und Organisationen in anderen Bereichen genauso wertvolle Arbeit leisten, selbst wenn sie einen anderen Ansatz und ein anderes Hauptthema verfolgen. Denn wir können die vielen Probleme nur lösen, wenn wir zusammenarbeiten: Wissenschaft und Naturschutzorganisationen und Individuen. Wir haben keinen Platz mehr für große Egos, denen es um Namensnennungen geht, die Daten und Gelder monopolisieren. Es geht hier um etwas Größeres als uns selbst. Leider herrscht noch viel zu oft ein Gegen- statt Miteinander. Doch keiner allein wird die Gesamtheit der Meeresschildkröten retten, die Klimakrise abwenden oder den Kampf gegen Plastik gewinnen – das können wir nur gemeinsam.

Natürlich müssen wir Hersteller, Politiker:innen und Einzelpersonen, die einen überdurchschnittlich großen Einfluss auf Entscheidungen und Emissionen haben, mit Regulationen in die Verantwortung bringen. Doch das liegt meist außerhalb unserer direkten Kontrolle. Wir als Individuen können dafür mit unserem Verhalten den Verlauf von Klimawandel, Überfischung, Lebensraumzerstörung und Meeresverschmutzung beeinflussen. Unsere Handlungen, Gewohnheiten und unsere Nachfrage als Konsument:innen bestimmen letztendlich das generelle Angebot und beeinflussen Herstellerentscheidungen. Darüber hinaus gibt es viele Dinge, die wir ganz konkret tun können, um direkt oder indirekt auch Meeresschildkröten zu helfen:

- Wir können daran mitwirken, den Klimawandel zu bekämpfen, indem wir unsere Emissionen reduzieren: weniger fliegen und Auto fahren, weniger oder kein Fleisch und Milchprodukte essen, weniger Plastik benutzen. Wir können unsere Energieanbieter danach auswählen, ob sie unseren Strom mit erneuerbaren Methoden produzieren, und natürlich Politiker:innen und Parteien wählen, denen die Klimakrise nicht egal ist.

- Der Überfischung unserer Meere und der daraus resultierenden Gefahr von Beifang und Geisternetzen können wir am besten etwas entgegensetzen, indem wir keinen Meeresfisch essen. Wenn wir nicht ganz darauf verzichten möchten, sollten wir ihn selbst gefangen haben oder zumindest wissen, dass er nachhaltig gefangen wurde.
- Die illegale Wilderei von Meeresschildkröten und ihren Eiern findet hauptsächlich in tropischen Küstengebieten statt, in denen die Tiere fressen oder nisten. Die dortigen kleinen Ortschaften können wir im Urlaub durch Tourismus und Voluntourismus unterstützen, um alternative Einkommen zu schaffen und so die Notwendigkeit der Wilderei zu bekämpfen. Und egal, wie verlockend es erscheint, mal etwas Exotisches zu probieren, sollten wir weder Schildkröteneier noch -fleisch essen.
- Auf lokalen Märkten, insbesondere in Ländern, in denen Echte Karettschildkröten nisten oder fressen, sollten wir keinen Schmuck aus unbekannten Materialien kaufen, da wir aus Versehen Schildpatt erstehen könnten. Für einen einfachen Test kann man ein Feuerzeug ranhalten: Plastik schmilzt, Horn verkohlt und stinkt wie Haare. Ist das Material sehr regelmäßig gefärbt, handelt es sich vermutlich um Plastik. Um zu prüfen, ob es sich um Kuhhorn oder Schildpatt handelt, hält man die Schmuckstücke gegen das Licht: Helle Stellen im Schildpatt sind fast durchsichtig, beim Kuhhorn eher milchig. Zudem haben die Keratinfasern von Kühen eine lineare Struktur, die der Meeresschildkröten eine zirkuläre.
- Die Verschmutzung unserer Meere können wir verhindern, indem wir die Nutzung fossiler Brennstoffe generell nicht mehr unterstützen. Statt Produkte der industriellen Agrarwirtschaft zu kaufen, gehen wir lieber zu den

regionalen Biohöfen, die ohne Monokulturen, künstliche Düngemittel und Pestizide auskommen. Auch muss sich unser Verhältnis zu Plastik drastisch verändern: Einmalplastik sollte vermieden werden, und andere Dinge aus Plastik sollten möglichst wiederverwendet werden, um zu verhindern, dass sie im Müll landen. Da wir letztlich mit unserem Geld wählen gehen, sollten wir Firmen und Hersteller unterstützen, die den Ehrgeiz haben, bessere Verpackungsmaterialien zu entwickeln, statt uns mit Greenwashing etwas vorzumachen. Wir müssen Wege aus unserer Wegwerfgesellschaft und hin zu einer Kreislaufwirtschaft mit einer idealerweise hundertprozentigen Wiederverwertung von Ressourcen und Materialien finden.

- Im Urlaub können wir darauf achten, nur Hotels an Meeresschildkrötenniststränden zu buchen, die spezielle Beleuchtungskonzepte für die Nistsaison haben. Länder und Regionen, die das unregulierte Bebauen von Küstenabschnitten erlauben, sollten wir meiden. An Nistständen direkt sollten wir nachts kein weißes Licht benutzen und Strandmöbel, Schirme, Löcher und Sandburgen zum Abend hin entfernen.
- Generell hilft es immer, Organisationen und Einzelpersonen zu unterstützen, die für den Erhalt von Meeresschildkröten kämpfen. Sei es durch den Schutz von Weibchen und ihren Nestern an Niststränden oder durch den Einsatz für alle Lebensstadien im Wasser, durch die Sicherung und Restaurierung von Nist- und Nahrungsgebieten oder die Einrichtung von neuen Schutzgebieten – alle können unsere Hilfe brauchen!

Wir können nicht darauf warten, dass jemand anders die Arbeit für uns macht. Wir müssen alle mit anpacken. Wenn ihr nur eine Sache aus diesem Buch mitnehmt, dann hoffe ich, dass es die Erkenntnis ist, dass Meeresschildkröten unseren Schutz verdient haben und dass jede:r von uns tagtäglich einen Beitrag dazu leisten und einen Unterschied machen kann. Auch wenn es manchmal überwältigend scheint oder ihr euch allein und unbedeutend fühlt, weil im Familien- und Freundeskreis niemand mitzieht, seid versichert: Wir sind viele und auf der ganzen Welt verteilt!

Dank

Ein Buch zu schreiben war für mich ein Lebenstraum, seit ich selbst lesen kann. Allerdings hatte ich immer das Gefühl, dass man schon sehr alt und weise sein muss, um sein Wissen und Teile seines Lebenswegs niederzuschreiben. Das hat meine wunderbare Lektorin Ann-Marie (Mia) Mecklenburg zum Glück anders gesehen, und ich bin ihr aus tiefstem Herzen dankbar dafür, dass sie mich »entdeckt« und an dieses Buch geglaubt hat – mal abgesehen davon, dass sie auch noch eine ganz hervorragende Lektorin ist und meine geistigen Ergüsse mit viel Fingerspitzengefühl und Können in die richtigen Bahnen, beziehungsweise Zeilen, gelenkt hat. Mia, du bist die Beste! An dieser Stelle auch ein dickes Dankeschön an Christian Weigand vom Podcast »Helden der Meere« für seine Einladung zum Gespräch, denn ohne ihn hätte Mia vermutlich nie von mir erfahren.

Ich hatte am Anfang nur einer kleinen Gruppe von Menschen erzählt, dass ich ein Buch schreibe, und so mussten mein Mann Andrey, meine gute Freundin Elise Mattison und meine Mischlingshündin Fiona die Hauptlast der emotionalen Auswirkungen meiner Schreibarbeit tragen. Aus tiefstem Herzen: Danke – ohne euch hätte ich das nicht geschafft. Als immer mehr Worte zu Kapiteln und immer mehr Kapitel zu einem Text wurden, weihte ich weitere Menschen ein. Hier möchte ich meiner Freundin Dominika Berger, die mir auf der Zielgeraden mit Rat und Tat zur Seite stand, meinen Schwestern Carolin und Ulrike und meinen Eltern danken, die ich immer wieder mit Entscheidungsfragen nerven durfte und die mit mir mitgefiebert haben. Ein besonderer Dank geht auch an mein *COASTS*-Meeresschildkrötenschutzteam 2022. Da ich dieses Buch neben meiner Arbeit für die *Footprint-Stiftung* geschrieben habe, mussten meine Kolleg:innen während der Nistsaison in Gandoca des Öfteren ohne mich auskommen, was sie aber vorzüglich gemeistert haben. Ich bin unendlich stolz auf alles, was ihr erreicht habt! Ein herzliches Dankeschön auch an Thierry Bois, der die Fotos von mir und den Babyschildkröten sowie das großartige Coverfoto aufgenommen und mir zur Verfügung gestellt hat.

Ohne den Malik Verlag gäbe es dieses Buch nicht, und ich danke dem gesamten Verlagsteam für die Chance, Menschen von meinen Meeresschildkröten zu erzählen und sie hoffentlich auch zu begeistern. Hier ein besonderer Dank an Fabian Bergmann, der dem Buch worttechnisch noch den letzten Schliff verpasst hat. Dem Greystone-Verlag in Kanada und Jane Billinghurst gilt mein Dank für die englische Ausgabe meiner Geschichte.

Ich stehe, was das Wissen über Meeresschildkröten angeht, natürlich auf den Schultern von Giganten, Wissenschaftler:innen, die diese faszinierenden Tiere seit den Tagen von Dr. Archie Carr unermüdlich erforschen und ihr Wissen mit der Welt teilen. Ein besonderes Dankeschön möchte ich an Lutz Prauser, Dr. Dave Owens und Dr. Kenneth Lohmann aussprechen, die ihr jeweiliges Wissen zum Verzehr von Meeresschildkröten, der Zirbeldrüse und ihrer Funktion und der Orientierung von Meeresschildkröten anhand des Erdmagnetfelds bereitwillig mit mir geteilt haben.

Über dieses Buch hinaus möchte ich mich vor allem bei Tino Scraback, Friederike Nolting und Sonja Renschler für ihre Freundschaft und ihr Vertrauen in mich und meine Arbeit bedanken. Ohne sie und ihren Förderverein *ProMar e. V.* wäre gerade in den letzten Jahren vieles nicht möglich gewesen. Ich möchte mich an dieser Stelle auch bei der Organisation *Tropica Verde e. V.* und ihren Mitgliedern bedanken, die unsere Arbeit in Costa Rica unterstützen.

Schlussendlich möchte ich mich bei all denen bedanken, die mir über die Jahre immer wieder zur Seite gestanden, mir Mut gemacht oder einfach nur zugehört haben. Insbesondere meinen »Münsteraner:innen« Wolfgang Brunner, Marion Schenner und Jörg Feldhoff, denn ohne euch wären meine Teenagerjahre ganz anders verlaufen; meinem Professor Dr. Nico Michiels, der mir die Freude an der Biologie wiedergeschenkt hat; meiner Diplomarbeitsbetreuerin Dr. Heike Feldhaar, die mir die Möglichkeit bot, nach Costa Rica zurückzukehren und meine erste eigene Studie in Sachen Meeresschildkröten zu unternehmen; Dr. Jochen Drescher und Dr. Ina Heidinger, ohne die ich meine Diplomarbeit nie zu Ende gebracht hätte; George Halekas, der zu einer Zeit, als ich nicht wusste, wie es in meinem Leben weitergehen sollte, ein offenes Ohr und weise Worte für mich hatte; Rena Gneo, die mich mit ihrer positiven Art und kompromisslosen Unterstützung aus einigen dunklen Löchern zog; meinen zwei emotionalen Stützen in Costa Rica, Magali Marion und Ana Eugenia Herrera; Dr. Richard und Rosibel Woodward, die über die letzten Jahre pragmatische Optimist:innen und zuverlässige Cheerleader waren; meiner College Station Crew Dr. Lauren Redmore, Dr. Jordan Rogan, Diana Solis, Dr. Brie Myre, Dr. Ishita Chandel, Dr. Lee Fitzgerald, Dr. Duncan MacKenzie, Jennifer Bradford, die das Leben in einem kleinen Ort in Texas mehr als erträglich gemacht haben; und last but not least meiner Doktormutter Dr. Pamela Plotkin und meinem Doktorvater Dr. Joseph Bernardo, die gerade in den vergangenen zehn Jahren prägende Personen in meinem Leben waren und mir stets Rückendeckung gegeben haben. Danke!

Bildnachweis

Illustrationen: Michaela Geese (Schildkrötenillustrationen), upklyak/Freepik (Notizblock), brgfx/Freepik (Welle)
Bildteilfotos: Christine Figgener, außer Hiroaki Horiguchi/Pixabay (Seite 1); Thierry Bois (4 unten links); Pedro Novales/Unsplash (4 unten rechts); Lisette Heijke (5 oben rechts); David Troeger/Unsplash (6 oben), Gustavo Stahelin, University of Central Florida, National Marine Fisheries Service Permit #19508 (7 oben); Chris Long, University of Central Florida, National Marine Fisheries Service Permit #19508 (7 unten); Center for Coastal Studies (10 oben); Tom Doyle (10 unten links); Olga ga/Unsplash (10 unten rechts); Monroe County Public Library, Florida Keys History Center, Online Digital Collection (11); Andrey Castillo MacCarthy (16 oben, 21 oben rechts, 22 unten); Cody Glasbrenner (16 unten); Mélanie Chamorel (17 oben); kormandallas/Pixabay (18/19); Brianna Myre (20 oben, 21 oben links)
Hintere Umschlagklappe: Christine Figgener, außer National Park Service/Padre Island National Seashore (Reihe 1, Foto 1), Marius Burger (1, 3), National Park Service/Gulf Islands National Seashore (2, 1), Whitney Crowder/Gumbo Limbo Coastal Stewards (2, 3), Matthew Godfrey (2, 4), Jarrad Sherborne (4, 3), Kellie Pendoley (4, 4), Silas Baisch/Unsplash (Hintergrund)